新理想空间 V

NEW IDEAL SPACE

 同济规划设计年鉴

上海同济城市规划设计研究院 编

TJUPDI

同济大学出版社

图书在版编目（CIP）数据

新理想空间 .5/ 同济规划设计年鉴 / 周俭，张尚武主编。——上海：同济大学
出版社，2012.6
ISBN 978-7-5608-4854-9

Ⅰ. 新 ... Ⅱ . ①周 ... ②张 ... Ⅲ . ①城市规划—建筑设计—作品集—中国
Ⅳ. ① TU984.2

中国版本图书馆 CIP 数据核字（2012）第 073690 号

新理想空间 V
同济规划设计年鉴

主   编   周 俭   张尚武
执行主编   周海波   王耀武
责任编辑   由爱华
责任校对   徐春莲
编   委   夏南凯   周玉斌   王新哲   王 颖   江浩波   匡晓明   曹 春
              裴新生   汤宇卿   张 凯   李继军   高 崎   俞 静
平面设计   沈晨捷
征订电话   021-65988891
网   址   www.idspace.com.cn

出版
发行   同济大学出版社
策划
制作   《理想空间》编辑部
印刷   上海锦佳印刷有限公司
开本   635mm x 1000mm 1/8
印张   34
字数   532000
印数   1-5000
版次   2012 年 5 月第 1 版   2012 年 5 月第 1 次印刷
书号   ISBN 978-7-5608-4854-9
定价   268.00 元

1952 - 2012

庆祝同济大学建筑与城市规划学院
建院60周年

目 录 Contents

修建性详细规划 Detailed Plan

城市设计 Urban Design

概念规划 Conceptual Plan

风景区规划 Scenic Area Plan

历史保护规划 Historic Preservation Plan

专项规划 Special Plan

总体规划

云南省昆明城市区域发展战略研究与远景规划
湖北省城镇化与城镇发展战略研究
内蒙古鄂尔多斯市域城镇体系规划调整[2008—2020]
湖北省仙桃市城乡总体规划[2008—2030]
辽宁省瓦房店市城市总体规划[2009—2030]
陕西省汉中市城市总体规划[2009—2020]
甘肃省天水市城市总体规划[2005—2020]
安徽省巢湖市城市总体规划
河南省新郑市城乡总体规划[2009—2030]
云南省香格里拉县城市总体规划[2010—2030]
青海省循化县城市总体规划与总体城市设计
新疆巴楚县县城城市总体规划调整（局部）[2011—2025]
四川省德昌县城市总体规划
河北省保定市安新县城市总体规划[2009—2030]
四川省汶川县映秀镇灾后恢复重建总体规划[2008—2020]
河北省高碑店市白沟城市总体规划[2009—2030]
上海市崇明陈家镇总体规划修改[2009—2020]
福建省惠安县黄塘综合改革建设试点镇总体规划[2011—2030]
重庆市涪陵区城市总体规划[2011修改][2004—2020]
尼日利亚莱基自由区一期总体规划
山东省滨州国家农业科技园区总体规划

云南省昆明城市区域发展战略研究与远景规划
Strategic Planning and Perspective Vision for Kunming Metropolitan Areaz,Yunnan

项目负责人： 　王新哲　裴新生
主要设计人员： 　姚凯　沈清基　刘振宇　刘冰　张涵双　彭坤焘　兰仔健　肖勤　王宝强　黄华　张显君　阳周　贾旭
规划用地规模： 　规划2030年，城市建设用地1195km²
完成时间： 　2011年10月31日

1.发展方向分析图
2.远景用地规划图
3.环滇核心区远景用地规划图
4.远景空间结构规划图
5.远景空间发展意向图

为落实《国务院关于支持云南省加快建设面向西南开放重要桥头堡的意见》，加快推进昆明建设成为区域性国际城市，指导城市开发和以轨道交通为重点的基础设施建设，昆明市规划局邀请上海同济城市规划设计研究院编制昆明城市区域发展战略研究与远景规划。

一、总体定位

中国面向西南开放的区域性国际城市。

二、功能构成

(1) 中国面向东南亚和南亚的交通枢纽和物流中心；
(2) 中国面向东南亚和南亚的商贸金融中心；
(3) 国际性旅游休闲目的地；
(4) 高原湖滨生态城市。

三、空间层次

划分为"环滇池核心区—大昆明都市区—滇中城市群"三个层次，分别与昆

明半小时核心圈层、一小时通勤圈层和两小时协作圈层相对应。

四、空间结构

大昆明都市区形成"11339"的空间结构模式。一核：指环滇池核心区，包括主城区、呈贡、晋宁南城、海口西城安宁，环绕滇池，打造区域性国际城市的功能核心及高原湖滨生态城。一心：深入推进昆玉一体化，依托玉溪城区形成区域性国际城市的南部中心城。三廊：指依托沪昆、昆瑞、昆曼三条区域轴线形成三条城镇发展廊道。三条廊道之间为三大农林生态旅游区。三城：落实滇中城市群"1+3"架构，建设昆玉、昆楚、昆曲三大新城，全面对接玉溪、楚雄和曲靖。昆玉新城：以昆阳一宝峰为发展依托，建设昆玉新城，对接玉溪；昆楚新城：以禄脿一土官为发展依托，建设昆楚新城，对接楚雄；昆曲新城：以杨林为建设依托，建设昆曲新城，对接曲靖。九节点：指都市区内的九个重要城市节点，包括富民、武定-禄劝、宜良、石林、倘甸、澄江、易门、勤丰和阳宗海旅游城。

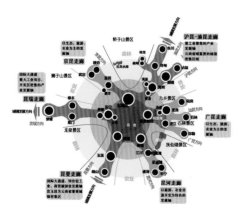

六廊

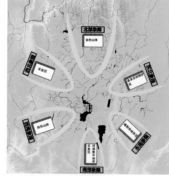

六扇

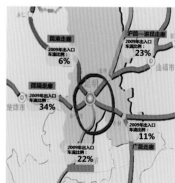

交通出入口流量

1

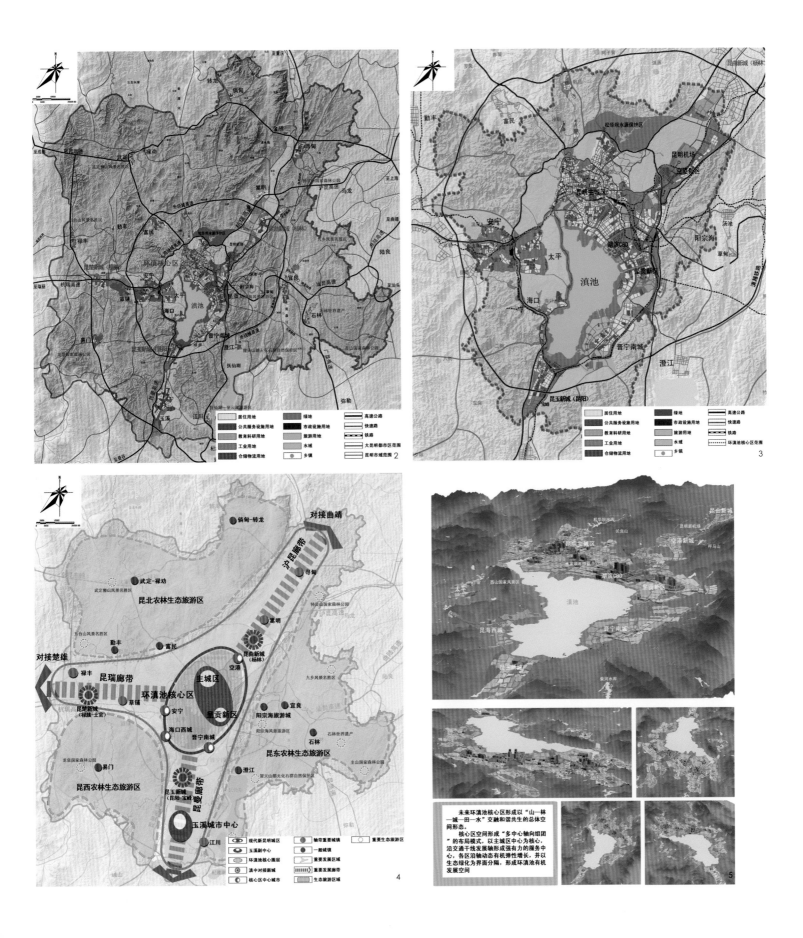

未来环滇池核心区形成以"山—林—城—田—水"交融和谐共生的总体空间形态。

核心区空间形成"多中心轴向组团"的布局模式,以主城中心为核心,沿交通干线发展轴形成强有力的服务中心,各区沿轴动态有机弹性增长,并以生态绿化为界面分隔,形成环滇池有机发展空间

湖北省城镇化与城镇发展战略研究

Study of Urbanization and Urban Development Strategy for Hubei Province

项目负责人： 赵民

主要设计人员： 张立 黄亚平 耿虹 裴新生 黄建中 王德 陈锦富 万艳华 陈秉钊 陈晨 刘振宇 董淑敏 王聿丽 汪军 汪劲柏 田莉 张乔 张刚 杨珺 于澄 钱欣 甘迪 马婧 陈懿慧 等

规划用地规模： 湖北省全域约18万km²

完成时间： 2010年9月

获奖情况： 2011年度上海同济城市规划设计研究院院内一等奖

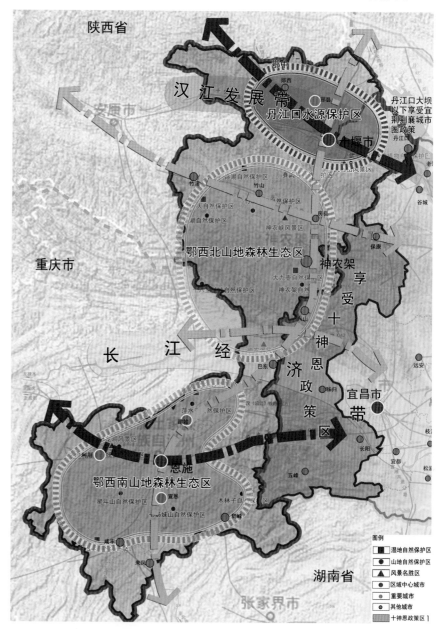

1.鄂西生态圈-结构图
2.长江经济带
3.汉江发展带
4.三圈两带
5.网络多中心

"湖北省城镇化与城镇空间发展战略规划研究"课题于2010年3月启动，由上海同济城市规划设计研究院牵头，与华中科技大学共同组建了联合课题组。其间除了完成省住建厅统一组织的城市踏勘访谈和资料调研外，还在住建厅的协助下，组织了覆盖全省域的小城镇及农村抽样调查。经过5个多月的紧张工作，共计完成了16个专题研究报告，研究领域涉及区域、经济、社会、人口、交通和生态等多个领域。

课题组发现，湖北省的人口年龄结构有自身特点，导致"十二五"期间的城镇化压力趋大，之后压力会逐步减缓。课题研究中基于城乡产业发展的多方要素对城镇化情景做模拟，获得的参数表明：湖北省"十二五"期间应大力推进劳动密集型产业发展以吸纳更多的农村剩余劳动力和城镇本身的增量适龄劳动力，否则湖北省的人口外迁规模将继续扩大；2015年之后可以逐步控制劳动密集型产业发展，转向大力推进先进制造业，并加快推进农村劳动生产率的提高，以应对可能出现的劳动力短缺。

课题组用六种不同的方法重新测算湖北省的城镇化水平，提出了湖北省城镇化水平存在低估的结论。建议在"十二五"文件及其他推进城镇化的相关政府文件中审慎表述发展现状和数量目标。综合考量湖北省的人口年龄结构变迁、农村剩余劳动力释放的速度、城镇就业岗位增加量、产业政策导向等基本因素，课题组认为湖北省2030年的城镇化发展目标应为70%左右，年均增长约1个百分点。在数量发展的同时，更应重视城镇化的质量目标。

在城镇化发展战略方面，课题组提出湖北省要走集中型的新型城镇化发展道路，其中既包括了"转变经济增长方式，环境友好，资源节约，多轮驱动（多种经济类型），规模带动，资源集聚"的内涵特征，也包涵了"区域协调，逐层推进，差异引导"的路径选择。

在重点战略区域实施策略层面，课题组提出："区域协调统筹，提振武鄂黄黄都市连绵区；引入大项目，带动武汉城市圈外围城市群跨越发展；拓建荆州新城区，助推鄂中发展实现新突破；确保财政转移支付，强化鄂西山区的生态保育功能；差别化

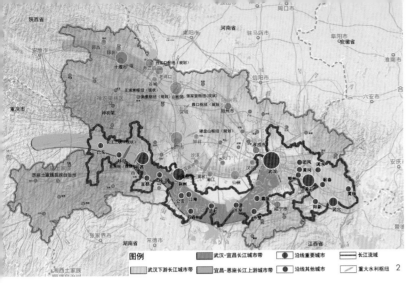

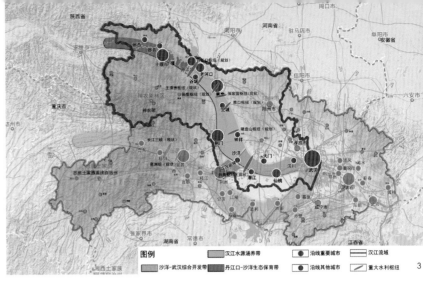

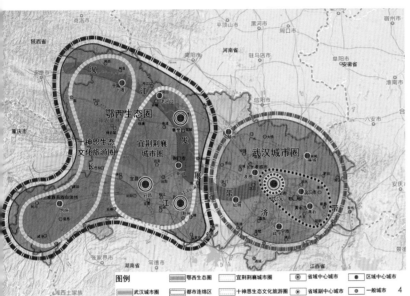

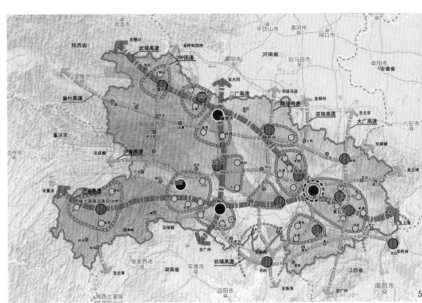

引导，综合开发长江、汉江带，争取上升为国家战略。"在县域发展层面，提出课题组"城市群联动，县城圈集聚；引导强市，扶持弱市；扩权强县，强县扩权，跨越发展的规模门槛。"

在小城镇层面，课题组提出："注重强弱差别、地域差别、类型差别；择优、择强扩权，理顺管理体制；政府支持若干强镇、大镇建设成为中等规模的小城市；县级财政统筹，确保发挥小城镇服务'三农'的职能，择优扶持10个大镇和强镇成长为中等规模的小城市。"在城乡统筹层面，提出"改善民生，多元驱动，支持小城镇建设，破解新农村建设难题；加快城乡建设用地'土地增减挂钩'的制度设计，集约节约利用土地。"

在产业发展方面，课题组提出："充分利用科教优势，推进信息产业发展；转变发展方式，发展先进制造业，强化现代服务业；扶持农业县市，做大做强农副产品加工业；延长产业链，提高产品附加值；坚持绿色低碳，保持产业高端化；多轮驱动，促进'两廊两带'产业集群化发展；三大区域的产业发展要体现差别化原则。"

课题组经过对比研究认为，在充分重视武汉及武汉城市圈的同时，必须在省域范围内培育新的经济增长点或增长区域，与武汉圈共同引领湖北省经济社会的全面起飞。尽管宜昌和襄樊发展较好，但由于发展规模所限，无法单独引领区域经济的全面发展，需要从更大层面谋划，发挥合力，全力构建湖北省的第二个增长引擎。

通过对交通系统现状和相关规划的进一步研究，课题组认为湖北省未来城镇体系格局将呈现"网络+多中心+城市群"的发展格局。武汉是省域中心城市，襄樊、宜昌和荆州应成为湖北省域内的副中心城市，武银、汉宜和二广发展轴应是湖北省城镇体系网络的主骨架，即湖北省城镇体系的核心组成部分可以"一主三副三轴"来归纳。

此外，在交通、旅游、文化、人力资源和制度保障方面，课题组也提出了一系列政策建议。

内蒙古鄂尔多斯市域城镇体系规划[2008—2020]

Adjustment of Urban System Planning for Erdos,Inner Mongolia[2008-2020]

项目负责人： 王颖

主要设计人员： 封海波 郁海文 孙斌栋 刘婷婷 潘鑫 程相炜 彭军庆

完成时间： 2007年12月

获奖情况： 2009年度上海同济城市规划设计研究院院内二等奖

　　鄂尔多斯市位于内蒙古自治区西南部。市域国土总面积为8.67万km²，辖七旗一区，市府驻地设在东胜区，2008年全市域户籍总人口141万人。规划预测2020年市域常住人口为230万人，城镇化水平为85%，城镇人口总量为195万人。

　　规划从鄂尔多斯历史发展轨迹入手，对鄂尔多斯社会经济现状进行了客观评价。在此基础上从全球、全国和区域三个层面对鄂尔多斯的发展作出定位。在空间上提出"一主两副十三镇，四条优化发展走廊"的城镇空间结构。此外，在专项层面上，规划对市域空间管制、道路交通、产业发展、旅游、生态绿地系统、市政基础设施、资源保护都作了详尽的研究。

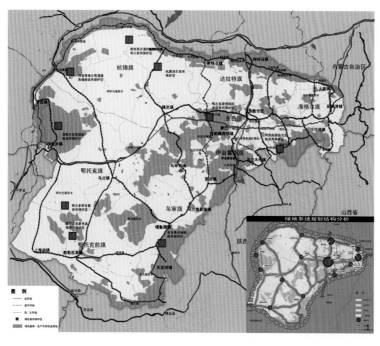

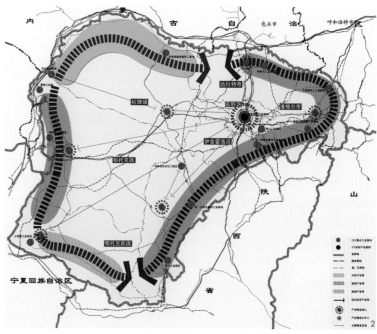

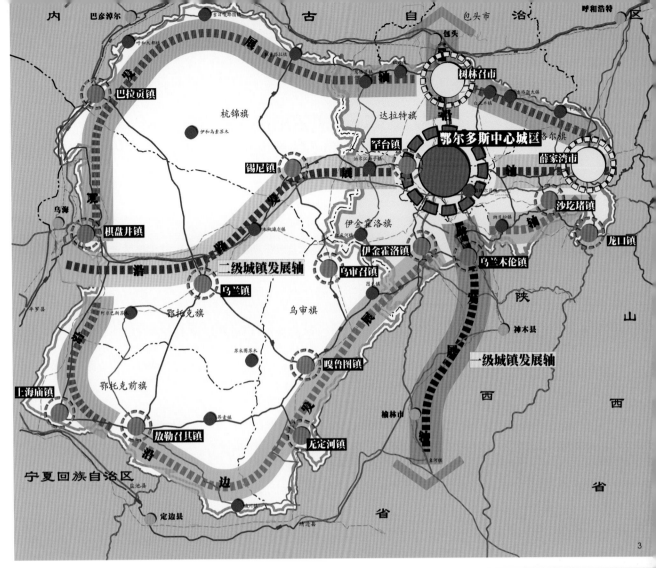

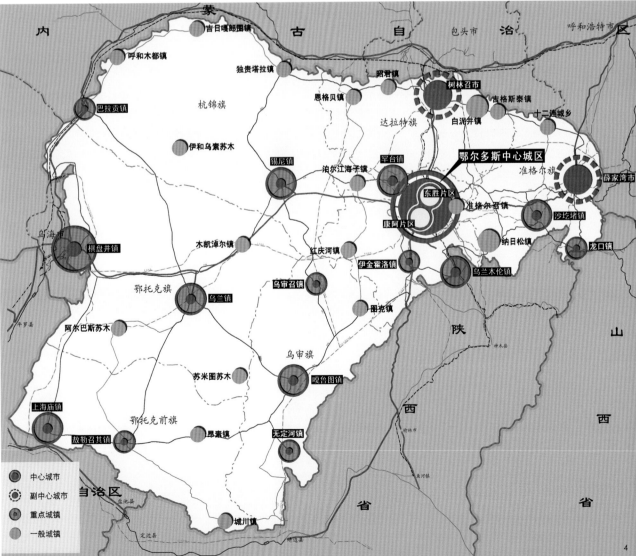

1.绿化系统规划图
2.产业空间结构规划图
3.城镇空间结构规划图
4.城镇等级规模结构规划图

● 中心城市
◌ 副中心城市
● 重点城镇
● 一般城镇

上海同济城市规划设计研究院
SHANGHAI TONGJI URBAN PLANNING & DESIGN INSTITUTE

湖北省仙桃市城乡总体规划[2008—2030]

Master Planning of Xiantao,Hubei[2008-2030]

项目负责人： 王德

主要设计人员： 马力 孙俊 蒋涛 张松 陈勋 李雄 刘云 刘律 张淑香 胡艳荣 李琦 顾晶 唐相龙 朱查松

规划用地规模： 70km²

完成时间： 2009年1月30日

获奖情况： 2009年度上海同济城市规划设计研究院院内一等奖

1.中心城区土地使用现状图
2.市域空间空间管制图
3.市域居民点体系规划图
4.市域综合交通规划图

仙桃市紧靠武汉市，是湖北省县域经济最发达的县，曾经是全国县域经济百强县之一。2006年市域总人口147.57万，国内生产总值162.48亿元，城市化水平44.9%，中心城区建成区人口32.26万。规划重点在城乡统筹、居民点整理、公共设施统筹规划、中心城区规划等几个方面进行了一些创新和尝试。具体整理如下：

一、城乡统筹

城乡统筹在内容上大致分为三个部分：居民点体系统筹、市域公共服务设施统筹和市域基础设施统筹。这些内容都打破了原有的城乡界限，有别于传统的规划，对城乡统筹进行了有益的探索。

在居民点体系的城乡统筹上，仙桃整个市域被划分为中心城区、中心镇、一般镇、中心村和一般永久居民点，其中对中心村和一般永久居民点的确定进行了深入的分析，从耕作、村民的生活习惯、配置各类设施的规模门槛等多个角度分析，确定永久居民点的数量与布局，增强了规划对农村居民点的管制力度。

在市域公共服务设施城乡统筹上，从居民实际生活活动规律出发，按照生活圈配置公共服务设施，使城乡居民能够平等地享受各种公共服务设施。

在市域基础设施城乡统筹上，综合考虑各项基础设施建设的经济可行性、城乡居民能够平等享受基础设施的公平性及提供各项设施的必要性，规划期内重点在给水、排水、供电、燃气和环卫这五个方面对整个市域覆盖所有居民点进行基础设施的统筹安排。

二、居民点整理

仙桃市城乡总体规划中关于居民点整理部分包含了大量创新成果，意义重大，主要体现在以下几大方面：

1. 对仙桃农村居民点的发展变化及现状的研究成果具有较强的代表性

规划对仙桃农村居民点的基本情况进行了深入系统的梳理分析，对其发展变化与现状情况的研究与认识在湖北省内尤其是在江汉平原地区具有很强的代表性，适用于该区域绝大多数城市。

2. 居民点整理宏观政策的制订兼顾严谨的推理与可实施性

规划在分析农村地区人口和设施动态变化过程和趋势后发现当前农村居民点不仅在时间维度和空间维度上存在用地粗放和效率低下的问题，且其未来还将加剧快速城市化阶段的用地需求矛盾，从而确认农村居民点必须开展迁村并点和整治归并，将确定农村永久居民点的工作作为镇村规划的核心。

规划在总结各类居民点整理政策的适用条件与优缺点基础上，对村民迁村并点的意愿和政策接受程度进行了深入调研，并考虑当地政府的实际财政能力及国家的相关政策作用，确定以行政村为单位的迁村并点原则，最大程度保障了农民的利益，也保证了整理工作的可实施性。之后规划对村民迁村并点行为特征和居民点的分布规模进行了综合分析，制定出利用村民新建农宅时机实施迁居的引导整理政策和统一迁居的政府推动整理政策，并分别确定了适用的居民点类型。

3. 对所制定政策的微观实施效果进行了模拟评估

规划选择典型村，经过深入细致的实地调研，在综合考虑人口自然变化、机械变化和建房置地规则等基础上，对上述居民点整理政策在近中远期的实施效果进行了模拟评估，并得到一系列富有价值的评估结果。

三、生活圈构建与公共设施统筹规划

公共服务设施是城乡差距的一大体现，也是统筹城乡发展的重要支撑。传统公共服务设施配置方法基本依据等级序列，对城市和农村分别配置不同标准的公共设施，存在着割裂城乡、忽视居民实际需求规模和差异性等缺陷。如何统筹配置城乡相对公平的公共服务设施是新时期城乡总体规划必须探索的内容。仙桃城乡总体规划摒弃传统公共设施配套方法，以城乡居民的实际需求为依据，充分考虑了城乡居民公共服务设施需求的差异性和空间分异性，从居民出行距离角度将公共服务需求分为幼儿与老人的徒步界限圈层（徒步15~30分钟）、小学生徒步界限圈层（徒步1个小时）、中学生徒步界限圈层（徒步1个小时或自行车20－30分钟）、机动车出行圈层（机动车行驶20－30分钟）等四个圈层；从需求频率和服务半径将公共服务设施分为居民日常使用且服务半径较小的公共服务设施、居民日常使用且服务半径较大的公共服务设施、居民需求频度较小且服务半径较大的公共服务设施、居民需求频度很小且服务半径很大的公共服务设施。两种划分方式在空间上具有较好的重合性。因此,结合仙桃城乡居民点体系,在以上划分方式基础上,构建基础生活圈—一次生活圈—二次生活圈—三次生活圈,并统筹配置相对均衡的城乡公共服务设施。一般说来,基本生活圈配置幼儿园、儿童游乐场、日常用品店、老年活动室、室外活动场地等公共设施;一次生活圈配置小学、卫生室、图书室、日常饮食品店铺、室外活动场地等公共设施;二次生活圈配置中学、图书馆、卫生院和体运运动设施等;三次生活圈则配置职业学校、大学、敬老院、图书馆、博物馆、综合医院、市场等。以生活圈统筹配置公共服务设施,既考虑了统筹城乡发展,缩小城乡居民享受公共设施服务的差距,又考虑了各项设施建设的经济性,贴近仙桃实际。

四、中心城区规划从宏观层面深入到中观层面

仙桃在上轮城市总体规划中已经明确城市性质、规模和空间发展形态等重大问题,本次城乡总体规划首先对上轮规划做了回顾和总结,认为上轮对城市发展方向等重大问题已经基本解决,且较为合理。故本次规划是对上轮规划的延续和深入,关注点从宏观层面问题转向城市发展的中观层面问题。总规中对城市发展重要问题的明确和分析是规划的一个特点。

仙桃城乡总体规划分析的中观层面重大问题包括:(1)跨越沪蓉高速公路发展通道问题。由于上轮及本轮规划都已确定城市跨越沪蓉高速公路向南发展,规划需要落实跨越高速的交通通道。本规划对现有通道进行了全面的摸底,筛选出可利用的通道并根据需要新建3处通道。(2)南城新区发展的边界控制。通过规划区空间管制确定了城区南部生态水网密集区为南城发展的界线,注重对城市重要生态环境资源的保护。(3)行政中心选址。随着城市规模的增长,老城区的行政中心用地将不能满足城市发展需求,通过多方案的比较论证,从城市结构、经济效益和引导城市开发三个角度考虑决定在南城新区建设行政中心。(4)工业用地的调整。对现状工业进行调查了解,根据工业现状规模、经济效益、建设年代把现状工业划分为较易搬迁和较难搬迁两类,并对污染工业进行了调查,规划统一搬迁老城区内规模较小、效益不好零散的工业,集中归并到东西两侧工业区,特别指出了城区内几处较难搬迁的污染型工业必须进行搬迁。(5)对外交通组织。针对对城区影响最大的两条过境交通线路进行多方案比较论证,其一为东西向的318国道,解决其现状穿越城区的问题,规划将其移至规划城市建设用地的最南端,最大程度的降低了过境交通对城区的干扰;其二为南北向的214省道,规划提出两个方案:一是在过境交通量不大的情况下,利用城市外围道路组织对外交通,二是在远景城市建设用地外预留出组织对外交通的通道。(6)与汉江以北仙北发展区的协调。规划分析了仙北工业园规划对仙桃城区的不利影响,提出协调方案,考虑仙北与仙桃城区联系通道的通行能力,建议控制在10万人,建设用地控制在10平方公里以内,在用地功能上考虑到仙北位于仙桃城区的上风上水,应避免布置工业,特别是污染工业;建议以居住为主,汉宜铁路仙天站距中心城区还较远,建议在站点周边形成一个相对独立的用地组团,功能上以仓储为主,可以安排少量的工业。

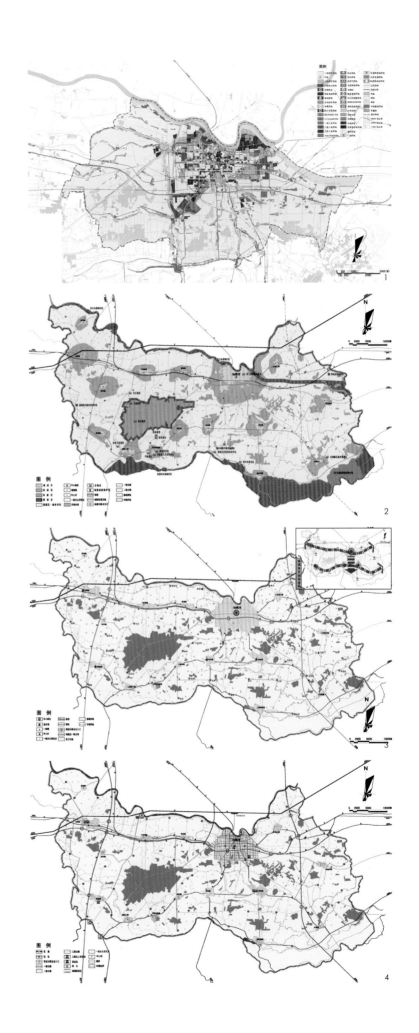

辽宁省瓦房店市城市总体规划[2009—2030]

Master Planning of Wafangdian,Liaoning[2009-2030]

项目负责人： 裴新生

主要设计人员： 王颖 姚凯 付志伟 刘振宇 张乔 肖勤 金狄 贾旭 陈懿慧 罗杰

规划用地规模： 规划2030年，城市建设用地76.87km²

完成时间： 2010年12月30日

获奖情况： 2010年度上海同济城市规划设计研究院一等奖

贯彻区域一体化发展的规划理念，以"面海发展，瓦长联动，全域谋划"作为城市总体发展战略；以"沿海集聚，瓦长联动，中心拓展，生态保育"的空间统筹策略，构建市域"一带、两轴、三核、四镇"的弓箭形结构，优化市域城镇布局、完善城镇功能；以"壮大老城、培育新城"，对接长兴岛，滨海选址规划滨海新城，构建"瓦长发展带"。

贯彻生态宜居、城市特色的理念，中心城区以组团式布局，由老城组团、老虎屯组团和滨海新城三个组团构成，组团间由快速路连接。同时根据老城临山、新城滨海的自然环境构建不同城市特色。将瓦房店市打造成环渤海地区的现代化新兴工业城市和滨海生态宜居城市。

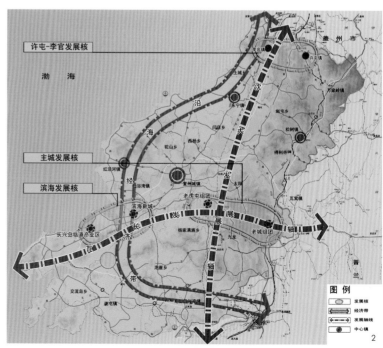

图例

老虎屯组团

老城组团

滨海新城组团

生
态

绿

楔

长兴岛

湿地保护区

滨海片区

城八发展轴

滨海片区中心

三台子片区

三台片区

产业研发片区

三街发展轴

王坟子山

图例
发展中心
发展轴
发展片区

3

瓦长第二通道发展轴

老虎屯组团

工业片区

城八复合功能中心

城八发展轴

老城组团

老虎屯片区

南北发展轴

钻石城复合城市中心

中心片区

西郊片区

共济片区

铁东片区

长春路发展轴

沈大铁路发展轴

钻石街发展轴

5

渤海

王坟子山

莲花池

大孤山

滨海片区

三台片区

三台候鸟湿地保护区

图例

居住用地
中小学校用地
行政办公用地
商业金融用地
市场用地
文化娱乐用地
体育用地
医疗卫生用地
教育科研用地
工业用地
仓储物流用地
对外交通用地
道路用地
广场、停车场用地
市政设施用地
特殊用地
公园绿地
防护绿地
生态绿地
河流水域
高速公路及出入口
轻轨

6

北疏港高速

双西线

至老虎屯

至老虎屯

盖亮线

大沙河

本大高速

普兰店市

至花园口

城八线

城八线

图例

居住用地
中小学校用地
行政办公用地
商业金融用地
市场用地
文化娱乐用地
体育用地
医疗卫生用地
教育科研用地
工业用地
仓储物流用地
对外交通用地
道路用地
广场、停车场用地
市政设施用地
特殊用地
公园绿地
防护绿地
生态绿地
河流水域
高速公路及出入口
公路
铁路及站场用地
发展备用地

1.区域统筹规划示意图
2.市域空间布局结构图
3.中心城区布局结构图
4.新城区布局结构图
5.主城区布局结构图
6.新城区用地规划图
7.老城区用地规划图

陕西省汉中市城市总体规划[2009—2020]

Master Planning of Hanzhong,Shanxi[2009-2020]

项目负责人：　王颖

主要设计人员：　封海波 郁海文 孙斌栋 潘鑫 刘婷婷 程相玮 彭庆军

项目规模：　人口规模100万人用地规模100km²

完成时间：　2010年6月

获奖情况：　2011年度陕西省优秀城乡规划设计三等奖，2009年度上海同济城市规划设计研究院院内二等奖

汉中市位于陕西省西南部与四川省交界处，地处秦岭之南，巴山之北，汉江上游，北距西安260km，南至成都540km。市域国土面积为27246km²，下辖1区10县，2008年底全市域户籍总人口380.14万。

一、城市发展战略

一个先导，两个突破，三个目标，五个战略。

以交通为先导。

两个突破：

(1) 城市实力的突破；

(2) 城市特色的突破。

三个目标：

(1) 衔接大西北、大西南和中部地区的枢纽；

(2) "西三角经济圈"产业格局的重要节点；

(3) 国内知名的特色旅游休闲城市。

五个战略：

(1) 以接轨西安和成都为重点的区域合作发展战略；

(2) 以汉中盆地城镇发展区为核心的空间发展战略；

(3) 以五大支柱产业为主导的新型工业化突破战略；

(4) 以弘扬优秀历史文化为重点的文化传承战略和以循环经济；

(5) 以山水生态保育为重点的生态文明战略。

二、主要思路

1. 做足"水"文章

充分结合汉江及其支流褒河、濂水河、冷水河之间形成的"半岛"状建设用地，将城市发展的重心由距离汉江较远的老城区周边，转向汉江两岸，形成以汉江为轴的沿江发展格局；

曹家营一带地处汉江拐角处，生态、区位建设用地条件为佳，规划以一条人工河将半岛变为岛，打造旅游、休闲娱乐中心；

汉中城内沟渠、水体、湖泊纵横，规划经过有效的整理，成为城市中难得的景观资源，改善城市的生态环境。

2. 打通山水走廊

汉中城区北面为天台山，南面为道子岭、西面为梁山，规划尤其要重视处理好山、水的关系，打通山水生态走廊。

3. 功能布局的疏导

商贸、行政文化功能分置，将老城区的行政、文化功能疏解到城市新区，老城区主要承担历史文化名城保护和商贸服务功能。

4. 交通主线的考虑

阳安铁路线和西成高速铁路线从城市中间穿过，阻碍城市向北发展，现实已无法改变，规划希望两条铁路线在城区段尽量并行，便于交通走廊的设置。

108国道已经建成，规划建议将来将108国道直接迁出，从城市北面平行于十天高速公路穿过，为城市的进一步拓展打下基础。

三、市域空间结构规划

"一主两副，三轴四区"。

"一主两副"——以汉中市区一个主核心，以城固、勉县县城为两个副核心。

"三轴"——为汉江（西汉高速）城镇发展主轴及两条交通轴。

"四区"——为南部巴山、北部秦岭保护发展区、西部发展片区、汉中盆地城镇发展区。

四、城市性质与规模

1. 城市性质

汉中市城市性质为：以汉文化为主要特色的国家级历史文化名城、陕甘川渝毗邻地区省际开放的枢纽城市，生态环境优越的宜居休闲城市和优秀旅游城市。

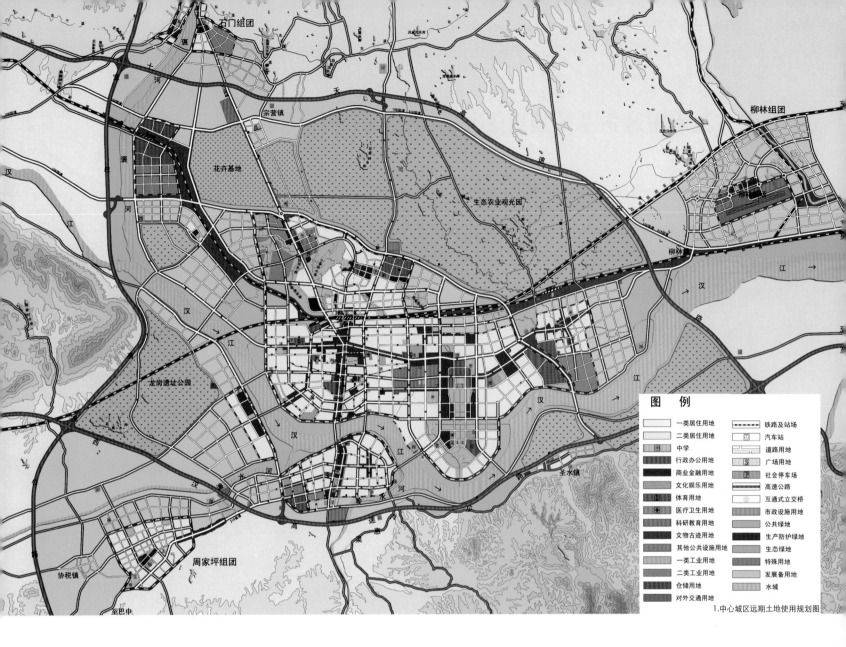

図　例

一类居住用地	铁路及站场
二类居住用地	汽车站
中学	道路用地
行政办公用地	广场用地
商业金融用地	社会停车场
文化娱乐用地	高速公路
体育用地	互通式立交桥
医疗卫生用地	市政设施用地
科研教育用地	公共绿地
文物古迹用地	生产防护绿地
其他公共设施用地	生态绿地
一类工业用地	特殊用地
二类工业用地	发展备用地
仓储用地	水域
对外交通用地	

1.中心城区远期土地使用规划图

2. 市域人口与城镇化水平

近期至2015年，汉中市域常住人口规模为390万人，城镇化水平为47%，城镇人口为183万；远期2020年，汉中市域常住人口规模为410万人，城镇化水平为56%，城镇人口为230万。

3. 城市人口规模

近期2015年，汉中市中心城区人口规模规划控制在85万人左右。

远期2020年，汉中市中心城区人口规模规划控制在100万人左右。

4. 城市建设用地规模

近期2015年，汉中市中心城区建设用地规模控制在85km²，人均建设用地控制在100m²/人。远期2020年，汉中市中心城区建设用地规模控制在100km²，人均建设用地控制在100 m²/人。

五、城市形态

整体城市形态呈轴向拓展的"风车形"，以中心城市为核心，分别向东与城固对接，向西与勉县对接，向南与南郑对接，由此形成三个发展翼，发展翼之间控制为生态用地。环城绿地将三个发展翼衔接起来。

六、规划结构

规划结构总结为"一江两区三组团"。

"一江"为汉江。

"两区"：江北区和江南区。其中江北区依托老城合理地在其东部布置了城东新区，作为未来的行政、文化、商贸中心，这也是本版总体规划对上版总体规划做出的最大调整。

"三组团"：柳林组团、周家坪组团、石门组团。

远景规划中，勉县、城固整体撤县设区。在充分完善中心城区功能结构的基础上城市用地进一步向东、向西轴向延伸，重点打造外围的勉县、城固、柳林、周家坪四个功能区，城市用地沿汉江拓展形成"带状"城市形态。

甘肃省天水市城市总体规划[2005—2020]

Master Planning of Tianshui,Gansu[2005-2020]

项目负责人：　董鉴泓　张尚武

主要设计人员：　王雅娟　黄建中　李雄　孙莹　孟江平　胡愈芝　高南希　蒋桂林　李薇　张琦
　　　　　　　　肖念涛　何惠涛　周玉娟　杜波　肖磊　彭坤涛　张忆韵　罗岑　杨莉　冯高尚

项目规模：　　　人口规模80万人　用地规模75.8km²

完成时间：　　　2008年

获奖情况：　　　2009年度上海同济城市规划设计研究院院内二等奖

1.市域城镇体系空间结构规划图
2.市域综合交通规划图
3.土地利用规划图

一、规划背景

天水市地处西北黄土丘陵地区，是甘肃省第二大城市和东部门户，国家级历史文化名城，在国家提出西部开发和建设关中-天水经济区背景下，承载着建设陇东南中心城市的任务。

1. 城市发展环境

天水地区人口基数大，地区经济基础薄弱；水资源短缺，水土流失严重；土地资源紧张，人地矛盾突出，土地利用率高，后备资源严重不足。同时面临人口转移压力大、城市吸纳农村劳动力能力不足、城乡发展差距持续扩大等问题。新的城镇化环境必须面对生态环境脆弱、空间资源紧缺和人口压力巨大等诸多方面的挑战。

从区域范围看，国家西部大开发战略实施深入、甘肃省城镇化战略确定，周边一批区域重大交通基础设施建设推进，都对天水市发展产生新的影响。

2. 城市发展现状

2005年建成区城市人口规模为48.89万人。与1993年（27.4万人）相比，人口规模增加了21.5万人，已经基本接近上一轮规划确定的远期（2020年）的规模（52万人）。

天水城市规模正处于成长阶段，但受"两山夹一川"自然条件的制约，两端为地下水源地，空间上限为30km长、1~3km宽范围，加上历史因素和两个城区之间军用机场的阻隔，空间拓展受到严重制约。两个城区相隔13km左右，城市空间发展呈现出两个相对独立的城区的空间形态。两个城区规模均在25km²左右。

二、发展目标

充分发挥区位优势、交通优势、产业优势、资源优势，以提高城市综合竞争力为核心，强化陇东南地区中心城市的地位。成为陇东南地区制造业、服务业、物流业和旅游集散的中心，并逐步确立在西北地区重要的枢纽城市地位。

保护城市历史文化资源和自然环境特色，历史文化名城地位进一步发展和增强。努力塑造对人口和经济活动有吸引力的城市，与自然协调、统筹城乡和区域发展的和谐发展的城市。

加快产业多元化和规模化进程，改善生态环境，提高人民生活水平和精神文明建设，促进经济和社会全面发展。

基本实现现代化，突出体制创新、科技创新，积极实施西部大开发战略、科教兴市和可持续发展战略。

三、发展战略

以城市带动区域发展战略、内调外引的经济发展战略、和谐社会发展战略、城乡协调发展战略、地方文化复兴战略、生态优先的可持续发展战略。

四、城市职能

国家级历史文化名城；陇海经济带上重要的区域性旅游服务基地；陇东南地区综合交通枢纽；陇东南地区产业与服务中心（装备制造业基地、商贸与物流中心、区域性文化、教育、体育产业中心）；西北地区适宜居住的理想家园。

五、城市性质

天水市为国家级历史文化名城，西北地区宜居城市，以制造业、旅游产业及物流业为发展重点的陇东南地区中心城市。

六、城市规模

市域总人口近期（2010年）控制在360万人，远期（2020年）控制在380万人。

城市化水平2010年城市化水平30%，2020年城市化水平40%。

市区总人口近期（2010年）60万人（用地规模55km²左右），远期（2020年）80万人（用地规模75~80km²）。

七、城镇体系布局

城镇体系布局突出重点，布局结构为"一心、三轴、两区"，"一心"为天

水市市区; "三轴"东西向两主轴和南北向次轴;
"两区"渭河流域经济区和清水—张家川经济区。

八、市域交通基础设施布局

天水市东连陕西、南通巴蜀、西靠兰州、北接
平凉,连通五县、形成核心,尽快形成以天水为节点
"十字形"的区域性综合交通网结构,提高天水市在
区域交通联系中的枢纽作用。

铁路: 天水市至平凉铁路、与陇南地区的联
系,铁路客运专线高速公路: 天宝、天定,平凉至天
水、天水至陇南。

高速公路以天水为中心,连通五县的高等级公
路网。

搬迁现有军用机场,建设中梁山军民合用机
场,机场等级为4C级。

九、城市空间发展方向与布局

规划确定城市发展方向为在秦州和麦积两建成
区基础上,东西相向发展,集中布局,搬迁机场,发
挥城市规模优势,在整合发展中优化城市结构。

规划提出"一带多心,轴向强化,组团发展,
山水连城"的城市总体空间布局结构。

在此基础上对各类土地使用进行布局,确立了
道路交通体系、绿地水系和景观系统,并对各项市政
基础设施进行统一布局。

为便于城市建设管理,规划在综合评定城市环
境对土地开发强度的承载能力的基础上,在土地使用
强度上划分了历史街区、中密度区和中高密度区等,
对各区建筑高度、容积率、建筑密度等主要指标进行
原则性规定。

规划还重点研究了天水"两山夹峙,一水中
流"的历史文化名城格局,提出历史文化保护规划。

十、城市发展和规划专题研究

为深入分析天水城市发展的特点和确保规划内
容的合理性,规划进行了上轮城市总体规划实施分析
与评价、城市发展的环境与城市定位研究、天水市域
城镇体系规划研究、天水市城市人口规模研究、城市
用地规模研究、天水市水资源承载力与利用研究、天
水历史文化名城保护、汶川地震对天水城市发展的影
响及灾后重建工作重点等8个专题研究。

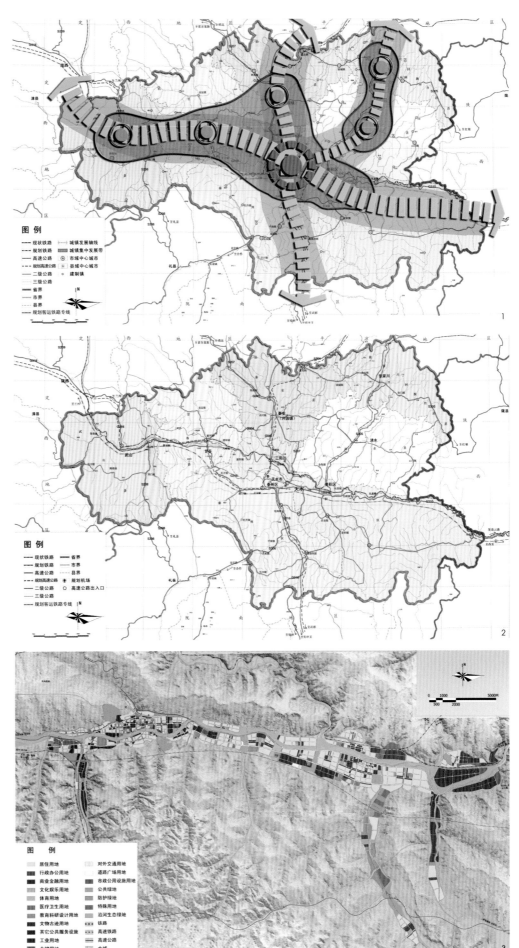

安徽省巢湖市城市总体规划[2009—2030]

Master Planning of Chaohu,Anhui[2009-2030]

项目负责人： 赵民

主要设计人员： 赵民 栾峰 何丹 张捷 张伟 陈艳萍 刘竹卿 方伟 马健

规划用地规模： 原巢湖市域（9423km²），中心城区规划建设地90km²

完成时间： 2010年12月

获奖情况： 2010年度上海同济城市规划设计研究院院内二等奖

规划确定巢湖市为皖江北岸核心城市，合肥经济圈副中心城市，以休闲旅游为主要特色的滨湖宜居城市。规划期末2030年，巢湖城市人口规模90万人，城市建设用地规模90km²，人均城市建设用地指标为100m²/人。

该规划抓住国家宏观战略布局和实施"中部崛起"战略的机遇，落实好省委、省政府"东向发展"等重大战略决策，主动融入长三角，积极参与泛长三角区域分工，加强与皖江城市带承接产业转移示范区规划、安徽省城镇体系规划、合肥经济圈城镇体系规划等上位规划的衔接，充分体现区域、城乡、人口资源环境等统筹要求，综合考虑重大基础设施建设、空间管制、生态环境保护等内容，为巢湖市城乡经济社会发展的空间布局和人居环境建设等做出总体指引。

在产业发展上，规划提出：以现代农业为基础，以现代制作业为核心，以现代服务业为活力，大力推进巢湖市域三次产业的全面协调发展；积极实施工业化核心战略、项目带动战略和产业集群化战略。

在市域城镇空间发展上，规划提出拥湖沿江、强化核心、三区协同、多极联动、区域协调、合理分工，推动形成"两带三轴三区"的市域城镇空间结构，并重点对环巢湖地区和沿江地区的重点建设发展地区推进规划引导。

规划在确定规划区与中心城市空间增长边界范围的基础上，跨越行政区划设立规划协调区，按照城乡一体化原则，进行统筹规划和管理。

规划提出中心城市建设用地空间结构为"一体两翼三组团"，空间实施策略为"中心带动，西进东延，组团推进"。规划布局"一主三副"的城市级公共中心及7个城市公共次中心，并采取"分区—片区—居住区/扩大居住小区"的三级空间布局模式，结合公共中心网络划定相应的住区范围。

1.中心城区道路结构规划图
2.中心城区道路等级规划图
3.中心城区用地规划图
4.城市规划区范围及空间管制规划图
5.中心城区重大基础设施规划图

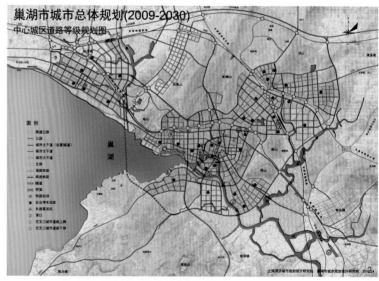

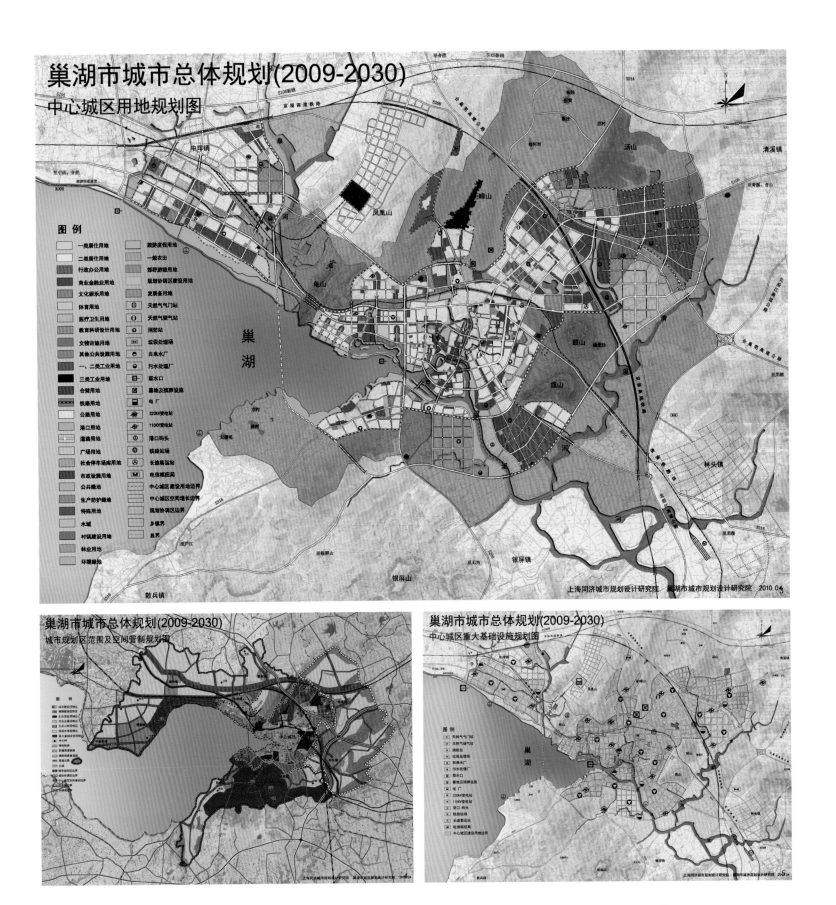

巢湖市城市总体规划(2009-2030)
中心城区用地规划图

巢湖市城市总体规划(2009-2030)
城市规划区范围及空间管制规划图

巢湖市城市总体规划(2009-2030)
中心城区重大基础设施规划图

河南省新郑市城乡总体规划[2009—2030]

Master Planning of Xinzheng City,He'nan[2009-2030]

项目负责人： 戴慎志
主要设计人员： 胡浩 郑晓军 李靖 刘杨 张林兵 吴承照 李文敏 肖建莉 黄坤 张道华 王媛琪
规划人口规模： 2030年45万人
规划用地规模： 2030年42.75km²
完成时间： 2010年3月
获奖情况： 2009年度上海同济城市规划设计研究院院内三等奖

1.市域城镇建设用地布局规划图
2.市域村庄布点规划图

一、规划背景

新郑市位于郑州市的南部，市域面积887km²，户籍人口达67万，另市内有高校师生约15万人。近年来，新郑市依托其独有的交通区位、矿产资源、高等教育、历史文化等突出优势，在社会、经济、人文各方面取得了较快的增长。综合经济水平在中原城市群地区、郑州市内都处于前列。

新郑是省级历史文化名城、黄帝故里，一年一度的黄帝拜祖大典为新郑赢得了海内外巨大的美誉；境内形成了航空（郑州市国际机场）、铁路（京广铁路、石武高铁）、高等级公路（3条高速公路、新老107国道、郑许快速通道、郑新快速通道等）一体的综合立体交通系统，是国家京广经济带上的重要节点城市之一。

二、规划内容要点

1. 规划期限

本规划期限为2009年至2030年。近期至2015年，中期至2020年。

2. 中心城区的城市性质

新郑市中心城区是以黄帝文化为特色的历史文化名城；中原地区重要的现代服务业和先进制造业基地；郑州市域的二级中心城市之一。

3. 城乡建设用地规模

至2030年，中心城区规划城市人口规模为45万人，城市建设用地面积42.75km²，人均建设用地面积95平方米。

4. 城乡产业发展规划

在市域范围内形成"二核带动、三区集聚"的产业空间布局。"二核"即中心城区主核和龙湖副核；"三区"即临郑、临港、临煤三大产业集群。

5. 城乡体系规划

以"中心带动、廊带贯穿"为策略，市域形成"一主一副，两点四带"的城乡空间结构。

规划形成五级城乡体系结构。第一级为新郑中心城区；第二级为龙湖、薛店、辛店三个特色产业突出、经济实力较强的重点镇，也是三大经济分区的核心；第三级为5个一般镇；第四级为作为全市新农村建设重点的35个中心村；第五级为保留发展的109个一般村。

6. 中心城区城市空间结构

中心城区的规划城市空间结构采用紧凑组团式结构。空间形态为"双水双核，一城五片"。双水即双泊河、黄水河，双核为旧城区片区核心、城北片区核心，五片为旧城区、新村片区、城北片区、站前片区、新港产业集聚区等5个片区。

三、规划创新点

1. 创新规划编制形式——"两规合一"、覆盖全域、全省试点

项目组积极探索新的规划编制形式，力求创新。为充分体现城乡统筹，将传统的城市总体规划和村镇体系规划进行"两规合一"，以"城乡总体规划"的形式整合规划内容，编制全覆盖整个行政辖区，涵盖城、镇、乡、村各层次的城乡总体规划。该规划是对编制形式改革与创新的大胆尝试，是河南省实行数规合一、城乡统筹规划的重要示范。

2. 突出规划阶段重点——近重实施、中抓对接、远谋全域

本规划在规划远期年限上进行了突破。将本规划编制远期年限调整至2030年，在一个较长的时间跨度内统筹、谋划新郑全局。同时，为与"十二五"国民经济和社会发展规划、土地利用总体规划等其他重大规划相协调和衔接，规划近期期限设定为2015年，中期期限为2020年。

3. 整合新型城乡体系——体系综合、延伸到村、落实到地

本规划将村镇体系规划中的"村镇体系"与城市总体规划中的"城镇体系"进行了综合，构建以新郑市中心城区为核心，城（镇）乡（村）有机融合的新型"城乡体系"，即"中心城区—重点镇——般镇—中心村——般村"的五级城乡

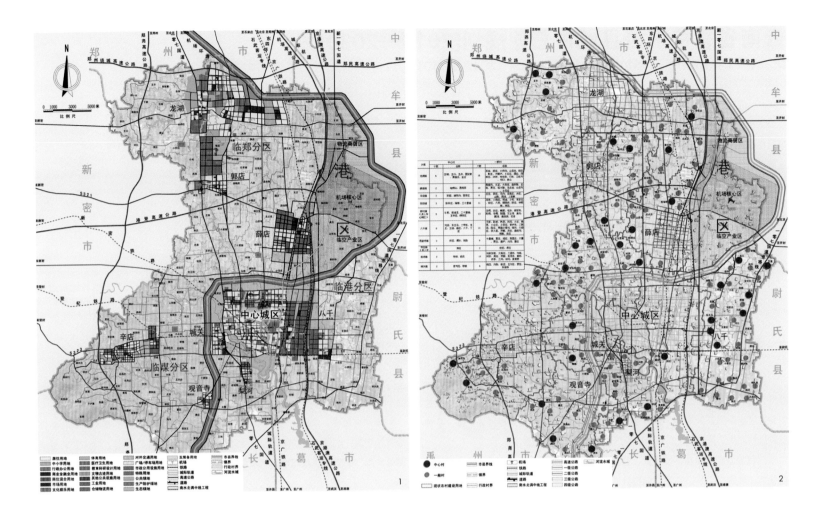

体系结构。

通过对村庄的大量走访、调查，建立全市行政村、自然村的村庄评价指标体系，综合评价分析各村庄经济、社会、建设水平，指导迁村并点规划，将各村庄的归并、改造类型进行细分，并制定明确细则和建设标准，以指导下一步的农村土地整理、村庄迁建工作。具体为：整治城中村、强化中心村、优化一般村、培育特色村、整合落后村、搬迁占资源村、合并相邻村。

4. 落实新近用地政策——试水增减挂钩、指标落实到地、用地覆盖全域

2009年，河南省政府下发关于《河南省城乡建设用地增减挂钩试点暂行办法》的通知，对城乡建设用地增减挂钩试点作出规定。作为河南省内城乡总体规划的试点，本规划积极贯彻落实政策要求，通过农村村庄拆除、工矿企业搬迁复垦等土地整体措施，细化指标，实现城镇建设用地与农村建设用地的增减平衡。

规划与城市土地利用总体规划无缝对接，明确用地指标，将覆盖全域的城乡建设用地具体落实到空间布局上。

5. 统筹地域单元规划——打破行政区划、统筹经济分区

在新郑现状初步形成的"一个中心、三大分区"的经济格局基础上，根据三大经济分区实际发展需要，规划大胆提出打破各镇、乡之间行政区划限制的思路，主张以各经济分区为统筹单元来整体设定建设目标和规模。

针对各经济分区，规划明确各分区重点发展的产业，形成具有鲜明特色的产业集群，提出各分区在空间布局、农村发展模式、生态环境保护、区域性基础设施建设和防灾减灾等方面的发展指引意见，逐步形成人口、经济、资源、环境相协调的空间开发格局。

6. 完善规划编制手段——综合规划、统筹专项、突出特色

与本规划同期编制的还有"新郑市旅游发展规划"、"新郑市历史文化名城规划"、"新郑市城市绿地系统规划"、"新郑市新港产业集聚区总体发展规划"，城乡总体规划起到了对各专项规划进行综合协调、专业整合的作用，在城乡总体规划层面利用各专项规划的研究结论，充分展现新郑历史悠久、文化深厚、生态优美、旅游丰富、产业集聚的城市特色。

四、结语

"河南省新郑市城乡总体规划（2009-2030）"已于2010年2月11日由河南省人民政府审批通过。本规划是在《城乡规划法》颁布实施的背景下，按照城乡统筹、城乡一体化要求，针对新郑实际与未来发展要求所作的覆盖全域、囊括城乡的总体规划，在传统城市总体规划编制基础上突出了"乡"的内容，强化了城乡统筹，是未来新郑城乡发展的主导纲领，也是指导城乡建设的基本法定依据。

云南省香格里拉县城市总体规划[2010—2030]

Master Planning of Shangri-La,Yunnan[2010-2030]

项目负责人： 戴慎志

主要参与人员： 高晓昱 郑晓军 李靖 孙康 胡浩 陈易 刘晓星 孙奇 陈鸿 董金柱 曹凯 高宏宇

项目规模： 2030年：20万人，30km²

项目编制时间： 2011年11月8日

获奖情况： 2011年度上海同济城市规划设计研究院院内一等奖

1.城区景观风貌规划图
2.规划区功能结构规划图
3.规划区空间管制图
4.城区土地使用规划图

一、规划背景

香格里拉县（原中甸县）位于滇西北滇川藏交界处，是迪庆藏族自治州的州府所在地。近年来，云南省和迪庆州发展面临重大机遇和有利条件，香格里拉县也制定了一系列政策措施，有效推动了经济社会发展，城市规模迅速扩张，各种发展条件发生了重大变化，对城市规划和建设提出了新的要求。

以保护景观和生态环境资源、塑造和强化城市特色为核心的新一轮香格里拉县城市总体规划，是指导香格里拉县域与城市健康、有序、协调发展制定的纲领性法定规划，规划的编制和实施，将为香格里拉实现全面建设小康社会和全国藏区第一强县的目标提供有效保障，打造国际性高原生态旅游城市。

二、城市性质与规模

本次规划确定的香格里拉城市性质为：以藏文化为特色的国际性高原生态旅游城市，滇川藏交界地区和迪庆州域的经济中心和旅游集散中心，历史文化名城。

香格里拉城市将体现国际知名的高原生态旅游城市、大香格里拉地区的旅游集散中心、滇川藏结合部的经济中心和交通枢纽以及全州、全县的政治、经济、文化中心等城市定位。

适当的城市规模符合城市定位，有利于发挥城市功能，也能够适应城市长远发展的各种可能性。因此，本规划在香格里拉城市规模的预测中，综合分析了有利于人口集聚的各项因素、条件和措施，也考虑了资源承载力和生态与景观环境保护的要求，提出了各阶段中心城区人口发展目标，并根据香格里拉高原城市、旅游城市、藏区城市和历史文化名城的特点，设置相对宽松的人均建设用地指标，控制各阶段中心城区城市建设用地规模。

各规划阶段的城市人口和用地指标控制值为：

规划近期末，中心城区常住人口规模 12万人，规划城市建设用地控制在20km²以下，人均建设用地170m²以下。

规划中期末，中心城区常住人口规模 15万人；规划城市建设用地控制在24km²，人均建设用地160m²以下。

规划远期末，中心城区常住人口规模 20万人；规划城市建设用地控制在30km²，人均城市建设用地150m²以下。

三、城市空间布局规划

本次规划中，以自然生态景观保护、区域性交通基础设施布局和组织、新区选址和布局、产业选择和布局为重点，综合分析用地条件，提出了"东扩西控、南延北限"的香格里拉城市空间发展方向，确定了组团式的城市空间布局基本形态。

自然生态景观的保护是本次规划空间布局规划方案考虑的重点。为塑造和维护香格里拉国际性品牌形象，利用双坝区得天独厚的自然条件，体现自然景观资源的整体性、唯一性和脆弱性特点，规划提出重点保护西侧坝区的自然生态景观和农牧景观，避免城市型开发和大型基础设施建设的总体设想。

本规划的中心城区空间布局方案基本构思理念为：将坝区分为中、西、东三大部分。分别体现"理想"、"和谐"、"创新"三个主题，体现香格里拉城市建设中保护、融合、发展的理念。西部为"自然生态理想国"，重点体现高原自然风光与藏区农牧景观融合的香格里拉品牌特色。中部为"历史人文和谐区"，注重两个古城与交通集散节点、旅游服务功能区的结合。东部为"环保宜居创新区"，营造适应高原特点的、低碳、环保、舒适的新式生活与创业环境，同时在风貌上体现鲜明的藏区特点。方案结合区域性交通设施组织城区布局，形成组团式城市布局形态。

规划形成"一城两翼、一带四团、一区两片"的空间规划布局形态。"一城"指主要的城区，"两翼"指两片较大的片区，即建塘片区和桑那片区，另包括尼旺宗组团。建塘片区未来的功能是以旅游和旅游服务为主的综合性城区，桑那片区的主要功能是为市民提供的新式宜居城区，以居住、生活服务和行政文化功能为主。尼旺宗组团以古城保护功能为主。规划在坝区中部带状区域内形成四个相对独立的功能组团，由北至南分别为旺池卡旅游组团、空港综合组团、教育综合组团和物流加工组团。四个组团以西环路、214国道组成的坝区中部交通走廊带串联起来。机场以西的西侧坝区严格控制建设规模，形成纳帕海景区和农牧景观区两大片区组合的、以生态和景观保护为主要功能，兼顾旅游的区域。

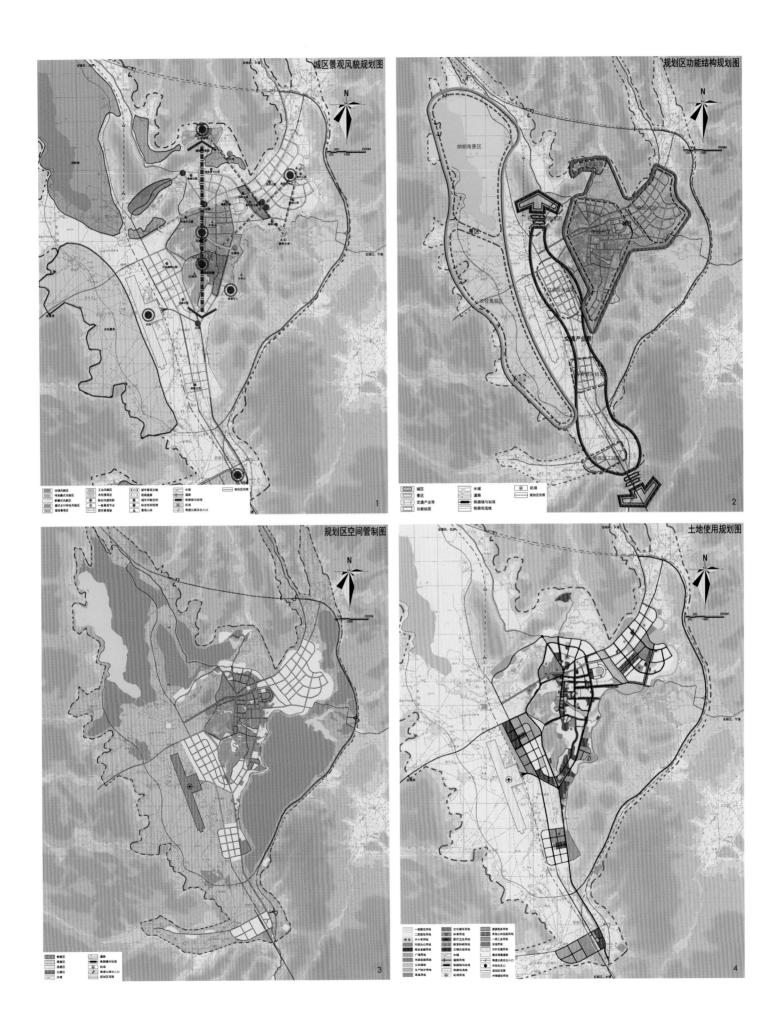

上海同济城市规划设计研究院
SHANGHAI TONGJI URBAN PLANNING & DESIGN INSTITUTE

青海省循化县城市总体规划与总体城市设计
Master Planning and Urban Design of Xunhua City,Qinghai

项目负责人：　　　裴新生　江浩波
主要设计人员：　　王颖　钟宝华　贾晓韡　王建华　王玉　欧黎明　刘振宇　肖勤　郑重　黄华　阳周　关学国　张博　康晓娟
规划用地规模：　　规划2030年，城市建设用地7.35km²
完成时间：　　　　2011年9月30日
获奖情况：　　　　2011年度上海同济城市规划设计研究院院内一等奖

一、差异化发展，西部欠发达县区的规划应对

1. 找准定位

作为地处偏远，远离中心城市，工业发展严重滞后，农业产业化进程缓慢，生态环境脆弱的西部欠发达县区，应走与东部沿海地区差异化发展的道路。找准城市定位既有利于保存城市的核心竞争要素，亦有利于城市未来的错位发展。

循化县在青海东六县中旅游资源丰富，民族特色浓郁，城镇风格保存较好。通过寻求比较优势，对循化的定位为：青海黄河上游生态环境优美、地域民族特色浓郁的国家级旅游休闲胜地和生态园林城市。

2. 绿色产业

结合循化耕地少农业发展空间有限，工业基础弱，文化、生态旅游业发展潜力巨大等产业现状特征，提出"低碳、生态化"和"凸显民族、文化与地域"产业发展战略，构建以高原特色生态农牧业、民族特色轻工业、旅游业为主导的绿色产业体系，建设特色旅游城镇。

3. 合理规模

循化市域现状人口13.11万，城镇化率化率为27%，大幅落后于全国和青海平均水平，县城现状人口仅2.7万。规划在分析环境承载力的基础上，从构建特色旅游城镇出发，科学合理预测县城规模，不片面追求大规模，规划预测2030年县域人口为15万人，县城包括积石镇和街子镇人口为7万人。

二、城乡融合，具有田园特色的城镇布局结构规划

1. 结合地形特征和地理格局，确定县域重点发展区域

循化县域地形由黄河谷地、浅山和中高山构成，人口和产业沿沟谷集聚的地理格局明显，规划结合地理特征，乡镇的资源和发展潜力，规划"一带两轴"为主重点发展区域。

2. 沿黄河拓展城市规划区范围，构筑沿黄发展带，培育县域发展核

黄河是循化的水资源和旅游资源所在，以县城为中心，沿黄河拓展城市规划区至街子镇和清水乡，总面积达141km²，构筑沿黄经济带，培育以旅游服务、公共服务和农业示范为主的县域发展核。

3. 沿黄河构建城乡融合、田园特征突出、双城结构的中心城区

实施"向北跨河谋划、向西沿黄拓展"的空间发展策略，突破现有积石镇发展的空间约束，构建由积石和街子组成的双城结构中心城区。

保留并发扬两个城区之间由自然村庄、农田、林地、河流组成的田园风光，规划通过划定村庄增长边界构建城乡融合的发展格局，为打造旅游城镇提供基础和条件。

三、提升特色，总体城市设计与总体规划同步推进

为更好的引导城市发展与建设，本次总体城市设计与总体规划修编同步推进，从空间层面全面配合与落实总体规划，既是对总体规划的有效反馈，亦是提升城市特色的重要方式。

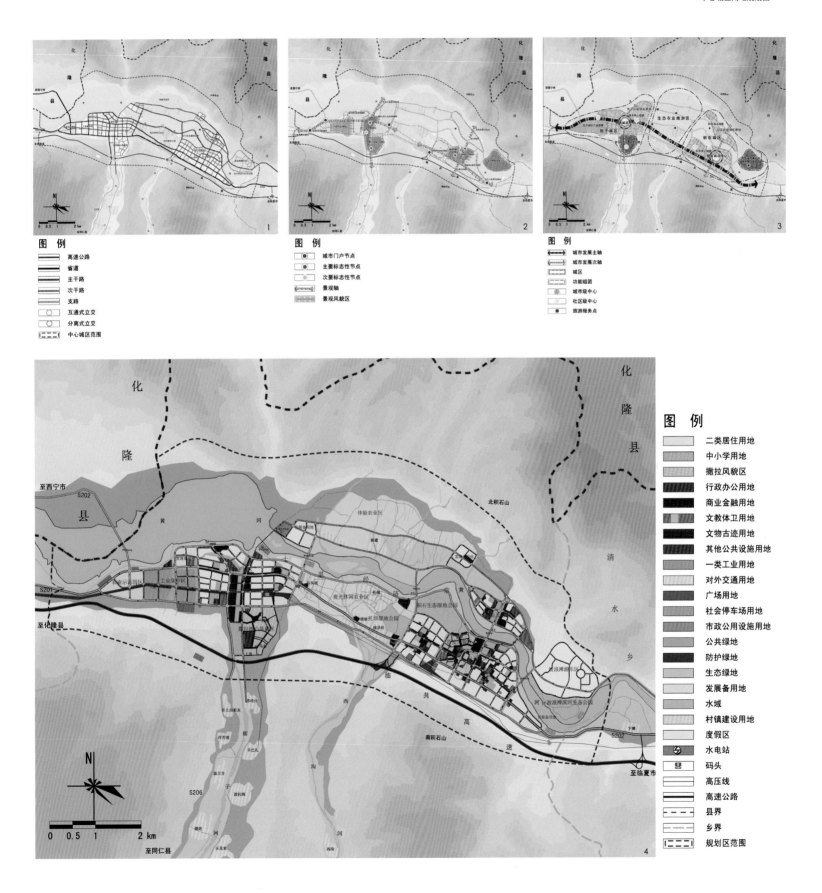

图 例 (1)

- 高速公路
- 省道
- 主干路
- 次干路
- 支路
- 互通式立交
- 分离式立交
- 中心城区范围

图 例 (2)

- 城市门户节点
- 主要标志性节点
- 次要标志性节点
- 景观轴
- 景观风貌区

图 例 (3)

- 城市发展主轴
- 城市发展次轴
- 城区
- 功能组团
- 城市级中心
- 社区级中心
- 旅游服务点

图 例 (4)

- 二类居住用地
- 中小学用地
- 撒拉风貌区
- 行政办公用地
- 商业金融用地
- 文教体卫用地
- 文物古迹用地
- 其他公共设施用地
- 一类工业用地
- 对外交通用地
- 广场用地
- 社会停车场用地
- 市政公用设施用地
- 公共绿地
- 防护绿地
- 生态绿地
- 发展备用地
- 水域
- 村镇建设用地
- 度假区
- 水电站
- 码头
- 高压线
- 高速公路
- 县界
- 乡界
- 规划区范围

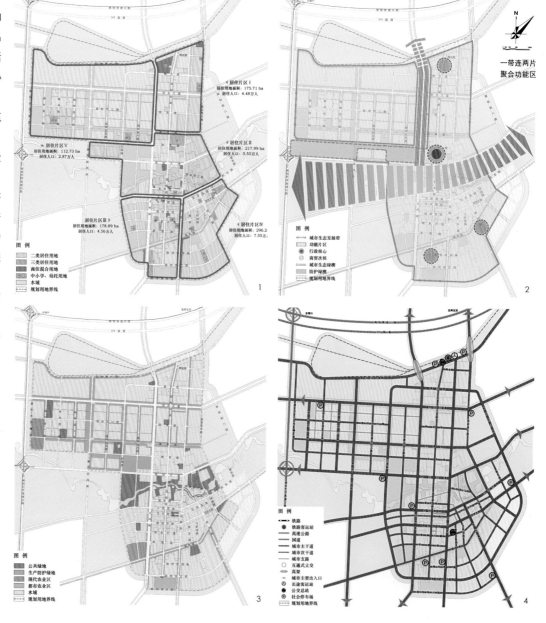

新疆巴楚县县城城市总体规划调整（局部）[2011—2025]

The Local Planning Adjustment of Bachu Master Plan,Xinjiang[2011-2025]

项目负责人： 高崎

主要设计人员： 吴晓革 蔡智丹 章琴 赵玮 林峻宁 钱卓炜 陆地 韩旦晨 姜兰英

规划用地规模： 34.79km²

项目完成时间： 2011年6月20日

获奖情况： 2011年度上海同济城市规划设计研究院院内二等奖

围绕"一个中心"，推动"三个转变"，培育"三个功能"，落实"三个接合"，促和谐、强基础、创机制、搭平台、促承接、出品味，农业立县、工业强县、商贸富县、开放活县、科教兴县，推动经济、社会与生态环境协调发展，打造"活力巴楚"、"商旅巴楚"、"人文巴楚"，逐步形成巴楚与东部合作共赢的格局。

"一个中心"：与图木舒克市联动，建设"喀什东部区域经济中心"。

"三个转变"：经济发展由资源型经济为主导向资源型与投资型经济相结合转变；产业发展由初级和零散发展向延伸和集聚发展转变；城市发展由设施主导型向设施与功能共进型转变。

"三个功能"：培育社会功能，培育城市功能，培育集聚功能。

"三个接合"：与国内援助相接合，与产业转移相接合，与国外市场相接合。

1.居住用地规划图
2.规划结构分析图
3.绿地系统规划图
4.道路系统分析图
5.用地规划图

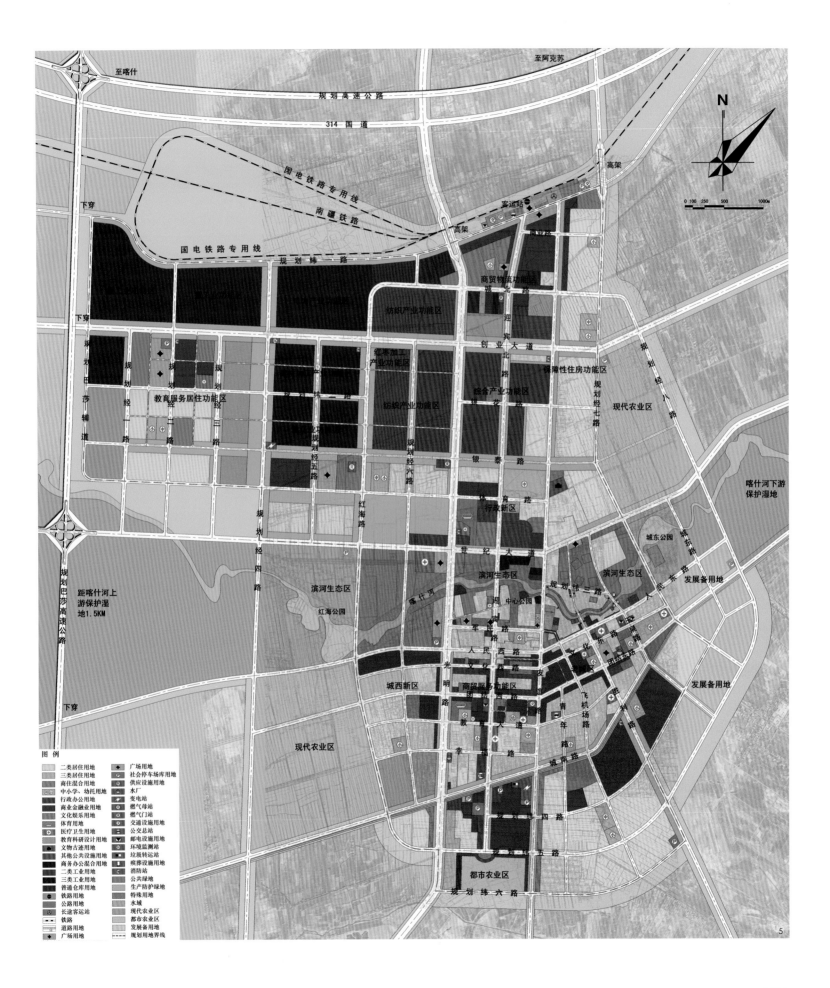

四川省德昌县城市总体规划
Master Planning of Dechang,Sichuan

项目负责人： 戴慎志
主要设计人员： 戴慎志 高晓昱 孙康 陈雪伟 丁家俊
项目规模： 规划县城建设面积15km²
项目编制时间： 2008年3月—2009年10月
获奖情况： 2009年度上海同济城市规划设计研究院院内二等奖

一、规划项目背景

德昌县是具有中国西南山区河谷典型地域特征的小城市。位于四川省西南部，凉山彝族自治州，攀西资源综合开发区腹地，现状总人口20万人。安宁河从北向南贯穿县域，德昌县城位于河谷平原核心地带；成昆铁路、攀西高速公路和107省道组成的省域交通走廊经过县城，县城现状人口3.7万人，以汉族占大多数，少数民族以傈僳族和彝族为主。近年来随着对外交通条件的改善，城市发展迎来重大契机，需要重新编制城市总体规划，以科学指导城市建设。

规划在研究德昌所处的区域地理环境，特别是和上位城市的发展关系基础上，对县域经济产业、城镇体系和城乡统筹、县城用地布局和各项基础设施建设三大方面提出了规划要求。

二、全县经济产业发展规划

规划期内德昌县产业发展总体战略为："稳一（产）、强二（产）、进三（产）"。全县规划形成一带三区的经济发展格局。

（1）第一产业发展以农业为主要对象，使德昌县成为凉山州地区特色农林产品的生产基地。

（2）第二产业发展紧紧围绕构建西昌经济圈的区域发展新格局，积极利用西昌工业群的扩散与辐射，成为区域性重点金属冶炼产业项目的二级基地。在工业园区布局上，采用集中工业区建设，重点打造德昌-西昌产业带。

（3）第三产业依托螺髻山和安宁河等景观环境资源，以旅游业为先导，加快发展与其相配套的服务业和房地产开发。

三、县域城镇体系规划

（1）城镇体系发展战略：现状城镇化水平为33.5%。规划德昌应坚持首位城镇发展的道路，加强县城的发展。至规划期末，全县总人口32.2万人，城镇人口20万人，城镇化水平62%。

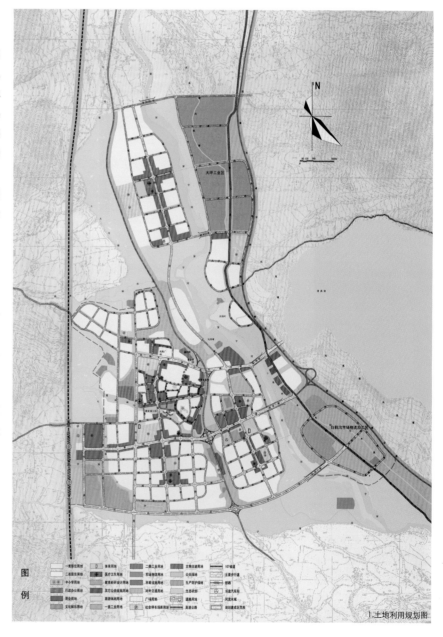

1.土地利用规划图

（2）城镇体系等级空间布局：规划形成"一心、一轴、三片"的空间形态。以德昌县城为县域中心，在现状乐跃、永郎两个建制镇的基础上增加麻栗、茨达、热河等3个建制镇。沿成昆铁路、攀西高速公路、107省道形成城镇发展轴。县域划分为东、南、西三个城镇片区。

（3）县域空间管制区划

地质灾害分布与易发程度、资源保护、生态环境保护和区域性基础设施廊道控制等因素。

（4）县域旅游发展规划：德昌旅游开发定位为：原生态山地观光度假和安宁河谷阳光度假旅游目的地。全县旅游总体布局分为一心、一带、四个旅游景区。

（5）县域交通规划

以成昆铁路复线建设为契机，继续强化对外联系能力。继续提高县域内公路交通网密度，提高公路等级，重点增强边远地区乡镇对外联系能力。至规划期末，全县形成三横四纵的公路交通网络。

四、县城发展规划

1. 县城性质与规模

城市性质为攀西经济带上的重要节点城市，西昌经济圈副中心和工业化服务基地，具有山水环境和民族风情特色的宜居小城市。规划期末人口14.5万人，人均建设用地面积100m²。

2. 县城用地布局

（1）综合评价地质灾害、地形地貌、农田及生态敏感区、交通条件和城市发展战略，确定德昌县城的发展方向为：规划期内，在完善老城的基础上，向东、向北发展为主，向南发展为辅，结合成昆铁路复线建设，适量向西发展；远景根据西昌经济圈的发展，城市主要沿安宁河向北呈组团式发展。

（2）规划采用紧凑组团式布局结构，形成"一带四片、四心六轴"的城市用地布局形态，重点强化安宁河生态景观带，以香城大道和凤凰嘴为增长极，在完善老城的基础上拓展城市新区。

（3）公共设施和居住用地规划：规划根据人口规模和用地布局提出了公共设施和居住用地的分类布局要求。

（4）工业仓储用地规划：以107省道为依托，形成两大工业集中区，分别发展传统冶金工业和农副产品加工工业；以成昆铁路和高速公路为依托，形成两大仓储物流区，发展现代化市场物流业。

3. 综合交通规划：

优先考虑成昆铁路复线建设对城市的影响，合理安排站场设置以及与城市公共交通系统的衔接，在香城大道的西侧尽端建造新客货站场；城市道路规划形成"三横三纵"的主干路网骨架；建立公共交通系统，设置不少于3条主要公交线路。

4. 绿地景观系统规划：

形成"一心一环，两廊三带、点轴结合"的绿地系统，以凤凰嘴构成城市绿心，建成区外围以山体和农田为绿环，以安宁河和铁路防护绿带构成绿化走廊，以3条横向沟渠构成城区的支状水系，各级公园绿地合理分布。至规划期末，城市绿地面积为266.1hm²，人均公共绿地9.3m²。

充分挖掘历史资源，拓展城市历史文化价值，营造以傈僳族为特色的风貌景观，建设生态山水城市。

5. 市政基础设施规划

规划根据发展规模和用地布局，提出了各项基础设施规划要求，其中新水源的选择是本次规划的重点之一。

6. 城市综合防灾规划

提出了抗震、防洪、消防和人防四方面的规划要求，其中县城抗震设防标准确定为7度设防。

7. 规划区空间管制

为了有效地控制、引导城市健康发展，对城市规划区进行空间管制。

8. 分期建设

（1）近期建设：时限至2015年，城市人口6万人。积极推进城市向东发展，加快以香城大道和东干道为主的重大城市道路工程的建设，进一步完善市政公用设施和公共配套服务设施，综合利用安宁河景观资源。

（2）中期建设：时限至2020年，城市人口9万人。在近期的基础上，向南纵深发展，完善各级公共中心建设，拓展配套居住区。

（3）远景规划：远景发展方向以南北拓展为主，开发独立的居住新区；工业区继续向北拓展，和德昌—西昌产业带连为一体。

五、规划主要研究重点

1. 科学应对上位城市发展的影响

德昌的上位城市西昌市，将承担未来攀钢和重钢重工业项目的转移，并有可能将部分加工基地设置在德昌。规划一方面在县城确定了承接大型工业项目的人口容纳规模和公共设施配套能力，同时又在县域范围内考虑了集中设置独立工矿区的选址，与西昌市南部工业区对接，形成产业发展带。

2. 方案比选确定成昆铁路复线走向

未来成昆铁路复线将经过德昌，规划以利用好铁路复线对县城发展的带动作用，以及新老铁路线的关系为出发点，通过各因素分析，提出三个比选方案，最终确定了铁路复线从县城西侧山脚经过，条件成熟时考虑搬迁现状铁路线的方案。

3. 科学处理县城发展的地形地貌因素

县城位于安宁河谷平原，从西到东有三级台地，相对落差5~10m。规划在用地适建性评价的基础上，通过4条主干道连接东西组团，其余道路尽量依地势而设，并在台地间设置若干条步行通道。

4. 梳理山体水系，打造园林城市

规划利用现状一山（凤凰嘴）、一河（安宁河）的景观资源，强化凤凰嘴的景观核心地位。按"水清、流畅、岸绿、景美"的要求对城市水系进行疏浚调整，划分为三级水系，重点打造安宁河一河两岸景观带；二级水系利用自然落差，连通安宁河与西侧山脚水系，串联城市绿地，作为主要功能组团间的分隔带，三级水系贯穿功能组团内部。

河北省保定市安新县城市总体规划[2009—2030]

Master Planning of Anxin,Baoding City,Hebei[2009-2030]

项目负责人： 李继军 戚常庆

主要设计人员： 韩胜发 罗沁 甘海林 许飞 姚伟 贾淑颖

规划用地规模： 33km²

完成时间： 2010年11月

获奖情况： 2010年度河北省优秀城乡规划编制成果二等奖

1.县域等级职能规划图
2.规划结构图
3.道路系统规划
4.县域生态环境保护与开发控制图
5.景观风貌规划
6.绿地系统规划
7.远期土地使用规划

一、背景简介

安新位于河北省保定市，属京、津、石腹地。县域总面积783.6km²。华北平原最大的淡水湖泊——白洋淀85%的水域在其境内。

区域层面，投资重心开始经历由南向北空间演进。京津唐地区迎来发展良机，区域内二三级城镇快速成长。

市域层面，保定市提出"一城三星一淀"的都市区空间格局——包括安新在内的四县纳入保定城区范围。

二、发展战略

基于对安新的SWOT分析，本轮规划制定四大发展策略。

环境为根：以建设"宜人白洋淀"为根本；

高调定位：以差异化体现安新在整个京津都市圈的作用；

产业为基：为各方面建设夯实经济基础；

非均衡发展：集中发展优势产业、优势地区，实现生态和人文的时空错位保护。

三、城市性质

综合考虑安新县城的区域地位、现实状况以及发展前景，本轮规划安新县城市性质为：京津冀都市圈重要生态旅游休闲中心，保定都市区休闲旅游组团，以旅游服务及相关产业为主导的京南秀美水乡。

四、城市规模

规划期末，县域总人口规模60.3万人，城镇化水平63%；城市规划区总用地面积约257km²；中心城区人口规模39万人，城镇建设用地面积33km²。

五、空间结构规划

县域形成以安新中心城区为核心的"一心一点、一轴三区"城镇体系空间结构。

确立1个中心城区——1个中心镇——9个一般乡镇——27个中心村——64个基层村的镇村等级结构体系。

中心城区规划形成6个居住片区、3大工业组团、1处城市级物流园区。

根据建设用地综合评价结果，确定县城"东进西跨，北跃南优"的用地发展方向。

六、创新情况

从城乡统筹的视角，将现状村庄划分为5种类型，制定差异化发展策略。

以政府引导、群众自愿方式，组织白洋淀生态移民工程。移民工作与产业结构调整相结合；与促进城市化发展及新农村建设相结合；与城市基础设施建设相结合；与白洋淀生态湿地保护建设相结合。

划定移民村73个，涉及人口逾13万，3.5万人留守淀区，从事旅游业、渔业和传统工业；6.5万人进入城区，从事工业和服务业；近2万人向乡镇就近集中，从事工业和农业。

按试点—推广—完善三步稳妥有序开展生态移民工作。试点村的选择遵循下列条件：（1）白洋淀核心保护区内村庄；（2）农业为主且人均耕地少于0.5亩村庄；（3）1000人以下村庄；（4）村办企业总产值超过500万村庄。

根据生态环境保护要求，划分一、二、三级保护区。划定优先保护区、湿地公园，逐步迁移工业企业，减少居民点，缩减农渔作业，整合航线，合理开发旅游，平衡白洋淀生态资源的保护与开发，强化安新核心优势。

树立"生态白洋淀，休闲安新城"的旅游形象，形成"一城、一带、一淀"的旅游空间格局。突出"北国江南"的水城意蕴，形成"一环八河五湖"的水系布局，"一带九轴、多片加散点"的绿化体系；提出老城的更新与保护策略，为未来旅游的发展提供更多可能。

与上轮总体规划相比，城市性质表述强调安新作为保定都市区组成部分的区域地位，突出安新与区域中心城市北京的地缘联系。

跳出现状城区的局限，提出"组合城市"概念，将三台和城南工业区纳入中心城区范围，形成"一城三区"的组合城市空间结构。

本轮总体规划实施以来，有效指导了下位规划编制和城市建设管理。

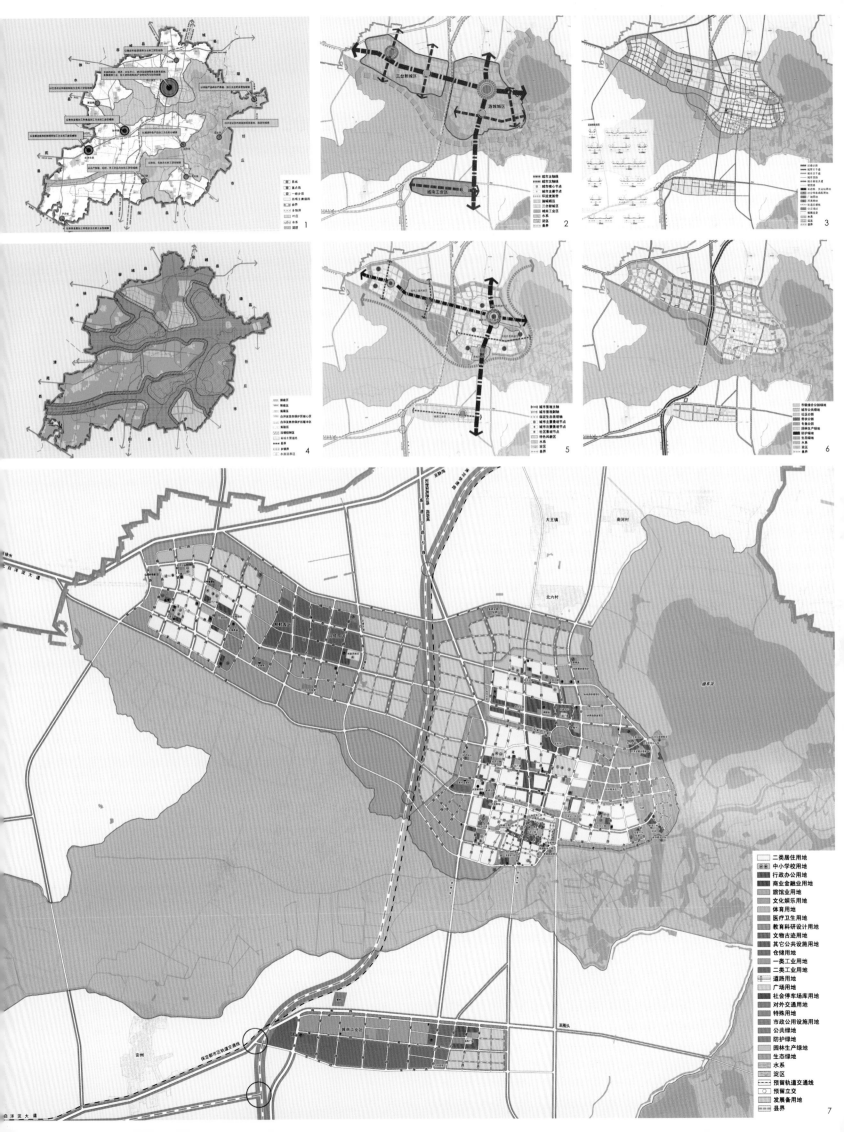

四川省汶川县映秀镇灾后恢复重建总体规划[2008—2020]

Post-disaster Master Planning of Yingxiu,Wenchuan County,Sichuan[2008-2020]

合作单位： 东莞市城建规划设计院

项目负责人： 周俭 夏南凯 肖达

主要设计人员： 黄震 关颖彬 李粲

规划用地规模： 2020年118hm^2

规划人口规模： 2020年1.32万人

完成时间： 2008年8月

获奖情况： 2009年度广东省城乡规划设计优秀项目一等奖

映秀镇灾后恢复重建总体规划和汶川县映秀镇中心镇区修建性详细的规划规划目标是采用先进的规划设计理念，先进的抗震技术，先进的建筑材料和先进的施工工艺，集合优秀的设计师和优秀的施工管理团队；把映秀镇建设成为汶川地震灾后恢复重建的样板工程、防灾减灾的示范区。

规划期末2020年中心镇区人口规模为1.32万人，城镇建设用地为1.18km^2，人均89.7m^2。

中心镇区性质为：防灾减灾示范区；"5.12汶川大地震"的震中纪念地；旅游温情小镇。

映秀镇镇域村镇空间布局结构为"两区、两轴、三点"。

两区：中心镇区、震中保护区；两轴：沿国道G213经济发展主轴、沿省道S303旅游发展主轴；三点：张家坪新农村建设点、黄家院村新农村建设点和老街村新农村建设点。

1. 防灾减灾示范区

（1）防灾规划目标

通过规划，结合实际、因地制宜、突出重点，建设防灾减灾体系，完善城镇防灾减灾应急系统，全面提升城镇的综合防灾减灾能力。

为了高标准建设映秀镇的防震减灾系统，增强城镇综合防灾能力，规划将消防、人防、防洪、抗震、防次生灾害等灾害防护功能进行系统整合，并通过指挥工程、生命线工程、紧急避难和集散工程以及综合防灾分区的划分，综合设置镇区范围内的各项防震减灾体系。

（2）抗震设防标准

汶川地处川、甘、青地震带上，地质结构复杂，地震活动频繁，依据《建筑工程抗震设防分类标准》、《建筑抗震设计规范局部修订》有关规定确定映秀镇中心镇区抗震设防烈度为Ⅷ度，设计基本地震加速度为0.20g。

建筑应根据其使用功能的重要性分为甲类、乙类、丙类、丁类四个抗震设防类别。甲类建筑应属于重大建筑工程和地震时可能发生严重次生灾害的建筑，乙类建筑应属于地震时使用功能不能中断或需尽快恢复的建筑，丙类建筑应属于除甲、乙、丁类以外的一般建筑，丁类建筑应属于抗震次要建筑。

建筑抗震设防类别的划分，应符合国家标准《建筑抗震设防分类标准》（GB50223）的规定。

2. 纪念体系的分级控制

一级控制：以保持遗址现状为基本准则，完全不施以人工干预。主要包括山体滑坡及崩塌景观。

二级控制：以保持遗址现状为基本准则，在不影响遗址核心价值的条件下修复较少的外围保护设施。包括汶川遗址、地震巨石文物、映秀小学、映秀幼儿园、映秀开关站遇难者公墓等。

三级控制：为满足纪念活动的需要，修建全新的纪念场所及建筑。主要包括地震纪念馆。

3. 旅游温情小镇

（1）旅游服务社区

大型服务社区：映秀镇镇区（综合性服务基地）；小型服务社区：渔子溪上坪（分散在各农家院落内，规模略小，至少具备住宿、餐饮、日用品零售三大功能）。

服务网点：分布在各组团游客量比较集中的区域，主要功能是为游客提供午餐和休息场所。

（2）绿地景观规划

渔子溪、岷江及外围山体作为规划区的生态绿化基础，规划通过景观轴线与廊道，强化镇区内部景观空间与其相互渗透、相互交融的关系。

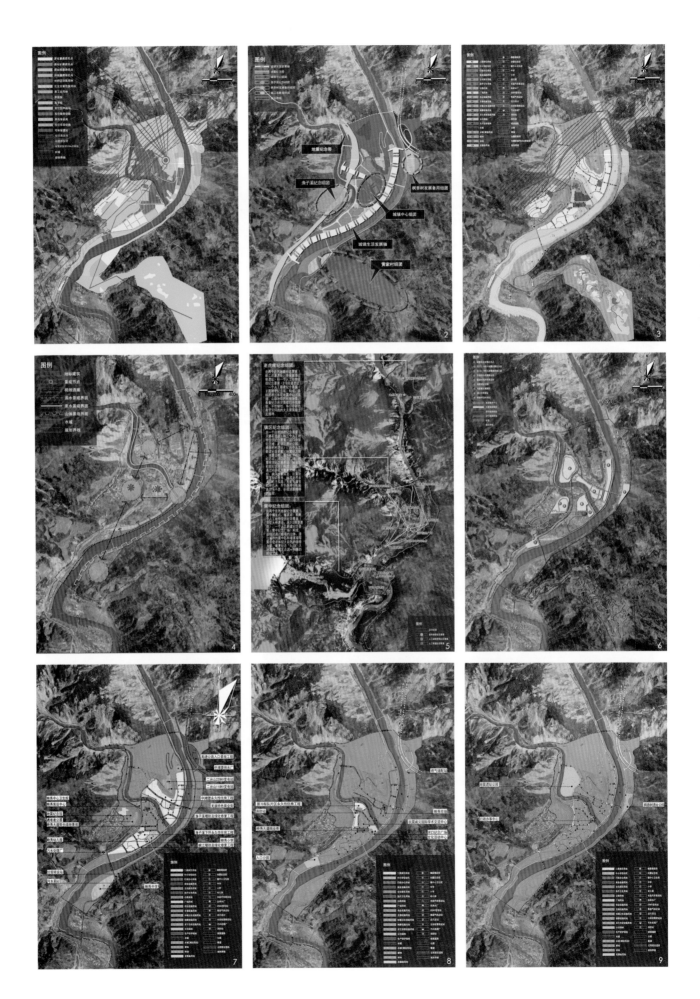

1.镇区用地现状图
2.镇区规划结构分析
3.镇区用地规划图
4.镇区城镇风貌引导图
5.镇域纪念体系规划图
6.镇区旅游规划图
7.2009年度建设计划
8.2010年度建设计划
9.2011年度建设计划

河北省高碑店市白沟城市总体规划[2009—2030]

Master Planning of Baigou,Gaobeidian City,Hebei[2009-2030]

项目负责人：　李继军　戚常庆
主要设计人员：　罗沁　韩胜发　许飞　陈强　姚伟
规划用地规模：　48.09km²
完成时间：　2009年10月
获奖情况：　2010年度河北省优秀城乡规划编制成果二等奖

1.白沟功能结构规划图
2.白沟交通规划图
3.白沟景观规划结构图
4.白沟土地利用规划图

一、背景简介

白沟为河北省高碑店市所辖的副县级建制镇，北距北京120km，东距天津110km，西距保定城区80km，位于京、津两大都市一小时出行圈的范围内。

2008年，河北省级开发区——白洋淀温泉城与高碑店市白沟镇合并，更名为白沟•白洋淀温泉城开发区。其中白沟分区即白沟镇行政区面积54.5km²，现状城市建成区面积16.46km²，全域人口13万，当年完成社会总产值80.92亿元。

白沟被誉为"北方义乌"和"中国箱包之都"，2007年，市场成交额188亿元，位列全国百强商品交易市场第19位。

根据《保定市"一主三次"城市规划发展纲要(2008—2020年)》，白沟•白洋淀温泉城开发区将成保定市三大次区域之一的保东地区的中心城市；白沟分区作为整个开发区的主城区部分，主要承担次中心城市的区域带动与中心辐射职能。

二、城市定位

本次规划将白沟的城市发展定位为：保定市东部地区次中心城市，京津冀及环渤海地区的休闲旅游聚集区，北方著名商埠、京南陆港物流区，全球箱包基地。

三、发展战略

商贸立市：强化城镇商贸市场的流通功能，大力发展现代服务业，为城镇经济的发展夯实基础。

产业强市：利用优势条件，加快发展多条产业链，建立具有比较优势的支柱产业集群。

科教兴市：重视职业教育培训，建设教育、科研基地，为工业发展、市场升级输送合格的劳动者。

四、城市规模

通过对白沟历年常住人口、流动人口和人口增长趋势的研究，本次规划预测到2015年近期规划人口23万人，2020年中期规划人口为30万人，2030年中期规划人口为44万人。城市建设用地规模近、远期分别为27.66km²和48.09km²。

五、空间结构规划

依据白沟发展现状和城市周边发展条件，规划白沟城区未来将形成："两轴、三心、四区"的空间结构。

两轴：以滨水路作为城市东西向发展主轴，以京白路——东一环路作为城市南北发展主轴，两轴复合发展。

三心：一主两副；城市向北发展，在城区北部京白路与康庄路交汇处，布置白沟行政、文化、商业中心，构成未来白沟的城市主中心；

在城区南部京白路与友谊路交汇处，集中布置为白沟市场服务的商务办公、商业金融机构，形成城区西部的综合性公共服务中心；

位于津保铁路车站地区，布置为现代物流产业配套的现代服务业。

四区：西北部新城片区；西南部老城片区；东部工业片区；南部站前物流片区。

六、创新情况

（1）在本次规划之前，两家编制单位协同其它多家专业研究机构，共同编制了《保定市东部地区协同发展研究》以及《白沟•白洋淀温泉城发展规划》，着重研究了区域协同发展的总体目标、城市职能分工，提出了空间、产业，生态、交通及重大基础设施的一体化发展的规划构想，进一步明确白沟在区域中的发展定位和城市职能。

（2）针对商贸城市的特征，增加市场专题研究报告，以市场发展的角度对城市定位、产业发展、城市配套以及市场建设等方面提出构想。

（3）在城市用地规划中将专业市场用地单独列出，根据市场的发展科学预测用地规模，不计入城市各类用地的平衡。

（4）考虑城市建设管理力量相对不足的现状，采用相对简单的规划结构。提出十字形的结构绿地，在保障城市绿地结构的同时，作为市场、人居、工业等不同主导功能的分区的边界，并且为城市排洪、及城际轨道等大型基础设施的建设留有余地。

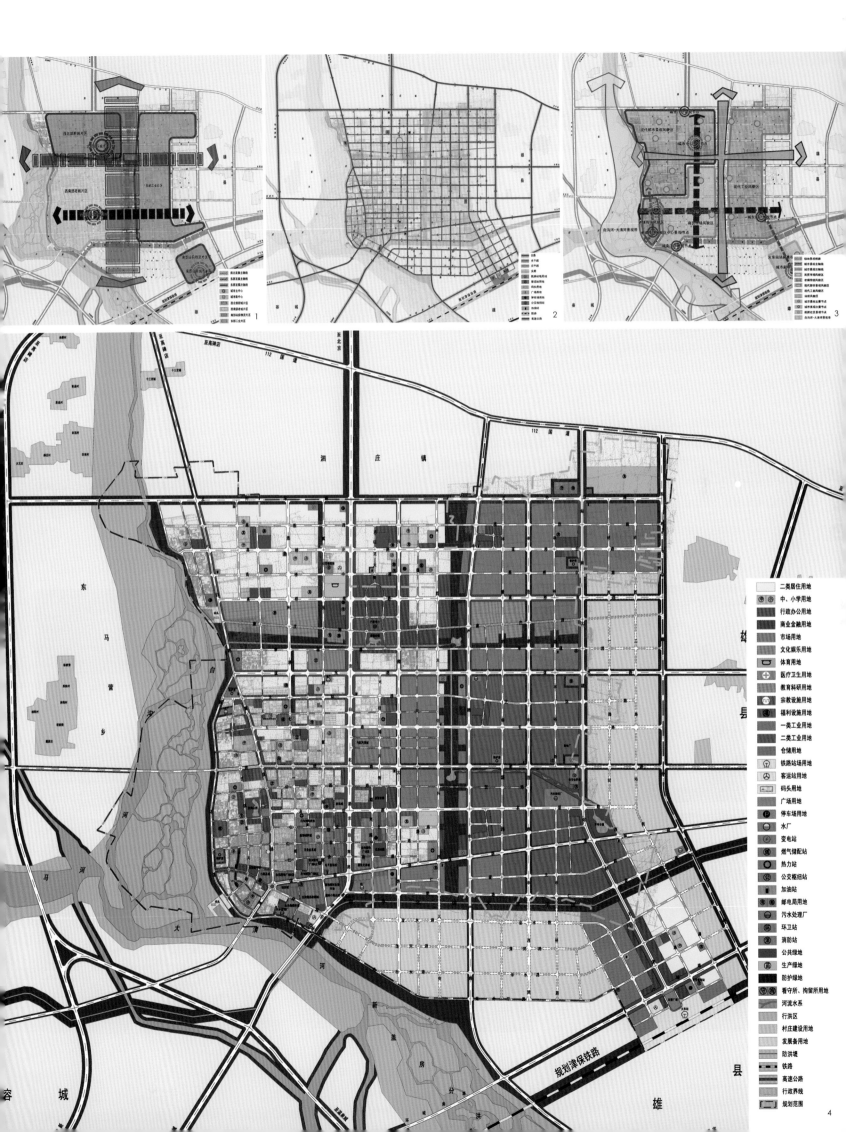

上海市崇明陈家镇总体规划修改[2009—2020]

Master Planning of Chenjia Town in Chongming, Shanghai[2009-2020]

项目规划师：	周玉斌
项目负责人：	戴晓晖
主要设计人员：	戴晓晖 刘冰 柳庆元 陆希刚 邱灿华 王志玮 刘惠敏 宁雪婷 毛妮娜 施建周 徐国彬 陆艳妮 许峰
合作单位：	崇明县规划设计院
规划用地规模：	39.6km²
完成时间：	2010年9月
获奖情况：	2011年度上海同济城市规划设计研究院院内二等奖

1.地区功能结构规划图
2.镇区规划结构图
3.地区生态环境区划图
4.道路交通规划图
5.自行车系统规划图
6.生态安全格局图
7.总图
8.镇区土地使用规划图

　　陈家镇地处长江入海口，位于崇明岛的最东端，毗邻国际重要湿地－东滩保护区。崇明规划定位于世界级生态岛。2009年以来，崇明被列入上海市三大低碳经济示范区之一，并开始创建国家可持续发展实验区，陈家镇被确定为全国发展改革试点镇之一。并且，随着上海长江桥隧工程建成通车，崇明的对外交通条件得以根本改观，陈家镇面临着新的机遇和挑战。

一、规划定位

　　上海大都市北翼与市域基础性生态源地——东滩湿地保护相协调的、全面贯彻可持续发展理念的低碳生态示范区和崇明生态岛建设的重点地区之一，以科教研发和会议商务为主导的知识经济园区，以户外休闲运动和海岛生态旅游为特色的休闲度假胜地。简言之，即生态镇、知识城、休闲地。

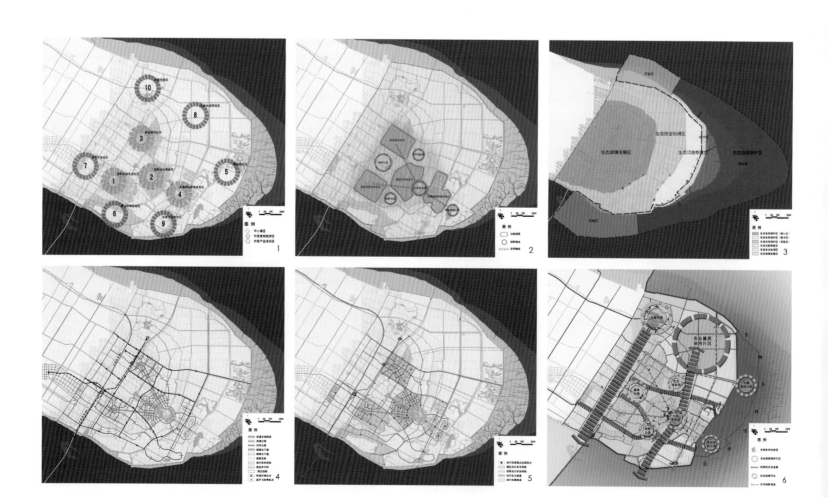

二、规划目标与策略

本次规划立足于建设上海低碳生态示范城镇的目标，全面贯彻体现国际先进水平的可持续性城镇规划理念，提出8个方面的规划策略，包括（1）低碳环保的产业构成；（2）清洁高效的能源体系；（3）健康节约的生活方式；（4）自然共生的碳汇体系；（5）生态宜居的城镇布局；（6）绿色高效的交通系统；（7）节能低耗的建筑技术；（8）循环智能的市政设施。

三、规划人口和用地规模

至2020年，总人口为21万人，其中镇区城镇人口为18万人（镇区外围城镇人口为2万人）。

陈家镇－东滩地区规划建设用地为39.6km²，其中镇区规划建设用地为23.15km²。

基于生态保护和对外服务职能的要求，人均城镇建设用地近130m²。

四、规划结构

1. 地区功能布局结构

根据功能配置和生态安全格局的要求，并整合现状老镇区和上实东滩园区的不同发展需求，形成组团式开敞布局结构。

中心镇区包括4个组团：国际实验生态社区、国际论坛商务区、裕安现代社区、东滩国际教育研发区。外围6个休闲度假和产业活动区包括：湿地观光区、大型主题乐园、生态农业示范区、滨江休闲运动区、绿色产业园区和东滩生态示范区。

2. 镇区规划结构

规划形成"四片穿插，Y形组合"的开敞型城镇空间结构，构建城镇与田园相交融、人与自然相贴近的生态城镇总体格局。镇区规划用地由国际实验生态社区、国际论坛商务区、裕安现代社区和国际教育研发区等四大组团组成。规划以三条景观河道及沿河的自行车专用路将四大组团相互串接起来，组构为一个"Y"形空间轴线。

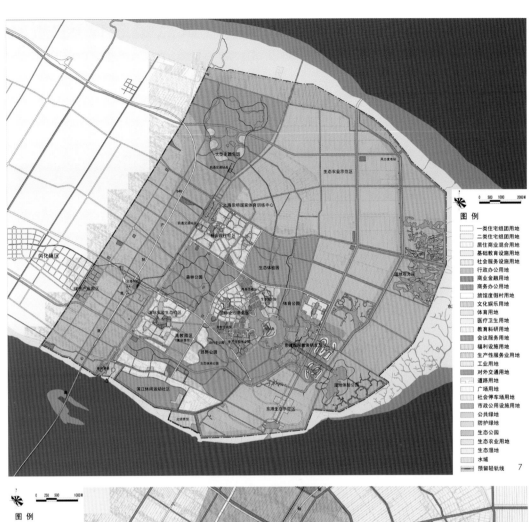

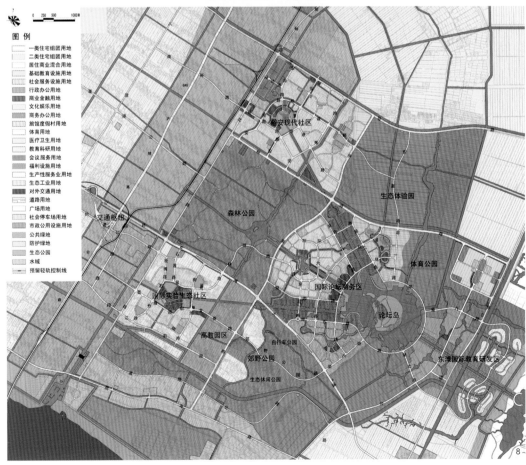

福建省惠安县黄塘综合改革建设试点镇总体规划[2011—2030]

Huangtangtown of Huian County Comprehensive Reform Construction Pilot Master Construction,Fujian[2011-2030]

项目负责人： 裴新生

主要设计人员： 陈进 周珂 黄燕 刘振宇 肖勤 黄华 付兴博 谢佳琦 贾旭 兰仔建 张显君

规划用地规模： 规划2030年，镇域建设用地面积16.4km²；镇区建设用地面积10.8km²。

完成时间： 2011年11月28日

获奖情况： 2011年度上海同济城市规划设计研究院院内三等奖

黄塘镇地处闽南地区，镇区距惠安县城11km，距泉州市区24km。2010年，黄塘镇域人口5.4万人，其中镇区人口2.8万人。镇区现状建设用地485.4hm²，人均建设用地173.4m²。高速公路、铁路将镇域分为两个部分，西侧为聚龙小镇和绿谷高科技产业基地，东侧为城镇生活区和诗口工业基地。另外镇域北部为紫山镇区和高铁站。

一、城镇定位

性质：泉州中心城区北部的交通枢纽，惠安的次中心城镇，以生态休闲为特色的宜居城镇。

发展目标：以山水、生态休闲、田园风光为特色的宜居宜游宜业的魅力名镇。

二、区域协调

针对黄塘镇所处的特殊区位和城镇的快速发展，规划将黄塘镇纳入泉州都市区、惠安县域、惠西新城层面考虑，落实上位及相关规划，在城镇定位、功能布局、基础设施走廊和生态走廊等方面加强统筹。

三、城乡统筹

以镇域用地评定、生态网络规划为基础，充分考虑镇域的土地利用现状与规划用途，按照主体功能区划的思路，制定镇域的空间利用规划和空间结构规划，针对每个片区在人口转移、产业发展、资源配置（土地、公共设施）等方面制定不同的发展策略。

1.镇域生态网络结构规划

规划形成由生态保育区、生态廊道、生态隔离带、生态绿环、镇区内绿地等构成的基本生态网络。

2.镇域镇村空间结构规划

三轴：县道308发展轴（交通联系）、黄塘溪发展轴（生活）、沿山发展轴（休闲旅游）。五区：绿谷台商高科技产业区、聚龙山前休闲度假区、田园风光旅游区、黄塘镇生活区、站前工业物流区。

3.镇域空间利用规划

规划将黄塘镇域空间划分为林业空间、农业空间和镇村建设空间。

4.村庄土地整治与城乡建设用地增减挂钩

结合镇域的功能分区，制定差异化的村庄土地整治方案；同时提出城乡建设用地增加挂钩区域和指标安排。总体规划与与正在编制的土地利用总体规划充分衔接，保持两个规划在用地指标、建设用地范围、基本农田范围等方面保持一致。

四、镇区用地布局

依托聚龙小镇的品牌优势，通过"三区联动"将其纳入镇区统筹考虑，带动惠西新城的发展；充分利用黄塘镇的山、水、林、田等自然环境要素，以"一河（黄塘溪）"为轴线，合理组织"两岸"地区用地布局，加强重点地区城市设计，突出城镇的临山滨水特色。

五、规划管控

镇域层面通过差异化的片区发展政策，控制建设用地增长边界和战略性的空间资源；镇区层面通过景观风貌控制、建筑风貌引导、空间管制、土地使用强度管制、四线控制等，塑造城镇特色。

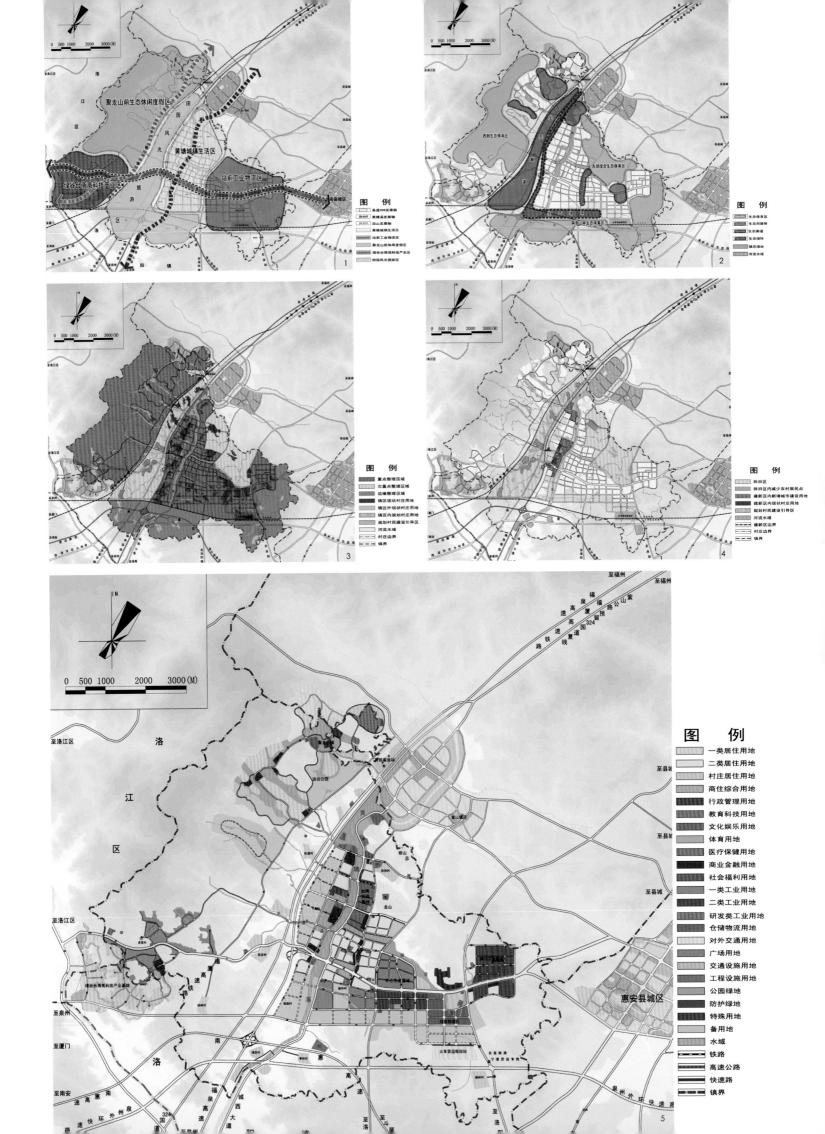

图 例

1

图 例

2

图 例

3

图 例

4

图　例

一类居住用地
二类居住用地
村庄居住用地
商住综合用地
行政管理用地
教育科技用地
文化娱乐用地
体育用地
医疗保健用地
商业金融用地
社会福利用地
一类工业用地
二类工业用地
研发类工业用地
仓储物流用地
对外交通用地
广场用地
交通设施用地
工程设施用地
公园绿地
防护绿地
特殊用地
备用地
水域
铁路
高速公路
快速路
镇界

5

重庆市涪陵区城市总体规划[2011修改][2004—2020]

Master Planning of Fuling,Chongqing[2011 Amend][2004-2020]

项目负责人： 肖达 高崎

主要设计人员： 黄震 王根芳 关颖彬 吴伟国 郑耀 胡健杰 范江 吴树杰 马思思 唐永洪 毛科 沈惠琳

合作单位： 重庆同济规划设计有限公司

规划用地规模： 近期（2015年）70km², 远期（2020年）100km²

规划人口规模： 近期（2015年）80万人，远期（2020年）100万人

完成时间： 2011年10月

获奖情况： 2011年度上海同济城市规划设计研究院院内三等奖

1.区域城镇体系规划图
2.区域综合交通规划图
3.产业发展规划图
4.空间管制规划图

一、编制背景

"重庆市涪陵区城市总体规划（2004-2020年）"（以下简称"04总规"）于2006年7月经重庆市人民政府批准实施。

2008年涪陵区行政区划调整，国家、重庆市批准实施与规划的区域性重大基础设施发生的重大变化，特别是2010年12月"中共重庆市委、重庆市人民政府关于加快涪陵区经济社会发展的决定"（渝委发〔2010〕37号）对涪陵经济社会发展提出了新定位、新目标、新要求，"04总规"已不能适应和指导涪陵城市未来发展需要，亟需按"中华人民共和国城乡规划法"、"重庆市城乡规划条例"规定进行修改。

规划方案已于2011年10月28日经过重庆市政府第112次常务会议审议并通过该规划方案。由《重庆市涪陵区城市总体规划（2004-2020年）》（2011年修改）成果文本图集、文本修改说明书和专题报告与《04总规》共同指导涪陵区总体规划的实施。

二、规划内容

（1）规划期限：本规划期限为2004—2020年，其中近期至2015年，远期至2020年，远景规划展望到2050年。

（2）全区城镇化水平：规划近期至2015年，涪陵区总人口达130万人左右，其中城镇人口约为91万人，城镇化水平70%左右。

远期至2020年，涪陵区总人口为160万人，其中城镇人口为128万人，城镇化水平80%左右。

（3）城市规模

近期至2015年，涪陵城市人口规模约为80万人。其中半年以上暂住人口约占10%左右。远期至2020年，涪陵城市人口规模为100万人左右。其中半年以上暂住人口约占15%左右。

近期涪陵规划城市建设用地为70km²，人均建设用地87.5m²。规划期末涪陵规划城市建设用地为100km²，人均建设用地100m²。

（4）城市性质

涪陵是重庆市区域性中心城市、重庆重要的经济增长极、重庆重要工业基地、长江上游与乌江流域重要的交通枢纽和物流大通道。

（5）城市用地结构及用地布局：涪陵城市远期形成"一城二区五组团"的功能完备、职能互补的涪陵中心城区总体布局。

"一城"是指功能完备、智能互补的涪陵中心城区；

"二区"是指以江南组团为核心的东部老城区和以李渡组团为核心的西部老城区；

"五组团"是指组成老城区的江南、江东、江北三个组团和组成新城区的李渡、龙桥两个组团。

三、规划特点

1. 修编与修改

在不推翻原总规法定地位的前提下，针对性地对原有"04总规"进行修改与增补。本次修改将《城乡规划法》新的要求纳入修改内容，同时应对涪陵经济社会发展的新定位、新目标、新要求。

（1）更新城镇体系规划：结合涪陵区未来的发展重心，在不改变原有"04总规"的城镇体系结构的基础上，调整更新涪陵区的城镇体系规划。

（2）调整产业布局与结构：强化涪陵工业园区、白涛化工园区和涪陵再生有色金属特色产业园三大园区，船舶建造基地、南沱大型清洁能源基地的两大基地以及物流园区的建设，协调园区的发展定位、建设用地和物流交通等问题，调整涪陵区的三次产业结构。

（3）细化分类进行空间管制：根据涪陵区在发展中遇到的石漠化地质灾害问题，强化地质灾害防治内容。在传统的空间管制要求下，按我院的总体规划规程要求，增加保护区、城镇建设区和其他区域分类进行空间管制，共同指导空间管制。按照重庆地区山地城市的不同发展空间管制要求，坡度小于25%的用地作为适宜建设区，坡度25%~35%的用地作为限制建设区，坡度大于35%的用地作为禁止建设区。

（4）强化综合运输体系建设：强化涪陵区的铁路、公路、水运等系统的建设，完善涪陵区对外交通和内部交通体系。规划李渡东西向铁路为共用走廊，避免多条铁路穿越中心城区。加强高速公路连线的规划，形成网络化的高速公路网络。

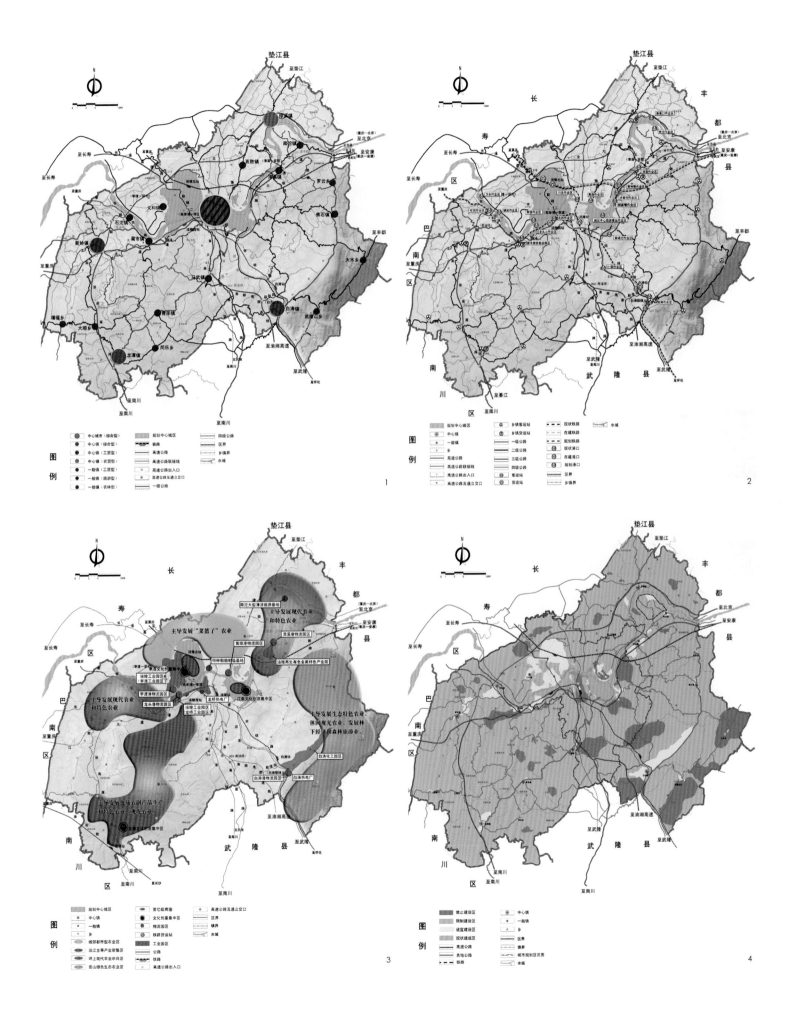

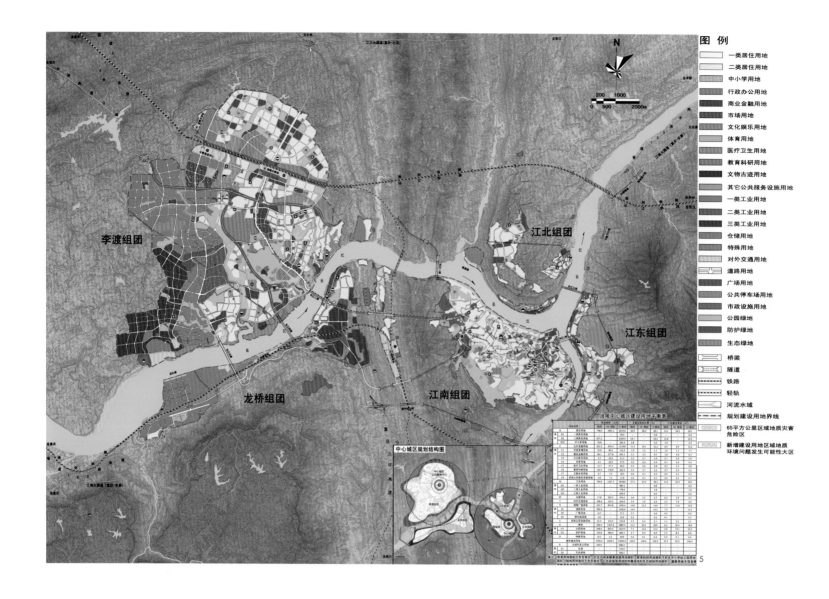

2. 工业城市与区域性中心城市

涪陵区中心城区由 "04总规" 的用地规模65km²，人口规模65万人；发展为用地规模100km²，人口规模100万人，对城市的功能重新定位，发展重点的转移，城市旧城区的人口疏散和功能转变是本次规划的重点。

（1）城市性质的转变：在城市性质方面，对城市定位、城市等级以及城市内涵等方面考虑，由新兴工业城市向区域性中心城市转变。

（2）老城区功能提升：对老城区的发展，集中在人口疏解、工业用地置换、完善公共服务设施为主，提升老城区的城市功能。

老城区（江南、江东、江北）以第三产业和居住为主。江南组团转移现状工业。旧城拆迁，尽量减少居住，增加公共设施，有机疏解人口，优化居住布局，完善交通和城市功能；增加绿地和开放空间，提升城市品质。江南组团由原规划的30万人疏解为26万人。

（3）新老城区的发展：新老城区最终建成功能明确，设施完善的城区。涪陵区城市规模从65万人向100万人转变，城市公共服务设施的完善不只是一个数量上的补充，而是一个更高层次的，满足百万城市的公共服务设施配套要求。

3. 平原城市与山地城市

100km²的山地城市，城市未来的拓展区、新旧城区功能定位及服务设施配套、城市组团间的交通联系是本次规划的重点。

（1）完善城市拓展区功能：城市拓展区重点布局公共服务设施和市政基础设施，使拓展区成为一个功能完善的片区，便于城市的有序发展。

（2）畅通城市组团间联系：为了解决山地城市组团之间的交通联系问题，利用高速公路和高速公路连接线，形成组团间的快速连接通道。通过规划新建长江大桥，加强李渡工业区和龙桥物流区的交通联系。

（3）立体交通规划：对老城区江南组团的内部交通进行梳理，通过立体交叉口，连接不同高差的现状道路，使老城区形成通畅的山地城市交通网络。

（4）老城区交通调整：对老城区江南组团的内部交通进行梳理，通过立体交叉口，连接不同高差的现状道路，使老城区形成通畅的山地城市交通网络。

4. 工业滨江与人文滨江

（1）工业用地调整：李渡组团作为涪陵未来的主要发展方向。工业以涞滩河为生态屏障，集中布局。李渡组团在现状工业发展的基础上，增加园区管理服

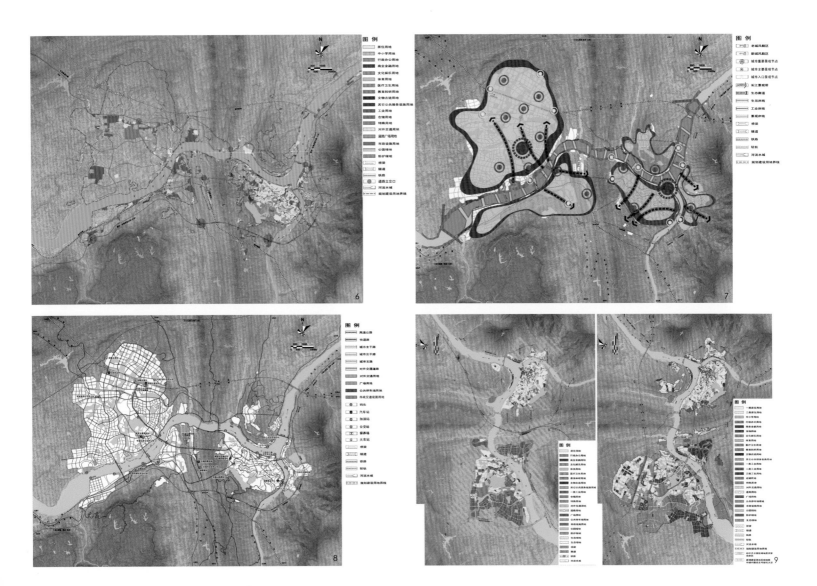

务中心、企业总部基地和研发中心。

将对李渡未来城市景观影响较大的涪陵化工厂进行搬迁，其用地作为未来的公共服务设施和居住用地，成为李渡组团的对景。

江南组团由"04版总规"的都市工业区定位、江东组团由轻纺产业区，调整为工业逐步搬迁，不再保留工业。从城市环境和整体形象方面考虑，限制龙桥组团的新增化工产业的发展。依托川东船厂布局船舶建造基地核心区。

（2）港口码头调整：龙王沱—大东门旅游客运区（含北岩寺旅游码头）主要发展游客运输；龙头、黄旗、李渡、川东、北拱为货运作业区。

近期保留南岸浦港点，远期结合涪陵化工厂搬迁取消南岸浦港点。 江东北部新建1座水上垃圾压缩转运站。

（3）滨水岸线规划：涪陵中心城区现状景观控制以控制景观廊道为主，本次规划强调对滨水岸线的整治，增加景观岸线和生活岸线，为城市居民提供更多的亲水空间。

（4）视线分析：通过使用GIS技术进行视线分析研究，对山地建筑限高提出适宜的要求。

5.中心城区用地规划图
6.中心城区用地现状图
7.中心城区景观风貌规划图
8.中心城区综合交通规划图
9.中心城区04版和11版对比图

尼日利亚莱基自由区一期总体规划

Master Planning of LEKKI Free Zone[Phase 1]

项目负责人：	夏南凯
项目总工：	张海兰 刘晓青
项目主管：	王骏
项目主要编制人员：	程大鸣 丁宁 张照 杨航 付青 田光华 付晓春 焦小龙 谢中元 石清
规划用地规模：	约30km²
完成时间：	2010年09月
获奖情况：	2011年度上海同济城市规划设计研究院院内一等奖

1.土地利用规划图
2.规划结构分析图
3.公共设施规划图
4.综合交通规划图
5.绿地系统规划图
6.道路系统规划图
7.水系系统规划图

一、项目背景

"莱基自由贸易区"（简称莱基自由区）是由中土北亚国际投资发展有限公司与尼日利亚拉各斯州政府、尼日利亚莱基全球投资有限公司合作，在尼日利亚经济中心拉各斯州莱基地区投资建设的中国首个在西非设立的自由贸易区。

自由区位于莱基半岛，定位以制造加工、进出口和转口贸易等为先导，逐步形成兼有工业、商业、商务、居住等多行业、多功能发展的经济特区和现代化的新型城镇。其中一期位于莱基半岛南岛西侧，西至拉各斯城区约50km，距拉各斯国际机场70km。

二、发展目标与定位

1. 发展目标

建设以现代生产制造业为核心的新经济功能区；打造融合工作、生活、休闲三位一体的现代化综合新区；拉各斯国际大都市战略的先导和示范区。

2. 发展战略

（1）区域发展战略：对接莱基半岛，融入拉各斯国际大都市与几内亚湾经济圈发展格局；

（2）产业发展战略：拾遗补缺，国际视野，产城融合，强化提升；

（3）空间发展战略：面湖达海，产业新城；

（4）生态发展战略：滨水特色，生态宜居。

3. 自由区性质

拉各斯东部重要的现代化综合性新城区，生产制造与仓储物流基地和区域性总部基地，政策优惠、交通便利的商贸枢纽，生态良好、和谐高尚的休闲宜居城。

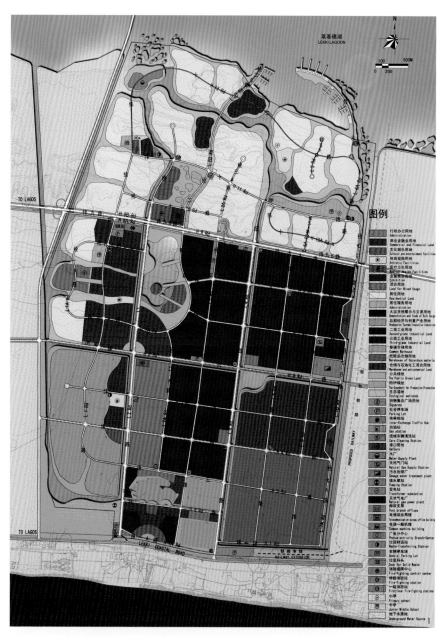

三、规划的创新点与特色

1. 组织架构的多元，开发建设经验的输出

由于目前大部分非洲国家规划意识淡薄，未形成完整的规划体系，因此本次规划不只是提供一套规划文本和图纸，而是通过投资方、地方政府、教育科研等设计机构联合，通过学术交流、技术人员培训、规划理念推广、规划案例借鉴、规划管理和运作体制构建等一系列延伸配套支持，将我国的规划经验、开发区建设经验等向境外输出，是中国对外输出开发区规划和建设经验的一次重大尝试。

2. 中尼标准的研究，规划标准体系的建立

通过与拉各斯州政府技术顾问公司合作，综合中尼双方的规划标准及相关法规、条例，最终选取尼日利亚当地能够理解、实施并予运用的部分，总结出一套最适合尼日利亚的标准体系，从而建立较为成熟的技术标准。

3. 采用新城模式，实现产城融合

结合中国开发区改革实践和实验经验，规划完整的公共服务设施体系，适当提高居住比例，将原先纯粹的工业园区定位提升和转变为产城融合的现代化综合性新城区。

4. 兼顾中非的差异，做需求导向型规划

规划充分考虑开发公司的建设需求，并在规划中尊重地方风俗习惯，体现当地特色风貌。

5. 运用基核效应，建设可生长型城市

规划综合分析用地条件、所处位置、服务能力、与各类设施联系情况等，设置了南北两处、主辅结合的双中心结构，形成"基核"，带动区域发展。

6. 水网规划，一举多得，技术支撑

整个水系布局满足了排涝、排雨水（规划区全年降雨量充沛）、蓄水、水景观、引水改善水环境、工程建设取土、提升居住环境等需要，同时解决规划区的安全与管理问题。

7. 强化基础设施规划，保证规划可实施性

为自由区一期的水利工程、交通建设、电力、通信设施建设、城市垃圾和污水处理等方面提供翔实的技术支持，使之具备开发建设的条件，保证了整个规划的可实施性。

8. 因地制宜，充分体现非洲城市特色

努力寻找中非双方文化的契合点，一方面尊重尼方文化传统，突出自然生态特色，另一方面从规划布局的中轴功能塑造、山水园林景观营造等方面体现中国传统城市特色。

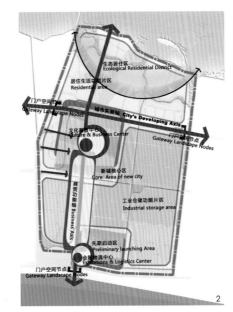

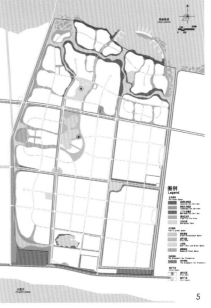

山东省滨州国家农业科技园区总体规划

Master Planning of Binzhou National Agricultural Technology Park, Shandong

项目顾问： 彭震伟
项目负责人： 裴新生
主要设计人员： 邵华 肖勤 陈杰 金荻 石赠荣 付志伟
合作单位： 同济大学现代农业科学与工程研究院
规划用地规模： 核心基地14km²
完成时间： 2010年
获奖情况： 2010年度上海同济城市规划设计研究院院内三等奖

1. 核心基地土地使用规划图
2. 核心基地道路系统规划图
3. 核心基地绿地水系规划图

园区总体规划形成"核心区—示范区—辐射区"三个层次的整体结构。第一层次是核心区，包括创新园和核心基地。创新园选址在滨州城区渤海十一路以西，新利河东路以东，黄河十五路以北，规划土地面积约33.35hm²。核心基地选址在山东省滨州市无棣县东部，规划土地面积14km²；第二层次是示范区，规划设立19个示范区，选址位于滨州市各区县；第三层次是辐射区，辐射整个黄河三角洲高效生态经济区。

一、发展目标

放眼世界、立足国内，依托当地、辐射黄河三角洲，以国际、国内高端市场为对象，以国内外高新农业科学技术为促进条件，以当地、周边地区及至全国农业资源为依托，以信息化平台和金融平台为支撑，以盐碱地综合利用、高效生态农业和高端食品深加工为特色，将黄河三角洲国家农业科技园区建设成为一个高效生态、智慧型的农业科技园区。

二、园区功能

园区具备农业科技集成示范平台、高端食品深加工企业基地、农业技术培训推广平台、现代农业要素集成载体四大功能。

三、功能分区

创新园功能分区：为技术创新区、培训中心区、成果展示区、行政办公与金融服务区、专家公寓片区五大功能区。

核心基地功能分区：强调南北拓展趋势，形成带状组团结构。以天然河流、绿带分隔，形成了"四区"的规划结构。"四区"分别为先进科技服务区、现代物流信息区、高效生态农业区、高端食品加工区。此外，核心基地内还布置配套市政设施、绿地、道路等用地。

四、规划特点

空间布局：园区总体规划形成"核心区—示范区—辐射区"三个层次的整体结构。核心区、示范区和辐射区是整个国家农业园区的不同层次的组成部分，它们紧密结合，相辅相成，作为一个有机的整体，共同发挥农业科技园区的科技示范和引领带动作用。核心区是农业科技园区建设重点。通过核心区的建设，集中先进科技和生产技术，建立生产标准、检验标准、物流服务、信息服务和品牌支撑等核心要求，向示范区和辐射区进行推广。示范区作为核心区技术和标准的推广示范基地，根据核心区生产要求提供标准化农产品原料，并担负新品种、新技术、新设施的示范和生产作用，是农业科技成果的主要转化基地，同时也是带动农民参与农业科技园区发展、带动农民致富的主要区域。辐射区，依托园区科技、物流和信息发展，在黄河三角洲地区选择合适地区建设农业龙头企业、种养基地、示范村，着力发展高效生态农业，合理调整渔业林业畜牧业生产空间布局和产业结构。

信息平台建设：构建"两个网络、两个平台、三个洁净"的信息平台。两个网络，具有双向特征的物联网、基于局域网的DCS系统。两个平台，国家级检验检测中心、高效生态产业现代技术研究院。三个洁净：洁净能源、洁净水源、洁净家园。

物流网络建设：发展农产品产地物流，打造以农产品冷链物流为突破点实现农产品的现代物流，培育具有高品质、有特色、生态高效的物流新产品以迎合产品新物流。冷链体系规划，建设一座现代化冷链物流配送中心。集散交易市场，实现传统农产品批发市场功能与生鲜加工配送中心功能的有效整合，建成集农产品生产、加工包装、分级整理、质量验证、结算服务、委托购销、代理储运、批发、拍卖、直销、代办保险、连锁零售经营、进出口贸易、物流配送及电子商务等多服务功能为一体的社会化、现代化的综合性农产品集散中心。大力发展第三方物流。区域配送中心，为园区提供各类初级农产品、加工食品、快餐原料、特殊商品、药品的冷藏、存储运输、安全监测、深加工、包装、配送、分销等业务。

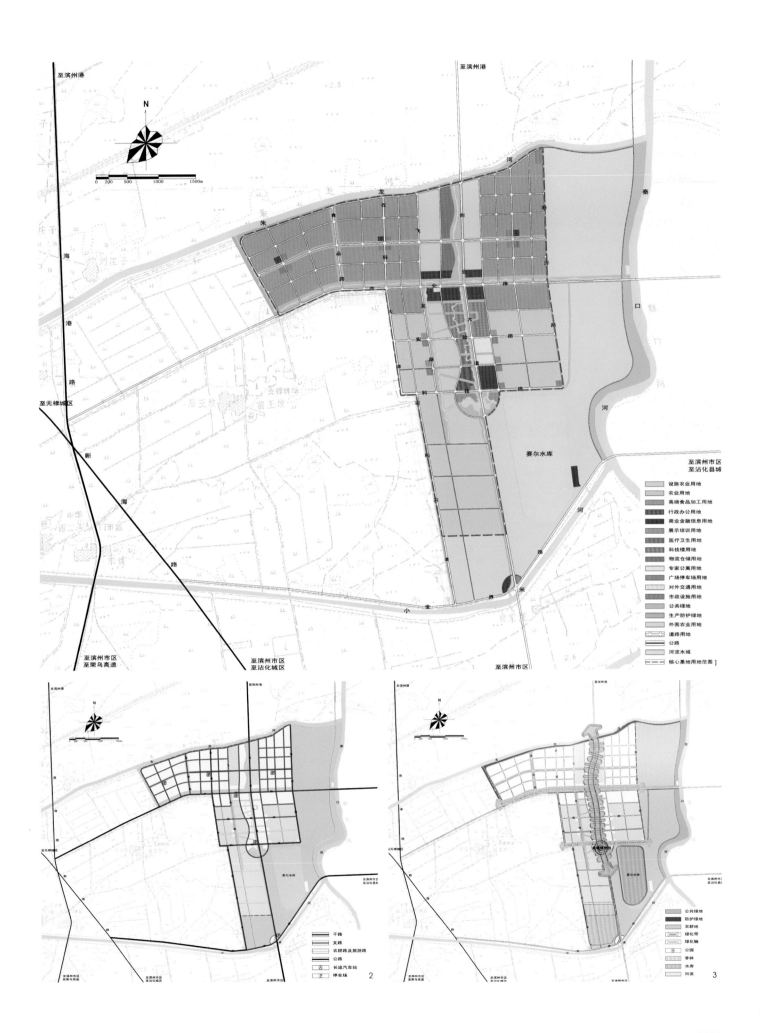

至滨州港

N

0 200 500 1000 1500m

至无棣城区

至滨州港

至滨州市区
至沾化县城

设施农业用地
农业用地
高端食品加工用地
行政办公用地
商业金融信息用地
展示培训用地
医疗卫生用地
科技楼用地
物流仓储用地
专家公寓用地
广场停车场用地
对外交通用地
市政设施用地
公共绿地
生产防护绿地
外围农业用地
道路用地
公路
河流水域
核心基地用地范围 1

至滨州市区
至棣岛高速

至滨州市区
至沾化城区

至滨州市区

N

干路
支路
农村路及旅游路
公路
长途汽车站
停车场 2

N

公共绿地
防护绿地
农耕地
绿化带
绿化轴
公园
枣林
水库
河流 3

控制性详细规划

三亚海棠湾A5A8A9片区控制性详细规划

Regulatory Planning of A5A8A9 Areas of Sanya HaiTang Gulf

项目负责人： 戴慎志

主要参与人员： 胡浩 陈福群 蓝武军 郑晓军 唐剑晖 杨英姿 潘珂 黄剑 王媛琪 张凯 陈汉华 李波

项目规模： 10.71km²

项目编制时间： 2007年12月

获奖情况： 2009年度全国优秀城乡规划设计三等奖，2009年度上海市优秀城乡规划设计二等奖，2009年度海南省优秀城乡规划设计二等奖

本片区位于三亚市正待大规模综合开发的"国家海岸"——海棠湾的中北部。规划范围南起风塘村，北至藤桥西河及海丰村村界，西起东线高速公路，东至南海海边，总规划面积10.71km²。距三亚市中心区约28km，距三亚凤凰国际机场40km。北邻海棠湾生态区敏感区——椰洲岛。规划区内以村庄、农田等用地为主，共有三个行政村，常住人口4879人。规划区内两块已批租用地，分别为靠近东线高速出入口的市场用地以及由哈萨克斯坦商业银行开发的海边3个酒店用地。

本规划的工作框架分为前期研究、规划设计、综合协调三大部分。背景研究包括对规划背景的分析、分区规划的解读和反思、4个相关专题研究，以形成对控规编制的科学性指导。规划设计部分力求在目标定位、布局结构、控制体系方面有所创新。同时，考虑本规划的特殊需求，需要和市政设计单位、上位规划编制单位及规划主管部门进行全方位的综合协调，以保证规划的综合性。

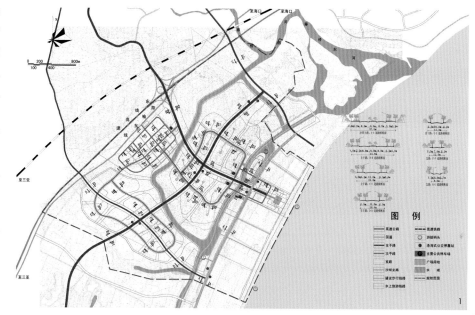

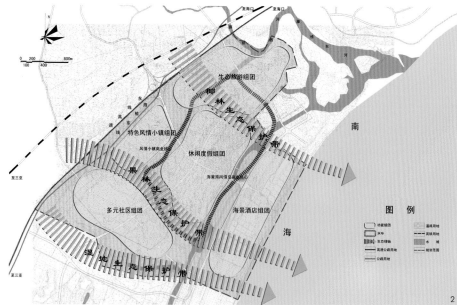

1.道路交通规划图
2.规划结构图
3.土地利用规划图
4.滨海广场总平面图
5.滨海广场设计概念
6.滨海广场交通组织

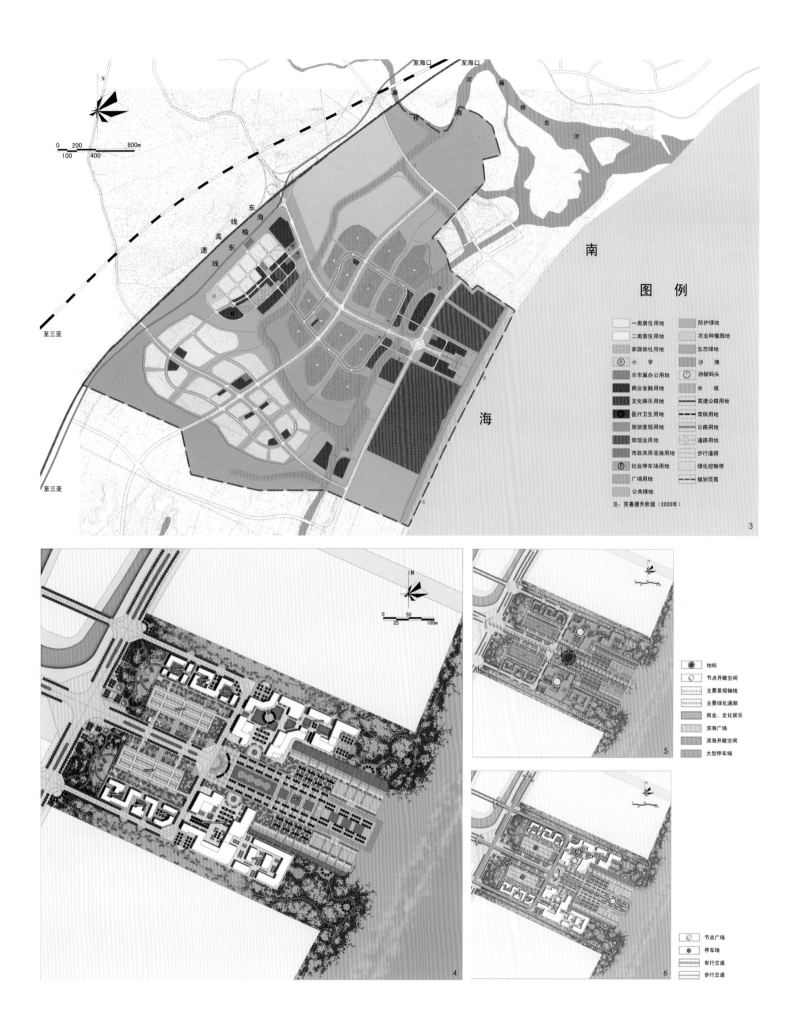

图 例

一类居住用地
二类居住用地
家庭旅社用地
小 学
非市属办公用地
商业金融用地
文化娱乐用地
医疗卫生用地
旅游度假用地
旅馆业用地
市政共用设施用地
社会停车场用地
广场用地
公共绿地

防护绿地
农业种植园地
生态绿地
沙 滩
游艇码头
水 域
高速公路用地
高铁用地
公路用地
道路用地
步行道路
绿化控制带
规划范围

注：完善提升阶段（2020年）

地标
节点开敞空间
主要景观轴线
主要绿化通廊
商业、文化娱乐
滨海广场
滨海开敞空间
大型停车场

节点广场
停车场
车行交通
步行交通

京沪高铁廊坊段两侧用地控制规划
Land Dominative Planning of Jin-Hu High-speed Railway(Langfang Section)

项目负责人： 李继军 倪春

主要设计人员： 倪春 陈强 魏水芸 徐文生 岳宜宝 周斌

规划用地规模： 7.37km²

完成时间： 2009年4月

获奖情况： 2008年度河北省优秀城乡规划编制成果一等奖，2009年度全国优秀城乡规划设计三等奖

一、规划背景

2008年初，"廊坊市城市总体规划"编制已完成，京沪高铁项目进入施工的阶段，为了适应当前新的发展形势，减少高铁建设对城市发展影响，抓住高铁建设给城市带来的机遇，迫切需要对京沪高铁两侧用地进行梳理、调整和控制。廊坊市城乡规划局邀请上海同济城市规划设计研究院编制京沪高铁廊坊段两侧用地控制规划。规划范围7.37km²，研究范围13.4km²。

二、规划构思

以任务要求为设计目标，通过全面深入的调查研究，寻求解决矛盾的合理的途径。

(1) 着重解决由于铁路分隔带来的南北交通不畅问题，加强新老火车站之间的联系；

(2) 梳理城市存量土地，提升城市中心区的功能，打造一个有活力的城市核心区；

(3) 构建一个城市向南发展的引擎；

(4) 塑造城市独特风貌，展示城市魅力。

三、规划布局

基于对既有规划、现状和成功案例研究，结合本地的特殊情况，制定出了本规划方案。

1.空间与功能结构

一带：沿铁路两侧的居住及休闲带；

两轴：银河路、光明道两条城市发展轴；

两核：基于两个火车站，共同形成的城市南北核心商业圈；

四区：沿线四个风貌及文化展示区，即人文片区、记忆片区、财富片区、特色片区。

2.道路交通系统

本规划在遵循总体规划的基础上，明晰道路等级、局部优化，形成七纵六横的主干道系统。

(1) 加强铁路两侧之间的交通联系：规划光明道、和平路上跨高铁，永兴路、建设南路下穿高铁，预留永华东道下穿通道。

(2) 交通组织：重点研究火车站和高铁站本身及周边的交通组织和交通管制措施，充分考虑公交用地和社会停车场用地。

3.绿地系统

规划区内绿地主要沿铁路两侧和新华路城市发展轴分布，构成城市十字形绿化骨架；铁路两侧绿地和四个功能片区结合，形成相应的功能绿地，整体形成"一带串珠"的绿化结构。

4.重要节点

基地是廊坊市老城区与新城区的交界地带，是城南新区发展的引擎，因此规划对廊坊老火车站和高铁站及其周边进行了重点考虑，着力解决两个车站之间的交通联系，以及两个火车站交通的疏解问题，充分挖掘土地潜力，提升土地的价值。

5.规模控制

(1) 建筑量：规划区内，总建设量控制在390万m²(不含地下空间面积)，其中建筑拆迁总量约为102万m²。

(2) 人口规模：规划区内理论可容纳居住人口11.8万人。

四、规划特色

1.混合用地在控规中的探索

商住混合用地、综合发展用地(一般规定不能容纳工业、仓储、完整的居住区以及对城市景观、环境、交通有严重影响的土地使用性质内容，而对其他用地类型不做限制性规定；建议其开发强度指标一般控制在2.0～3.0)。

2.历史地段地块改造

对廊坊老火车站三角地地块、廊坊火车站、冶金厂等改造和更新，唤起人们对历史的回忆。

3.地下空间利用

高铁站、火车站及站前广场和周边商业用地的地下空间纳入管制范围，提高土地的利用效率，保证南北车行系统与非机动车系统的连续性与通畅；同时将该地区地下空间作为城市土地资源的重要组成部分纳入到控规的统一管理中。

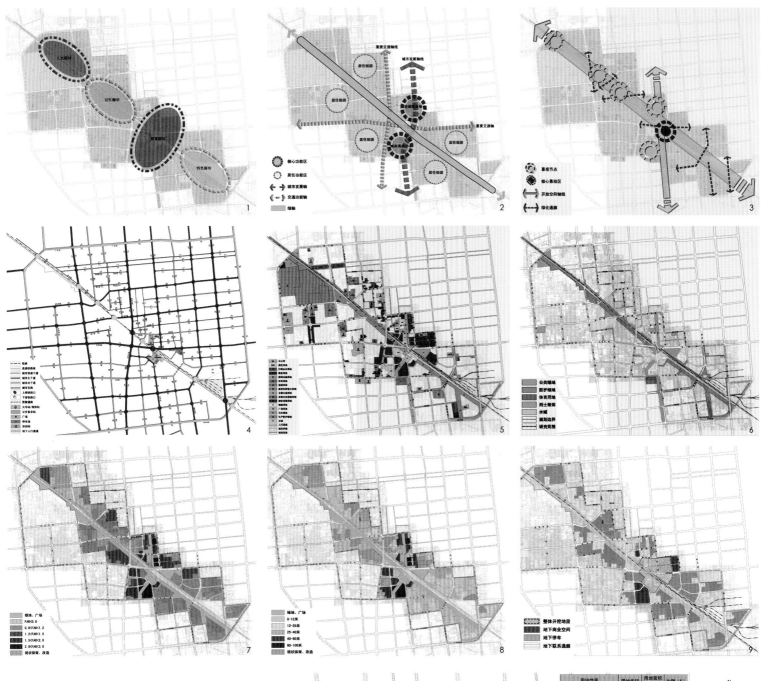

4. 规划、管理相结合

传统图则中加入地籍图、城市设计导则等，使土地与规划合一、刚性管制和弹性引导合一，方便规划管理部门管理。

五、规划实施

2008年12月，"京沪高铁廊坊段两侧用地控制规划"正式通过由廊坊市城乡规划局组织的专家评审，成果得到了与会专家的一致好评。

目前，京沪高铁征地拆迁正在进行中；部分规划地块已经批租；建设南路下穿铁路桥正在建设中。

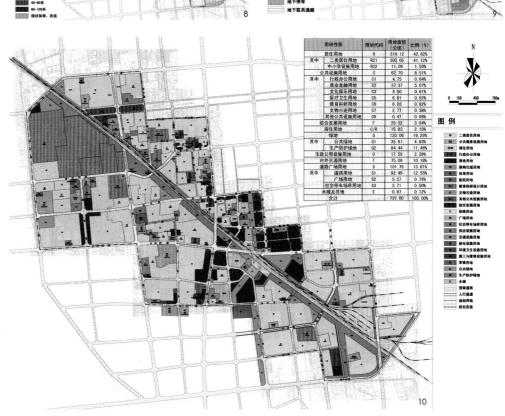

用地性质		用地代码	用地面积（公顷）	比例（%）
居住用地		R	314.12	42.62%
其中	二类居住用地	R21	303.05	41.12%
	中小学校用地	R22	11.06	1.50%
公共设施用地		C	62.70	8.51%
其中	行政办公用地	C1	4.75	0.64%
	商业金融用地	C2	37.37	5.07%
	文化娱乐用地	C3	4.50	0.61%
	医疗卫生用地	C5	6.81	0.92%
	教育科研用地	C6	6.03	0.82%
	文物古迹用地	C7	2.77	0.38%
	其他公共设施用地	C9	0.47	0.06%
综合发展用地		F	29.02	3.94%
商住用地		C/R	15.83	2.15%
绿地		G	120.06	16.29%
其中	公共绿地	G1	35.61	4.83%
	生产防护绿地	G2	84.44	11.46%
市政公用设施用地		U	17.59	2.39%
对外交通用地		T	75.06	10.18%
道路广场用地		S	101.76	13.81%
其中	道路用地	S1	92.49	12.55%
	广场用地	S2	5.57	0.76%
	社会停车场库用地	S3	3.71	0.50%
水域及其他		E	0.87	0.12%
合计			737.00	100.00%

济南市古城片区（CGC）控制性详细规划
Regulatory Planning of Jinan Ancient Area(CGC)

项目负责人：　　高崎　吴晓革
顾问总工：　　　司马铨　阎整
主要设计人员：　蔡智丹　张婷婷　章琴　钱卓炜　姜兰英　赵玮等
项目规模：　　　10.36km²
完成时间：　　　2007年11月
获奖情况：　　　2007年度全国优秀城乡规划设计表扬奖　2007年度上海同济城市规划设计研究院院内一等奖

1.街巷保护规划图
2.名泉保护规划图
3.土地使用规划图
4.公共设施规划图
5.综合交通规划图
6.建筑高度控制分区图

一、规划定位

　　古城片区定位主要着眼于未来发展，根据国内外经济发展阶段来看，古城片区从时空上看，处在城市向高端发展的时期和地区，地区的发展不是延续现实，而是超越现实，到了向注重发展模式、形象建设、文化内涵和生活质量等高品质跃升的阶段。

　　古城片区位于济南泉城历史传统风貌发展延续轴的中心，具有良好的区位条件、交通条件和文化资源，因此，古城片区是济南城区的核心地区。

二、空间布局：一带、五轴、一心、三区

　　（1）一带：城市生态景观风貌延续带；

　　（2）五轴：东西向城市发展主轴、南北向城市发展主轴、北部城市发展次轴、中部城市发展次轴、南部城市发展次轴；

　　（3）一心：古城保护区；

　　（4）三区：大明湖风景名胜区、商业中心区、文化教育区。

三、创新与特色

　　（1）在本次控制性规划中，进行了五个专题的研究，为规划提供了理论支撑。

　　（2）与古城保护规划相结合，引用历史文化名城保护规划体系，为规划提供技术支撑。

　　（3）本片区为古城的核心，并处于城市风貌带上，充分体现了"山、泉、湖、河、城"的城市文化特色。

　　（4）对现状充分的分析与研究，本片区位于老城的核心地段，是山东省的政治中心，济南市的商业中心，还有大量的风景名胜区及历史遗存位于其中。在调研中采用了综合的规划调研手段，通过走访专家，与相关单位座谈、GIS地理信息系统、建立模型等现代化和传统的技术手段，增加规划的可操作性。

　　（5）增加了历史文化保护的内容（历史保护街区、街巷肌理、"山、泉、湖、河、城"的保护，文物保护单位等），使规划更具指导性。

　　（6）在控规的法定图则中，增加了历史街区保护，重点文物保护及"山、泉、湖、河、城"保护，使规划内容的指导性和强制性相统一，同时也作为一种规划手段新探索。

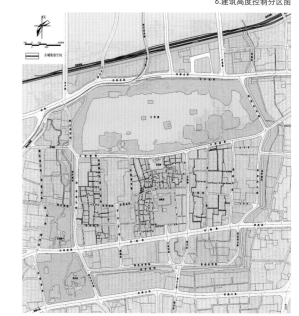

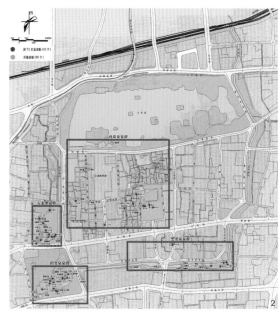

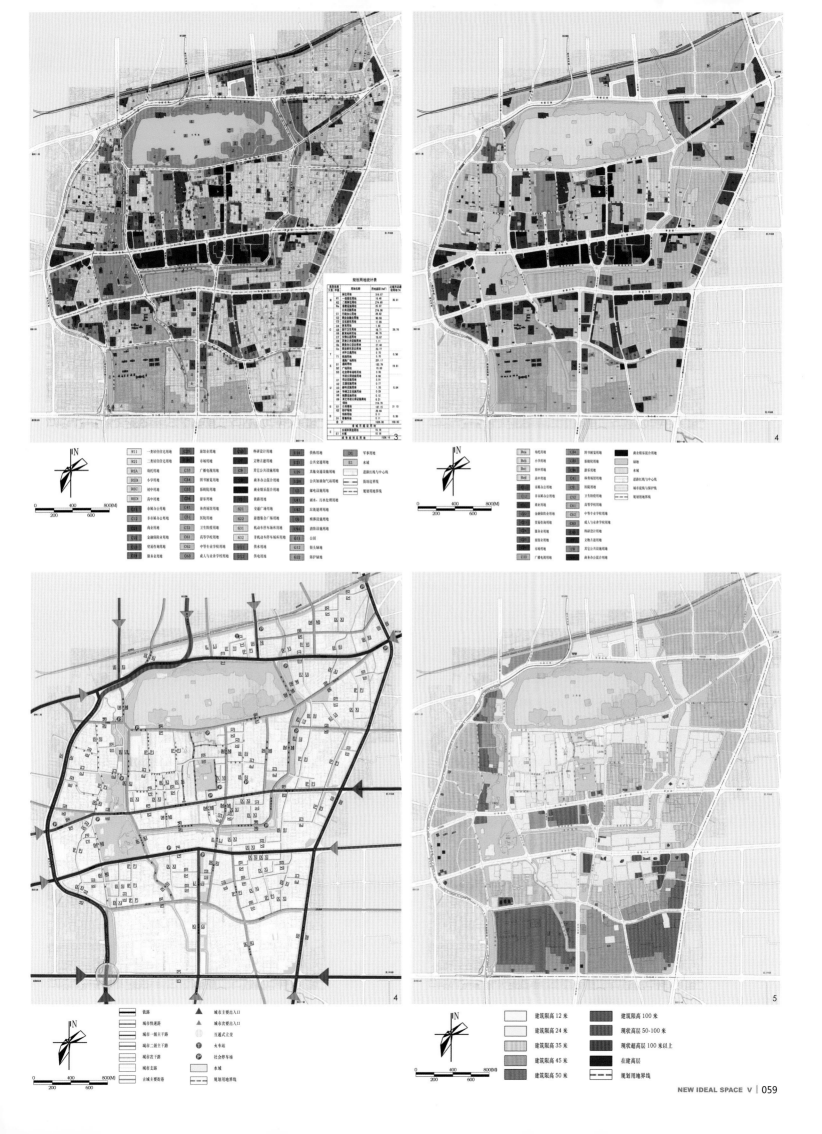

上海市虹口区凉城社区控制性详细规划
Regulatory Planning of Liangcheng Community in Hongkou Area,Shanghai

项目负责人： 唐子来
主要设计人员： 赵渺希 王志凌 刘昆轶 李粲 李焦娇 李涛
规划用地规模： 198.77hm²
完成时间： 2007年10月
获奖情况： 2007年度全国优秀城乡规划设计表扬奖，2007年度上海同济城市规划设计研究院院内一等奖

一、概述

凉城社区位于上海市中心城区的北部和虹口区的北端，包含凉城新村街道和江湾镇街道的部分辖区。凉城社区原为凉城镇的一部分，1984年隶属虹口区后列为上海市"七五"时期住宅开发区，市和区大批市政工程的动迁居民搬来凉城。1986年后，复旦大学、海军干休所及市和区的其它单位先后在凉城兴建住宅。1987年，凉城新村街道办事处成立，凉城一、二、三、四、五村、复旦五、六、七住宅小区、汶水一、二新村、锦苑小区等陆续竣工交付使用。2000年后，随着轨道交通3号线和中环线等道路交通基础设施的建设，住房建设进入一个新的发展时期，由此形成了现在的城区格局。

二、功能定位

根据单元规划，凉城社区以居住功能为主。本项规划在综合考虑地区的内部发展资源和外部发展环境的基础上，进一步论证地区发展的功能定位。

现状凉城社区是以居住功能为主的建成区，在现状用地构成中居住用地和商住混合用地合计占了67.3%。规划区内可供开发的用地较为有限，根据单元规划，开发用地仅占建设地块总面积的14.2%，主要是旧区改造中工业和仓储用地的功能转型。

尽管中环线的建成和规划中的轨道交通17号线为地区发展带来机遇，但主要是改善地区发展品质而不是改变地区功能定位。基于区位条件和用地条件，地区发展仍将以居住功能为主，旧区改造中工业和仓储用地所提供的开发用地主要用于增加地区的公共服务设施用地和公共绿地。根据单元规划，规划公共服务设施用地和公共绿地所占比重都将明显高于现状。

三、规划目标和原则

1. 规划目标

提升凉城社区的居住生活品质，使之具有完善的公共服务设施、充足的公共绿地、便利的交通条件和良好的景观环境。

2. 规划原则

（1）优化土地使用。根据地区功能定位，不适宜保留的工业和仓储用地进行用途变更，由此提供的开发用地主要用于增加公共服务设施用地和公共绿地。

（2）完善社区公共服务设施。根据住宅组团用地的规划布局和居住人口的基本属性及其变化趋势，利用旧区改造中工业和仓储用地提供的开发用地，从数量、规模和布局三个方面，完善各类社区公共服务设施。

（3）增加公共绿地。利用旧区改造中工业和仓储用地提供的开发用地，增加公共绿地，在类型、规模和布局三个方面满足居住生活的需求。

（4）补充交通设施。结合公共服务设施和公共绿地建设，增设公共停车场库；结合旧区改造，增设公交枢纽。

（5）提升景观环境。基于城市景观元素的公众感知调查结果，结合旧区改造进程，强化地区景观元素的城市设计控制。

（6）提供就业岗位。为了应对工业和仓储用地的用途变更导致地区就业岗位减少，应结合轨道交通站点建设，布置商业服务设施，适当增加就业岗位。

四、规划结构

规划结构可以概括为"两核、两轴、三片"的功能布局体系，"三横、三纵"的道路交通体系和"两带、三核"开放空间体系。

（1）"两核、两轴、三片"的功能布局体系

"两核"指位于水电路/车站南路交叉口西北象限和广粤路、场中路东南象限的商业服务中心，"两轴"指凉城路沿线和走马塘沿线的社区生活服务设施集聚地带，"三片"指走马塘以北、走马塘以南，凉城路以西、走马塘以南，凉城路以东形成三个居住片区。

（2）"三横、三纵"的道路交通体系

"三横"指场中路（含轨道交通17号线）、奎照路和汶水路，"三纵"指广粤路、凉城路和水电路，贯穿凉城社区并与周边区域的道路交通体系相衔接。

（3）"两带、三核"的开放空间体系

"两带"指走马塘、俞泾浦，西泗塘沿线的滨水开放空间；"三核"指汶水路/俞泾浦交叉部位、凉城路/车站北路交叉口、凉城路/丰镇路交叉口附近的三处大型公共绿地。

1.土地使用规划图

2.土地开发动态分析图

3.道路系统规划图

4.教育设施规划图

5-6.城市结构设计图

广州市白鹅潭地区控制性详细规划

Regulatory Planning for Bai'etan District ,Guangzhou

合作单位： 广州市城市规划设计所

项目负责人： 匡晓明

主要设计人员： 刘文波 陈亚斌 曾舒怀 武维超 吴佳 章庆阳 张明新 林静远 李林 刘立国 张茅

规划用地规模： 35.16km²

完成时间： 2011年11月

获奖情况： 2011年度广东省优秀城乡规划设计一等奖，2011年度上海同济城市规划设计研究院院内一等奖

一、项目背景

白鹅潭地区位于广州市中心城区西南部，是广州对接佛山的门户地区，也是广州落实建设"国家中心城市"和建设"首善之区、宜居城市"的新要求，以世界眼光谋划广州的长远发展和未来的重点地区规划用地总面积约为35.16km²。2008年7月，上海同济城市规划设计研究院与广州市城市规划设计所联合体在广州城市规划编制研究中心组织的白鹅潭地区城市设计国际竞赛中获得优胜，并继续承担该地区的控制性详细规划编制工作。

二、基本思路

（1）立足区域、综合产业、合理定位，确定科学的规划发展目标。

（2）以城市和自然共生发展的有机思想为指导，塑造水秀花香的城市总体空间格局。

（3）以管理需求为导向，编制"规划区——管理单元——地块"三级层次的控规内容，强调总体控制、总量控制和重点控制，突出实用性、针对性、时效性和可操作性。

（4）通过控规与城市设计方法全方位结合，建立刚性和弹性相辅相成的管控体系。

三、规划定位

广佛之心——面向广佛地区的商务办公、创意智慧、商业休闲和文化娱乐核心区。

国际商业中心——辐射珠三角、具有国际影响力的集商贸、购物、休闲、文化于一体的复合型滨水商业中心。

水秀花香的宜居城区——富有岭南特色与水秀花香风貌的低碳、生态宜居示范区。

四、规划特色

本次规划提出以下八大规划原则：强化公交引导开发、延续水秀花香格局、优化公共空间序列、形成高密路网体系、打造多元城市风貌、带动滨水文化复

兴、梳理生态河网体系、构建低碳宜居单元，在此基础上全面提升白鹅潭地区的功能格局和空间体系。

同时，本次控制性详细规划成果重点突出了以下五大创新特色：

1. 基于广佛同城的区域发展思维

规划结合白鹅潭的区位特征，从广佛一体发展的角度来思考该地区的发展定位，并通过区域同城、产业融合、交通一体、设施共享和环境齐治五大手段强化，形成一个面向广佛的区域性中心。

2. 公交引导，形成多层次、高效率的土地利用方式

在公交设施的步行距离内建立紧凑、高强度和混合利用的开发；高强度的开发集中在轨道交通线路汇集处以发挥交通的便利性和最大化利用公交投资；通过紧凑的街区和高品质的街道环境，为行人、自行车和其他非机动车到达公交设施提供方便的联系。

3. 重塑地区生态，创造"水秀花香"的地区风貌特征

规划注重珠江两岸自然生态环境的保护和利用，协调现有河流水网，建构水绿纵横的生态示范区，延续"水秀花香"的地区风貌。规划建立"一轴五廊多园"的绿地系统结构。"一轴"即为珠江沿岸绿色生态轴，"五廊"为基地内五条河涌及生态廊道，同时规划24处3hm²以上的公园。

4. 延续历史文脉，保护工业遗产，塑造现代创意城市

充分挖掘白鹅潭地区多样的历史文化资源，通过绿化廊道和休闲步行空间将众多历史文化资源加以串联，结合旅游开发重点打造沿珠江后航道、花地河、大冲口涌—鹤洞山顶3条特色历史文化体验长廊，提升地区文化内涵；同时对区内的工业遗存加以充分保护及合理利用，打造滨江创意廊道。

5. 控规与城市设计的全方位结合，采用分级分类控制

本次规划确定"规划区——管理单元——地块"三个层级的控制体系，并在各个层面均能体现城市设计的引导内容，来确保城市设计意图的有效落实；结合分级分类的控制方法，划定一般控制区、重点控制区和特定意图区，对于不同层级的地区采取不同刚度的管控，使得规划管理更具操作性。

1.总平面图

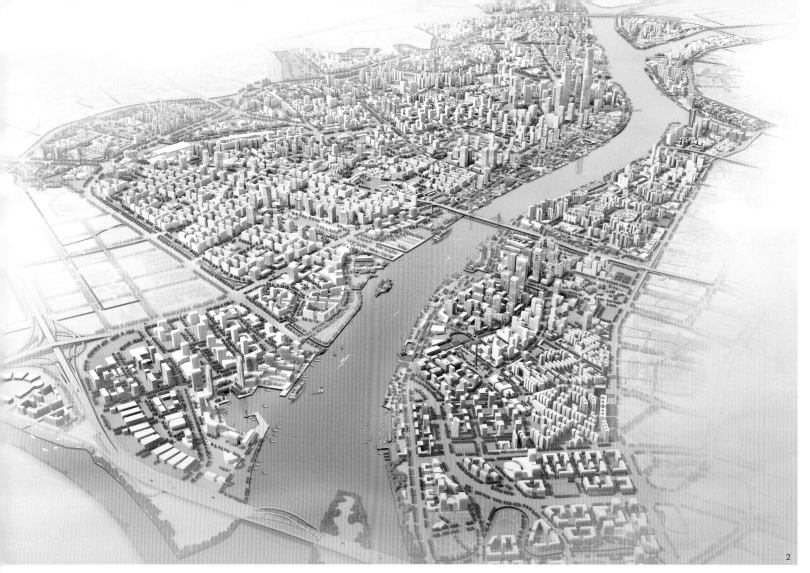

2

3

4

5

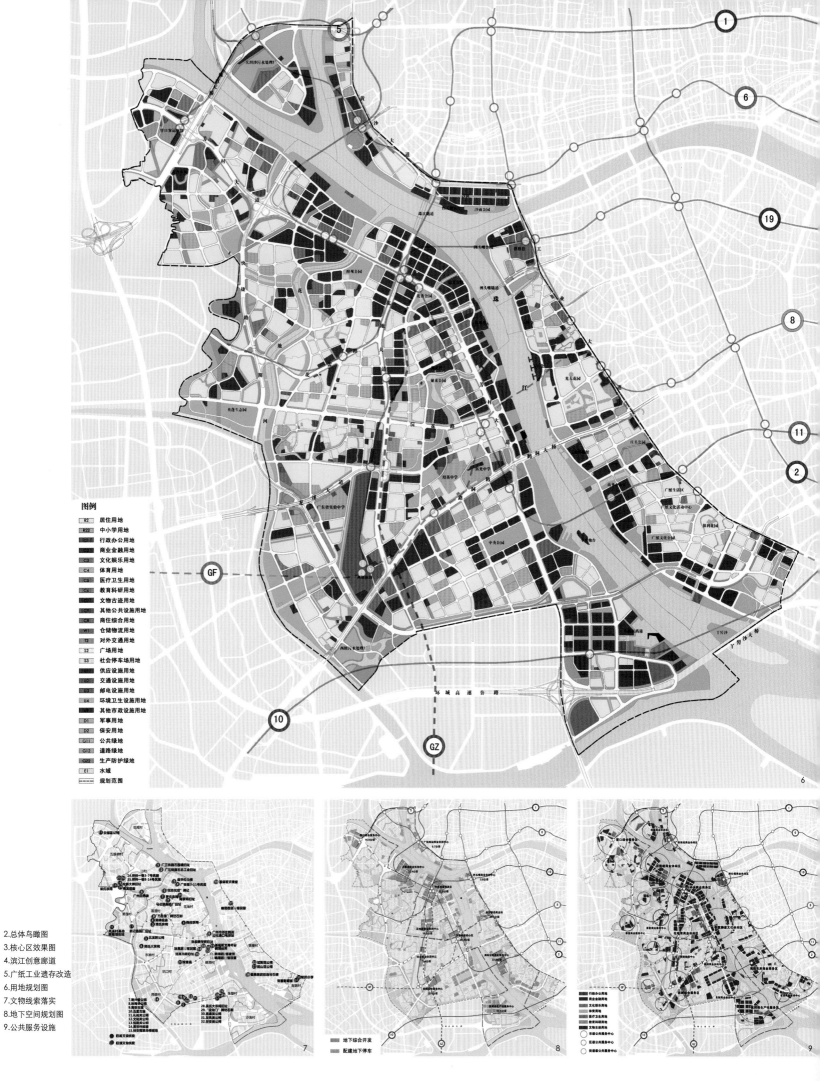

图例
- R2　居住用地
- R22　中小学用地
- C1　行政办公用地
- C2　商业金融用地
- C3　文化娱乐用地
- C4　体育用地
- C5　医疗卫生用地
- C6　教育科研用地
- C7　文物古迹用地
- C9　其他公共设施用地
- CR　商住综合用地
- W1　仓储物流用地
- T2　对外交通用地
- S2　广场用地
- S3　社会停车场用地
- U1　供应设施用地
- U2　交通设施用地
- U3　邮电设施用地
- U4　环境卫生设施用地
- U9　其他市政设施用地
- D1　军事用地
- D2　保安用地
- G11　公共绿地
- G12　道路绿地
- G22　生产防护绿地
- E1　水域
- 规划范围

2.总体鸟瞰图
3.核心区效果图
4.滨江创意廊道
5.广纸工业遗存改造
6.用地规划图
7.文物线索落实
8.地下空间规划图
9.公共服务设施

地下综合开发
配建地下停车

市级公共服务中心
区级公共服务中心
配建型公共服务中心

上海同济城市规划设计研究院
SHANGHAI TONGJI URBAN PLANNING & DESIGN INSTITUTE

西安大明宫地区控制性详细规划
Regulatory Planning of Daming Palace Region

项目负责人： 周俭 张迪昊

主要设计人员： 张迪昊 张丽 朱子龙 朱冬萍 刘娟 张娓 涂晓磊

规划用地规模： 4.3km²

完成时间： 2010年2月

获奖情况： 2011年度上海市优秀城乡规划设计二等奖

上海同济城市规划设计研究院院内一等奖

作为国家级重点文物保护单位的大明宫遗址，是盛唐时期最具代表性的宫殿遗址，是"丝绸之路"整体申遗的重要组成部分。长期以来大明宫遗址区域因背负着沉重的历史包袱，在西安城市快速建设时期成为了发展的死角，社会问题日益凸显，宝贵的遗产也在棚户的裹挟下逐渐被蚕食。

2007年西安市政府启动了以抢救性保护大明宫遗址，造福当地居民为目标的大明宫国家遗址公园系列工程建设。作为该系列工程的重要配套项目，上海同济城市规划设计研究院在国际设计招标中脱颖而出，承担了大明宫地区控制性详细规划的编制工作。伴随着大明宫遗址公园的建设，本规划重在探索城市更新与大遗址保护并举的全新模式，通过遗址周边土地价值的挖掘，平衡大遗址保护的巨量资金需求。本规划旨在对大明宫遗址公园周边土地在更新过程中的土地整合、开发强度、开放空间架构等要素结合历史文化遗产保护、风貌控制等原则加以量化，制定合理的控制引导指标体系。

大明宫国家遗址公园系列规划的编制和建设实施，为古都西安营造了一个风景优美的中央公园，让遗址本身得到了真正有效的保护。改善了十万道北居民的居住条件，极大地提升了地区城市生态环境。同时还探索了一种积极的，东方土木大遗址保护与周边协同开发的经典模式，让文化古韵与生态宜居完美结合。实现了人与自然，遗产保护与城市更新的和谐共荣。

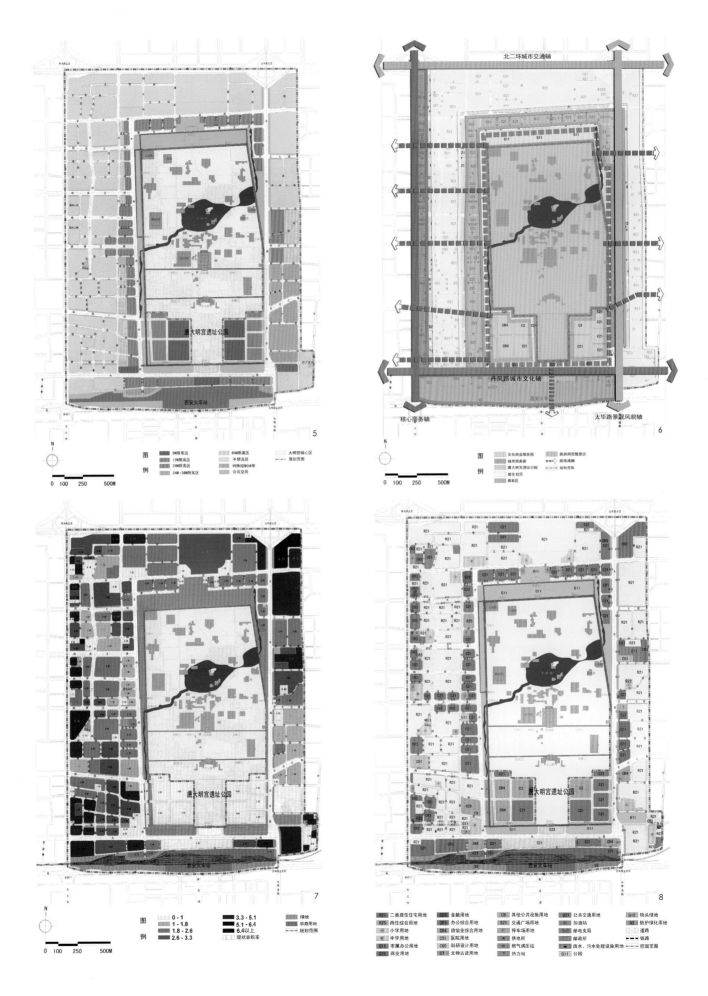

北二环城市交通轴

唐大明宫遗址公园

西安火车站

丹凤路城市文化轴

核心商务轴 太华路景观风貌轴

N
0 100 250 500M

图例 9M限高区 60M限高区 大明宫核心区
12M限高区 不限高区 规划范围
24M限高区 特殊控制边缘
24M-36M限高区 公共空间

5

图例 文化商业服务区 旅游商贸聚居区
城市商务区 视线通廊
唐大明宫遗址公园 规划范围
居住社区
商前区

6

唐大明宫遗址公园

西安火车站

1-3.建成实景照片
4.鸟瞰图
5.高度控制图
6.功能结构
7.开发强度控制
8.土地利用规划图

N
0 100 250 500M

图例 0 - 1 3.3 - 5.1 绿地
1 - 1.8 5.1 - 6.4 铁路用地
1.8 - 2.6 6.4以上 规划范围
2.6 - 3.3 现状容积率

7

唐大明宫遗址公园

西安火车站

图例
R21 二类居住住宅用地 C20 金融用地 C9 其他公共设施用地 C21 公共交通用地 G12 街头绿地
R25 商住综合用地 CR3 商住综合用地 S21 交通广场用地 加油站 G2 防护绿化用地
小学用地 CR4 旅馆业综合用地 停车场用地 邮政局 道路
中学用地 C65 医院用地 供电所 邮电支局 铁路
C21 市属办公用地 C7 科研设计用地 燃气调压所 邮政所 控规范围
C21 商业用地 C7 文物古迹用地 热力站 雨水、污水处理设施用地
G11 公园

8

上海市青浦区新城一站大型居住社区控制性详细规划
Regulatory Planning of Large-scale Living Community in Qingpu New City,Shanghai

项目负责人：　　　张恺

主要设计人员：　　张恺 张尚武 付朝伟 冯高尚 潘勋 黄怡 于莉 李伟 王兆聪 赵蔚 李晴 陈绮萍 陈文彬

规划用地规模：　　约6.58km²

完成时间：　　　　2010年9月

获奖情况：　　　　2011年度上海市优秀城乡规划设计二等奖，2010年度上海同济城市规划设计研究院院内二等奖

1.渗透关系
2.中央公园平面图
3.用地规划图
4.夜景鸟瞰图

一、规划背景

根据2010年2月上海市政府批准的"上海市大型居住社区第二批选址规划"，青浦城一站基地属于23块大型居住社区之一。

青浦基地有着与众不同的生态水环境优势条件，现状水面率超过10%。按大型居住社区建设要求，住宅建设的基准容积率为2.0，保障性住房占2/3，在这样的高容量建设背景下，对如何提高大型社区的环境品质，具有示范性的意义。

二、规划内容

规划以"产城一体、水城融合"为主题，依托轨道交通和生态水环境，以居住功能为主导，融合居住生活、公共服务和地区产业，承担部分地区级公共服务中心职能，以新水乡空间为特色的塑造生态宜居社区和多元活力之城。

规划除按照10万人口的规模配套各项公共服务设施之外，特别就水系与城市空间的关系、保障房与商品住宅的分布、地区级公共服务设施的补充以及轨道交通站点的综合开发等进行研究，在此基础上确定大社区的路网结构、空间体系、功能布局以及各地块的开发容量。并在以居住功能为主体的基础上，研究大社区与周边城镇、产业区的关系，适当布局产业用地以实现就近就业。同时，充分利用轨道交通站点的作用，综合考虑商业和办公功能的设置，以实现大社区作为一个10万人口新城的自身完善。

三、规划实施情况

在控规的指导下，青浦新城一站崧泽绿地花园于2010年底率先编制修建性详细规划，景水湾经济适用房A区、青浦新城一站B区动迁安置房、中建八局经济适用房B区、中建八局经济适用房C区等四片基地的建筑设计已基本完成，于2011年年底同步开工建设，总建筑面积超过100万m²。

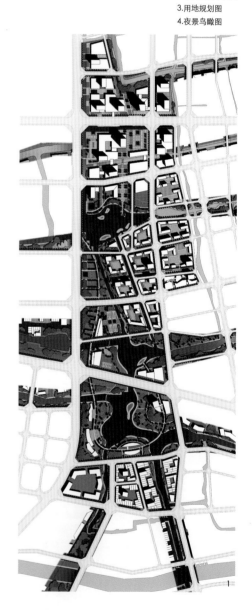

① 滨水酒店
② 湖滨特色餐饮
③ 艺术展示馆
④ 青年体育活动中心
⑤ 休闲茶馆
⑥ 高尚居住小区
⑦ 滨水湿地公园
⑧ 中心湖
⑨ 游憩草地
⑩ 湖心岛
⑪ 林荫小道

R2	二类住宅组团用地
R3	三类住宅组团用地
R3C2	住宅商业综合用地
RC	社区服务设施用地
RS	基础教育设施用地
C2	商业金融用地
C3	文化娱乐设施用地
C2C3	商业文娱综合用地
C2C8	商业办公综合用地
C2C8U2	商业办公交通设施综合用地
C4	体育设施用地
C6	教育科研设计用地
C7	文物古迹用地
C9	其他公共设施用地
G1	公共绿地
G2	生产防护绿地
U1	市政设施用地
U2	交通设施用地
S3	社会停车场用地
D	特殊用地
E1	水域
B	备用地
	高压走廊
	规划范围

都江堰市聚源片区控制性详细规划

Regulatory Planning of Juyuan District, Dujiangyan

委托单位： 都江堰城市规划管理局
合作单位： 都江堰城市规划院
项目负责人： 周俭
主要设计人员： 俞静 阎树鑫 陆天赞 顾玄渊 李茁 岳凤楷 罗黎勇 周月琴 高中岗 徐愉凯 尤捷
何林飞 张新泉 黄圻帼 邱蓉
规划用地规模： 31.57km²
结束时间： 2011年
获奖情况： 2011年度上海同济城市规划设计研究院院内二等奖

1.用地规划图
2.总平面图
3.效果图

规划致力于通过山、水、田、林的融汇协调，将聚源片区建设成为一个山水融合、城乡一体、百岛千盘的川西平原理想之城。规划突出新的发展理念，同时结合规划的可操作性。

1. 战略层面研究

从区域角度研究城乡统筹长远发展，从空间角度研究优良生态禀赋的融合，从历史角度研究建设任务的落实与实施，从未来角度研究可持续人性化城市的需求。以此确定聚源片区发展战略目标和基本思路。

2. 专题研究

通过对产业、交通、生态三方面进行专题研究。同时，针对灾后重建的任务，增加安全防灾内容的研究。

3. 实施性城市设计研究

聚源片区的用地环境十分优越，"水、田、林"形成独特风貌。规划重点考虑保留与充分利用这些河渠水系、林盘聚落、农田绿野的自然生态与景观资源。此外，控规成果探讨经济活动的合理性与居民生活的适宜性，从而加强控规对下一层面的详细设计指导的有效性与可操作性。

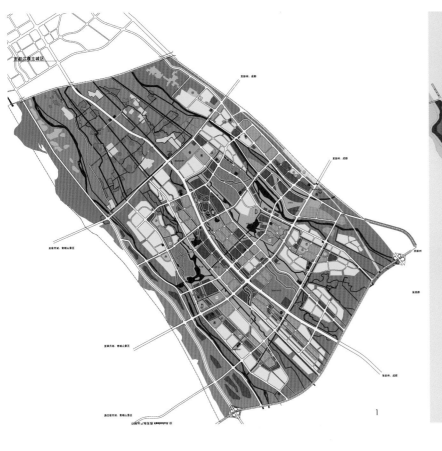

上海同济城市规划设计研究院
SHANGHAI TONGJI URBAN PLANNING & DESIGN INSTITUTE

商丘古城控制性详细规划
Detailed Planning of Shangqiu Ancient City

项目负责人： 阮仪三

主要设计人员： 肖建莉 刘振华 葛亮 周丽娜 李栋

规划用地规模： 122.85hm²

完成时间： 2009年9月

获奖情况： 2009年度上海同济城市规划设计研究院院内二等奖

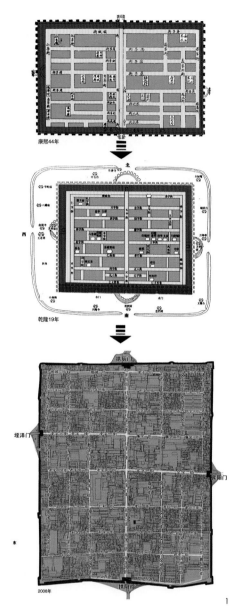

　　商丘古城（归德府城）位于河南省商丘市西南，黄河故道南侧，豫、鲁、苏、皖四省交界处，1986年被评定为第二批国家级历史文化名城，古城城墙、城湖、城郭三位一体，形如"古铜钱币"，"外圆内方"的格局至今保存完好。归德府古城的地下是宋国故城的埋藏区，南侧有隋唐大运河遗址，古城文化积淀深厚，城外大面积城湖和绿化、农田辉映，风光旖旎，2006年被国家旅游局公布为"国家AAAA级"旅游景区，2007年被首届中国旅游论坛评选为"中国十佳古城"，2009年商丘古城荣膺省级风景名胜区。针对"古城砖城墙内遗迹集中，墙外自然风光优美"的特点，编制组分别完成了"商丘古城控制性详细规划"与"商丘古城组团分区规划"，对商丘古城做了保护与发展的合理规划。"商丘古城控制性详细规划"规划范围为古城砖城墙以内，共计122.85hm²。规划特色：

1. "古城整体保护与格局保护"的保护特色

　　商丘古城的控规强调古城墙地段的完整性和环境的协调性，强调道路走向、尺度、材料的原真性，保证古城93条道路格局的完整。

2. "严格保护、适度开发"的开发控制措施

　　区别于历史建筑数量多、分布集中的古城规划，本次控规对古城内建筑分类型进行保护，严格保护文物保护单位和历史建筑；针对地块内"历史建筑、改造建筑、新建建筑"等不同的分布情况，给予平面示意，计算合理的控制指标。

1

1.控规历史演变图
2.分区历史演变图
3.历史遗存分布图
4.功能结构规划图
5.土地利用规划图

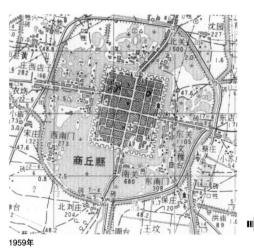

1959年

建国后护城河周边没有控制的填河造房侵占了大量的水面

2008年

2

图例

■ 建(构)筑物遗存
■ 空间遗存
　 遗址
　 非物质遗存
● 环境遗存（古树）

城墙绿化带
居住片区
居住片区
商业轴
古城公共服务区
商业轴
居住片区
旅游接待服务
城墙绿化带

图例

　 R21二类居住住宅用地
　 R22二类居住公共服务设施用地
■ C1 行政办公用地
■ C2商业金融用地
■ C3文化娱乐用地
■ C5医疗卫生用地
■ C7文物古迹用地
　 CR商业居住综合用地
　 S2广场用地
　 S3社会停车场用地
　 U3邮电设施用地
　 U4环境设施用地
　 G11公园
　 G12街头绿地
　 E1水域
　 规划范围

长治市主城区控制性详细规划

Regulatory Planning of Changzhi

项目负责人：　　　江浩波
审核：　　　　　　张国权
主要设计人员：　　郭志伟 于世勇 胡佳蓬 万云辉 肖鹏 胡颖蓓
规划用地规模：　　51.09km²
完成时间：　　　　2011年5月
获奖情况：　　　　2009年度上海同济城市规划设计研究院院内二等奖

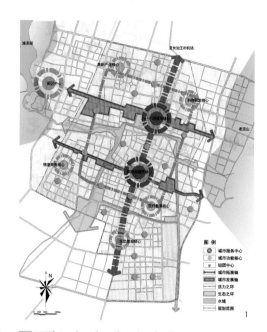

一、背景简介

长治市位于山西省东南部，北接晋中，西连临汾，距太原市229km，是晋东南经济区的中心城市。2001版总体规划基本架构了长治未来的空间结构，对城市性质、规模以及发展方向作了较为准确的定义，但在城市定位和空间布局等方面，仍需提升与改进。本规划为解决长治市的建设发展问题，将长治市主城区作为一个整体进行考虑，增加总体规划到控制性详细规划的中间层次——编制单元规划，以实现整体结构的空间落实，完善和延续总体规划的精神，实现城市开发建设有序进行。

二、规划定位

主城区作为长治市的综合服务中心，以生态资源为依托，吸引人才、产业、集聚资金为战略导向，打造国家级产业升级与转型的典范、特色产业与循环经济的典范，并结合上党文化特色，打造生态魅力之城、活力宜居之城。以城内水脉、城外山脉等自然资源为依托，以城市历史、城市文脉等人文资源为底蕴，形成独特的开放空间与绿地系统，创造尺度宜人的城市环境，体现生态之城的特色；以城市级和社区级两级公共服务设施，多层级、多节点的立体化公共服务设施体系体现魅力之城、活力之城；以人为本，针对不同定位的人群，妥善安排其不同的生活服务设施，妥善解决城中村问题，体现宜居之城。

三、规划方案

本次规划设计在主城区现状"一轴两心"及总

体规划结构的基础上，强化城市级公共服务职能，形成"两环、两心、三轴、五核、多片区"的城市空间结构。同时，妥善处理对外交通和城市内部交通问题，构建"八横七纵"的整体道路网格局，实现城市交通一体化和可持续发展。以规划区范围内绿化建设现状为基础，系统地考虑各类用地之间的关系，以沿水系两侧绿地为骨架，并通过道路、铁路防护绿带等景观廊道形成"四横四纵、两环、多心、三绿楔"的绿网格局，打造具有北方特色的"山水园林城市"，实现"城在山水中，山水在城中"的建设目标。

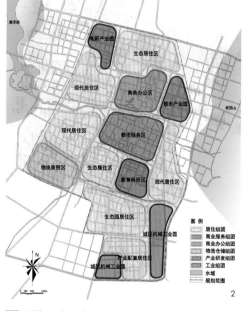

四、规划创新

本次规划工作的创新点主要体现在以下四个方面：

（1）编制体系创新：增加编制单元规划作为总规到控规的中间层次；

（2）控制原则创新：弹性的单元控制和刚性的地块控制相结合；

（3）开发强度创新：对规划强度、高度控制指标的研究；

（4）规划实施创新：城市规划管理控制与社区管理相结合。

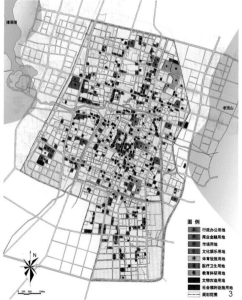

1.规划结构图
2.功能分区规划图
3.公共服务设施系统规划图
4.土地利用规划图

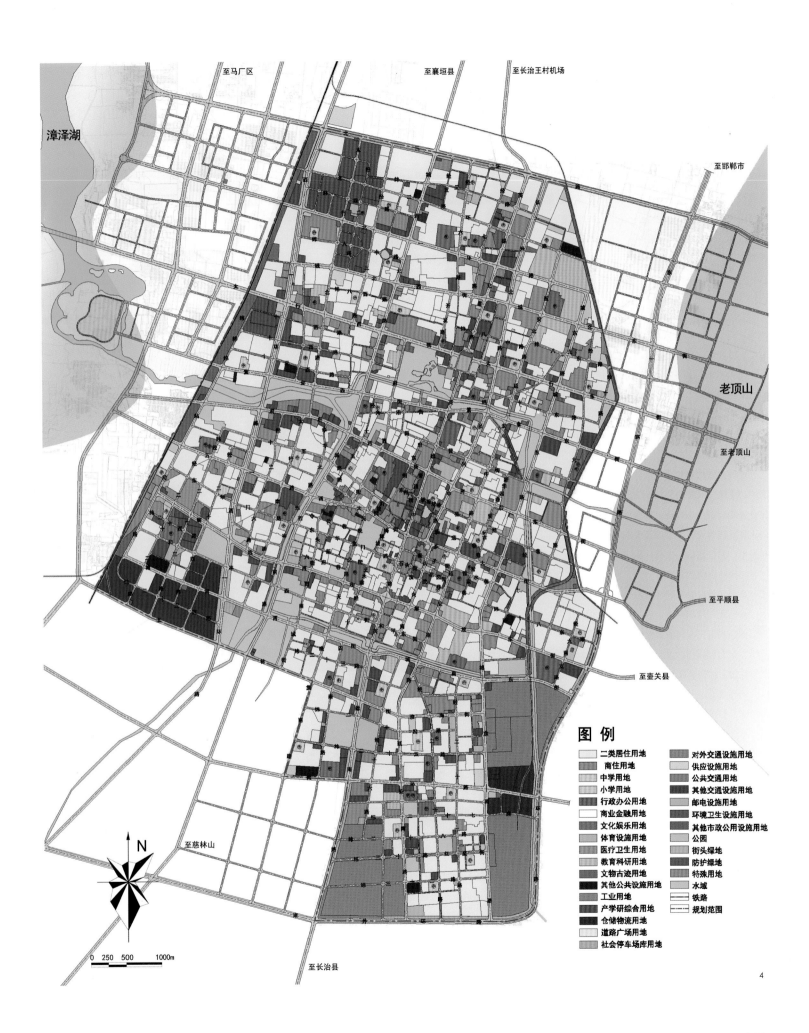

至马厂区　　　至襄垣县　　　至长治王村机场

漳泽湖

至邯郸市

老顶山

至老顶山

至平顺县

至壶关县

至慈林山

N

0 250 500 1000m

至长治县

图 例

二类居住用地　　　　　对外交通设施用地
商住用地　　　　　　　供应设施用地
中学用地　　　　　　　公共交通用地
小学用地　　　　　　　其他交通设施用地
行政办公用地　　　　　邮电设施用地
商业金融用地　　　　　环境卫生设施用地
文化娱乐用地　　　　　其他市政公用设施用地
体育设施用地　　　　　公园
医疗卫生用地　　　　　街头绿地
教育科研用地　　　　　防护绿地
文物古迹用地　　　　　特殊用地
其他公共设施用地　　　水域
工业用地　　　　　　　铁路
产学研综合用地　　　　规划范围
仓储物流用地
道路广场用地
社会停车场库用地

4

桂林市阳朔县新城区控制性详细规划
Regulatory Planning of New City in Yangshuo County, Guilin

项目负责人：　夏南凯
主要设计人员：　周海波　王耀武　陈超　鲁赛　陈鑫春　管娟　荆海英
项目规模：　　8km²
完成时间：　　2009年
获奖情况：　　国际竞赛第一名，2009年度上海同济城市规划设计研究院院内三等奖

1-2.鸟瞰图
3.土地利用规划图
4.总平面图
5.整体鸟瞰图

阳朔新城区位于桂林市阳朔县城南面，距阳朔县城中心约3km。新城区北面通过改道321国道与县城老城区相接，西面为风景宜人的十里画廊景区，田家河由西至东从北面穿过新城区。新城区开发用地规模约8km²，整个新区范围内土地开阔平整，四周环山，田园风光优美秀丽。

根据总体规划的原则与要求，从分析新区和老城的关系入手，依托新城区的地理位置优势和景观资源，重点研究阳朔新区发展的动力，综合考虑新区的功能定位和结构及城市交通组织和用地布局，运用现代城市设计手法，充分尊重自然生态环境，结合规划区发展潜质，制定高品味的旅游产业和良好人居环境建设的总体城市发展方案，确定阳朔新城区规划目标如下："城在景中、景在城中、生态环保，集旅游度假、行政办公、文化体育及居住于一体的高品位精品小城镇"。

阳朔新城区的规划结构为一心一带六区：

一心是以月亮湾为中心的公共活动中心；

一带指沿田家河的滨水景观带；

六区分别指行政文化中心区、生态休闲区、旅游地产及文化学园区、生活居住区、体育会展区以及旅游度假区。

行政文化区位于新城中心，月亮湾南北两岸，集中了新城主要的公共服务功能，如行政文化中心、文化中心、博物馆、商业配套区、酒吧街等等。

生态休闲区位于新城西侧，栗木河两侧，山水大道以北，结合骆驼山及保留村落，建设生态公园及民俗风情村落。

旅游地产及文化学园位于行政文化区及生态休闲区以南，以中端及高端旅游地产开发为主。在最南部布置了文化学园，可以安排外语学园、旅游职业学校等项目。结合环形绿化带可设置中国文化修学项目。

东部的生活居住区以居住功能为主，分为两个居住小区，配置相应的公共服务设施。

行政文化中心北部沿田家河两岸的体育会展区，布置体育中心、会议中心以及医院等大型公共设施，在此段山水大道两侧形成新的景观区域。

田家河最北段规划为旅游度假区，用地开阔，开挖北水湾，形成围绕水湾的餐饮娱乐项目，周边布置高档酒店及相关旅游配套项目，引入国际性酒店集团开发具有地域特色的度假村。

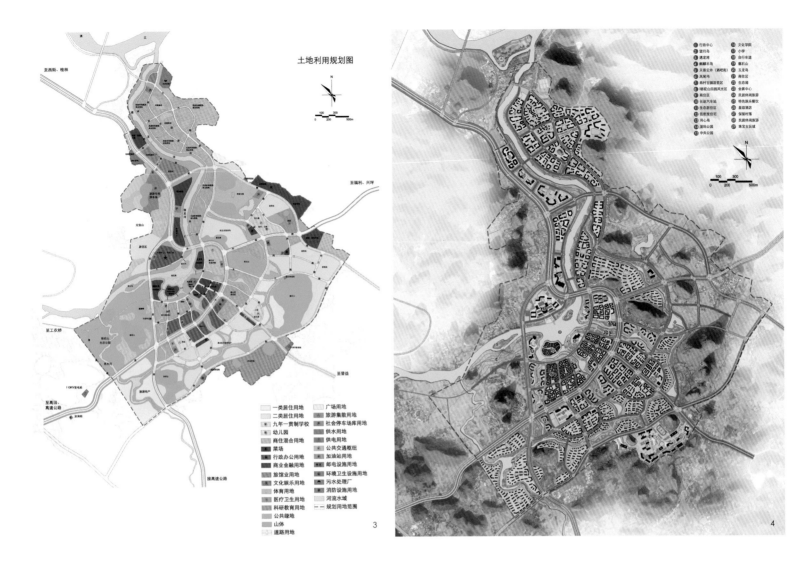

土地利用规划图

一类居住用地 广场用地
二类居住用地 旅游集散用地
九年一贯制学校 社会停车场库用地
幼儿园 供水用地
商住混合用地 供电用地
菜场 公共交通枢纽
行政办公用地 加油站用地
商业金融用地 邮电设施用地
旅馆业用地 环境卫生设施用地
文化娱乐用地 污水处理厂
体育用地 消防设施用地
医疗卫生用地 河流水域
科研教育用地 规划用地范围
公共绿地
山体
道路用地

① 行政中心 ⑩ 文化学院
② 望月岛 ⑪ 小学
③ 卧龙湾 ⑫ 自行车道
④ 麒麟半岛（酒吧街） ⑬ 餐饮区
⑤ 灵秀之冲 ⑭ 玉龙岛
⑥ 乡村古镇游览区 ⑮ 商住区
⑦ 绵延山山回酒风天环 ⑯ 生态岛
⑧ 商住区 ⑰ 河心岛
⑨ 长途汽车站 ⑱ 游览公园
⑩ 信息服务社 ⑲ 特色旅游餐饮
⑪ 中央公园 ⑳ 星级酒店
　 　 ㉑ 民居休闲旅游
　 　 ㉒ 保留村落
　 　 ㉓ 珠宝古玩城

3

4

5

上海同济城市规划设计研究院
SHANGHAI TONGJI URBAN PLANNING & DESIGN INSTITUTE

增城市中心城区A01-A12片区控制性详细规划

Regulatory Planning of Central A01-A12 Area,Zengcheng

项目负责人： 唐子来

专项负责人： 戴慎志 栾峰 王路 唐剑晖

主要设计人员： 赵渺希 奚慧 李粲 王志凌 黄毅翎 邹玉高 芳萍 苗蕾 曹晟 葛春晖 高怡俊 李玉琳 杨猛

项目规模： 23.8km²

完成时间： 2008年12月

获奖情况： 2009年度上海同济城市规划设计研究院院内三等奖

增城中心城区是广州城市发展东进战略的重要实施地域。根据有关战略部署，增城中心城区今后积极响应广州整体发展需要，塑造广州市域副中心，着重发展会议休闲和文化创意产业，重点实施优化城区建设、推进城市中心南移和建设山水园林城市的战略举措。

本项规划编制区位于规划中心城区中南部，总面积23.8km²，是增城中心城区未来战略部署实施的重要地域。

通过对上位规划、政府有关重大决策、相关规划等重大发展要求的解读，以及地区发展机遇和挑战的解析，本次规划确定了编制区的发展规划目标和原则。

一、功能定位

拥有优越自然生态环境和独特山水园林风光的城市公共中心、会议休闲和文化创意产业、居住生活社区的综合发展地区，广州市东部的副中心城市。

二、规划目标

（1）优质的城市公共中心：城市行政、文化、会展、商务/商业、体育等公共中心的集聚地区；

（2）特色的会议休闲产业：在广州市域的分工定位与优质自然生态环境和地形地貌优势利用；

（3）繁荣的文化创意产业：响应宏观趋势与决策，充分发掘优越生态环境和独特山水风光对文化创意产业发展的吸引能力；

（4）多样的居住生活社区：不仅是增城市中心城区的重要生活地域，还是广州东部地区的重要居住新城；

（5）优越的自然生态环境：是吸引发展资源，促进上述主导城市功能发展的重要稀缺资源，应确保区域性结构不受侵害，塑造建成环境和自然环境之间的生态共生关系；

（6）独特的山水园林风光。

三、规划结构

1.“一轴两核”的城市公共中心体系

设置南北向城市公共中心发展轴线，串联起位于编制区外城市北部的传统商业中心，位于城市中部的环绕增城广场的文化中心、会展中心和商务/商业中心（城市中部公共中心聚核），以及位于城市南部环绕蓄水湖面（南区公园）的行政中心、体育中心、商务/商业中心，以及会议休闲产业和文化创意产业基地（城市南部公共中心聚核）。

2.“一带三廊”的城市开放空间体系

以增江河及其两侧绿带为南北向的城市“蓝带”；结合山林和洼地，形成3条城市“绿廊”，分别连同编制区外围自然山体。

“蓝带”和“绿廊”相互交汇，形成“一带三廊”的城市开放空间体系，也是生态环境和自然景观的核心载体，确保建成环境和自然环境之间的生态共生关系，同时又使人工景观和自然景观融为一体。

3.“两片五区”的城市功能布局体系

编制区的功能布局概括为2个城市功能片区和5个居住生活片区，2个城市功能片区分别为编制区内的两大公共中心聚核所形成的集聚片区，5个居住生活片区包括中部居住片区、罗岗居住片区和三联居住片区的全部，以及金竹居住片区的大部分和老城居住片区的小部分。

1.土地利用规划图
2.城市及居住区级公共设施规划图
3.风貌片区和交互界面
4.制高节点与视线通廊

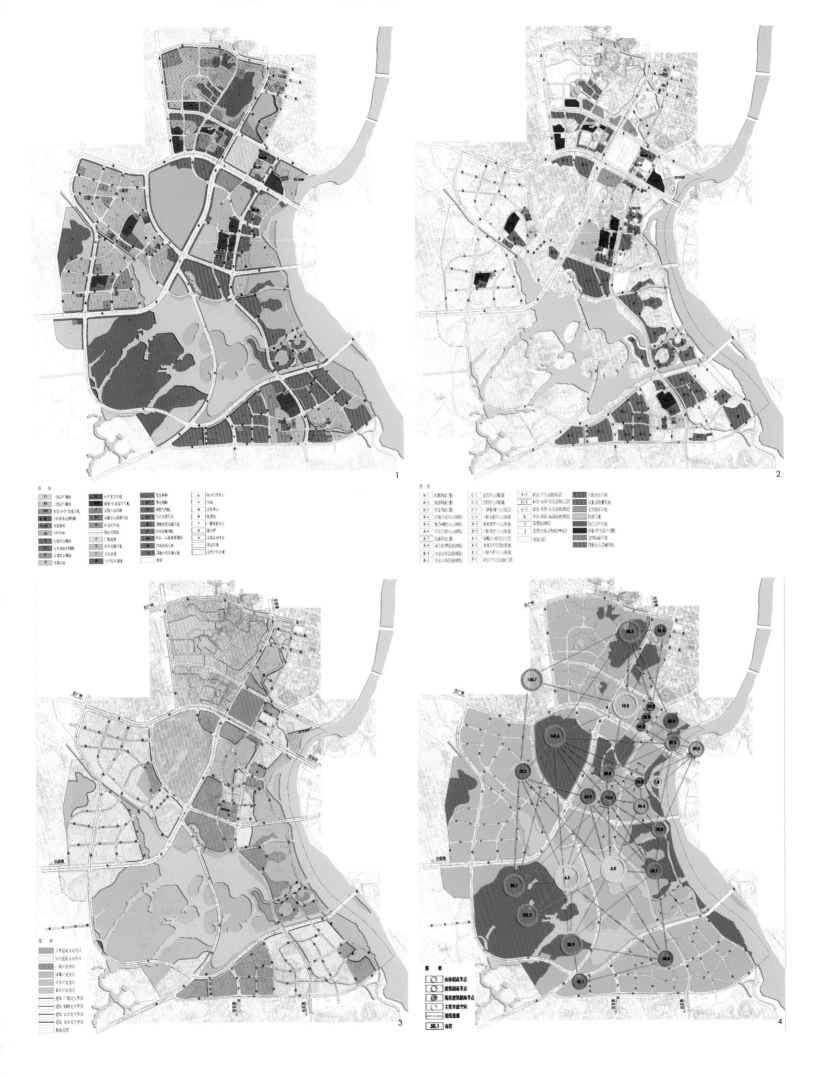

衢州市西区控制性详细规划及城市设计

Regulatory Planning & Urban Design of West Area,Quzhou

项目负责人： 江浩波
审核： 张国权
主要设计人员： 唐进 蔡靓 王建华 胡喻芝
规划用地规模： 14km²
完成时间： 2010年11月
获奖情况： 2010年度上海同济城市规划设计研究院院内三等奖

一、背景简介

衢州市西区控制性详细规划及城市设计规划区位于浙江省衢州市西区，与衢州旧城区隔江相望，是各种城市级公共服务设施、高档居住区与行政办公设施所在地。占地面积14.07km²。

本次规划在原城市设计（2004年）的基础上，结合现状实际建设内容，对西区规划进行调整。对部分道路系统、用地结构等内容进行了基于实施的调整，使该规划具有操作性和可行性。

二、规划特点

规划对现状地块建设进行了重新梳理，确定了现状建设用地和已批用地。原有城市设计中土地使用规划进行对比，获得实际建设对地块位置、规模、形状等要求，使规划地块的划分更加集约有效

规划对道路现状建设进行整理，对破坏环境、山体、景观等原设计道路进行修订，使道路系统更好的适应当地地景特征、历史传统、重要景观，同时对货运线路、交叉口和支路系统进行调整，实现新区客货分流的管理要求。

规划建立了西区的慢行系统，对连接各公共区域的慢行通道进行调整，对道路慢行、绿化慢行、滨水慢行等系统进行了梳理，实现西区低碳出行、休闲出行的设计目标。

规划细化了原规划中的"边缘"用地，对规划区内绿地、丘陵、滨水地区的用地进行梳理，增加可建设用地规模，加强用地集约性。

规划建立了西区以居住社区为单位的居住配套系统，从城市级商业配套、社区级配套、基层居住区配套等层次落实了配套内容和建设规模。

规划结合原有工厂搬迁改建，细化落实了对工业遗存、历史道路、历史绿化、传统水面的更新与利用，是原有厂区在保留原有风貌的基础上，更新为城市社区服务中心和公共活动地区，有效整合原有厂区内的住宅，盘活利用原有厂区内的历史建筑。

规划对共建设施的配套规模，建设内容进一步细化，对原规划中过大的公共建设进行了修正。规划与当地实际需要和建设计划相结合，对重要的公共建筑进行了规划落实。

规划对半岛地区的开发进行了整体设计，修正了路网系统、功能布局。对开发内容进行了策划和设计。保留了地方传统的地形地貌，使该区域的开发得以落实。

规划新建了联系老城与西区的桥梁，建立更加完善的新区、老城联系通道。

三、城市设计

本次控规包含了城市设计的内容，实现了新区城市设计的全覆盖。新的城市设计在现状建设基础上，对现状建设经验进行总结，对城市各片区的风貌进行了合理确定。尤其是对政务区、中央商业区、半岛地区的城市风貌进行了细化设计；对历史厂区进行了细化设计，实现了工业区更新；对西侧湿地公园及高地地区进行了细化设计，保持了城市主要的绿化景观，改善了高地区域的开发可行性。

本次控规还包括了中央商业区部分的详细设计，落实细化了中央商业区的开发规模，功能组成，并且在编制过程中对具体落户的开发内容进行规划协调，提出了整体设计，分步、分主体设施，总体协调的设计要求。

1.土地使用规划图
2.规划总平面图
3.整体鸟瞰图

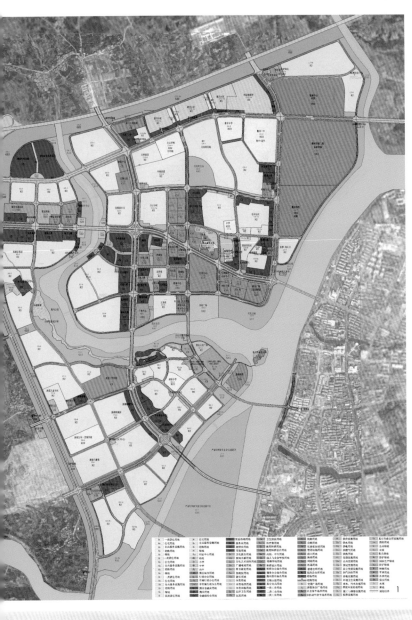

衢州市西区(一期)概念性城市设计 2010.09

规划总平面

福建省永泰风情大道两侧土地使用控制规划
Regulatory Planning of Yongtai Avenue,Fujian

项目负责人： 王德
主要设计人员： 马力 陈勋 李雄 范凌云 刘云 朱查松 李光德 蔡嘉璐 许尊 段文婷
规划用地规模： 11.9km²
完成时间： 2010 年11月2日
获奖情况： 2010年度上海同济城市规划设计研究院院内三等奖

规划范围距离福州城区仅25km，是福州的远郊。对永泰县而言，是永泰县东部重要门户。规划范围内自然环境、景观资源条件俱佳。近年来，随着区域交通条件的进一步改善，旅游经济的发展及受福州城市扩张的影响，规划范围内面临较大的开发压力，已有一些建设项目包括住宅、旅游开发、工业等。这些项目没有统一的规划布局考虑，长期来看，混乱无序的开发必将对规划范围内的资源和环境造成破坏。规划本着"严格保护，积极开发"的思路，从用地开发适宜性评价到职能需求及规模分析，再到空间需求落实、空间协调与布局制定土地使用控制规划。下面重点就职能需求及规模分析、空间需求落实情况作简要介绍。

1. 职能需求及规模分析

对规划范围可能的各种空间需求进行梳理。理清了规划范围内主要存在农村居民点用地、其他居住用地（包括面向福州市民、永泰返乡人口和休闲居住人口）、旅游接待服务设施（包括一般接待服务设施、农家乐旅游设施、特殊旅游设施）、产业功能用地和规划范围内的城镇建设用地。农村居民点用地需求的分析中，对规划范围内自然村村民（共有3万人，涉及31个行政村）作为调查对象，居住意愿为主要调查内容。在居住意愿的基础上，考虑村民对迁居态度的动态变化特征，合理确定大樟溪沿岸规划需要考虑的居民点总规模为12000人。在其他居住用地的分析中，首先面向福州，采用案例参照对比的方法评估了规划范围内面向福州市民低密度住宅需求的总量；估计了旅游地产的开发前景；其次面向永泰，规划分析了外出返乡的永泰人的居住需求。旅游接待服务设施用地需求的分析中，规划从旅游线路的组织出发，评估旅游接待设施（包括住宿和停车）的用地需求规模；针对现状旅游产品较为单一的情况，规划结合旅游资源的分布情况，从福州市的环城游憩带角度出发，参考其他城市相似距离环城游憩带上的旅游项目类型确定。规划也考虑了由于国家海峡西岸经济区的建设，一些非传统的职能进入规划范围的可能性。这些职能包括企业会所职能、教育职能（如职业教育）、疗养研修职能（如老年照护、科研培训）、无污染的企业（如生产性服务业、影视城、创意产业等）。

2. 空间需求落实、空间协调与布局

规划在空间需求落实、空间协调与布局的过程是以规划范围内自然资源与环境的严格保护为前提的。通过对地形、林地保护、基本农田保护、风景区保护、防灾等诸多要素的分析，明确了"严格保护"的范围和要求。评估规划范围内可建设用地的开发潜力，按照"大分散、小集中；低密度、低强度"的原则，根据职能需求分析的结果，对各项职能在空间上予以落实。综合协调形成土地利用控制规划。

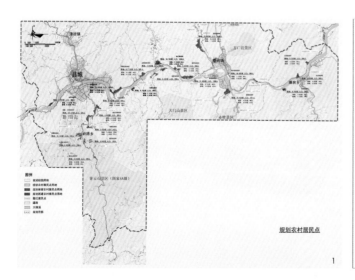

规划农村居民点

1

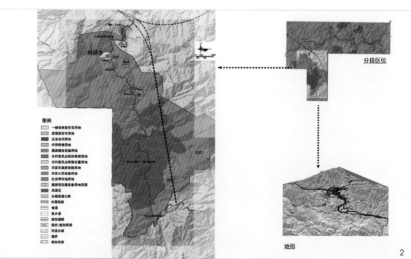

分段区位

地形

2

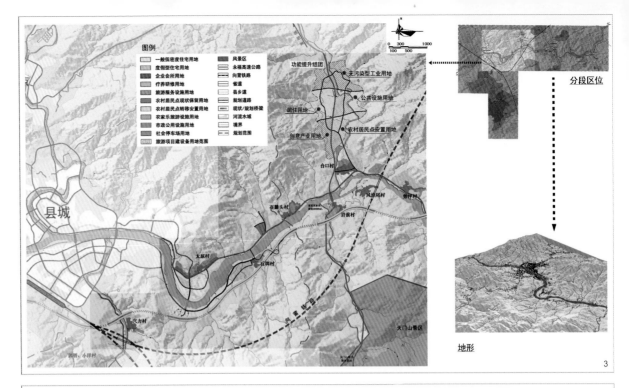

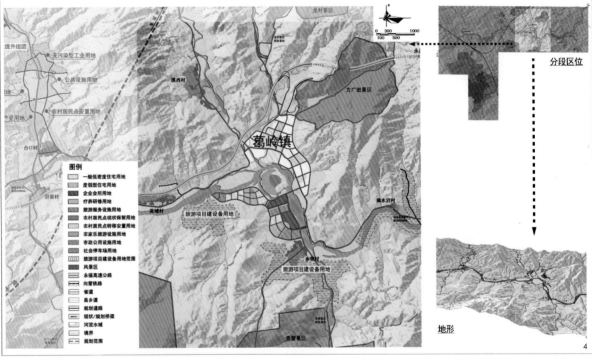

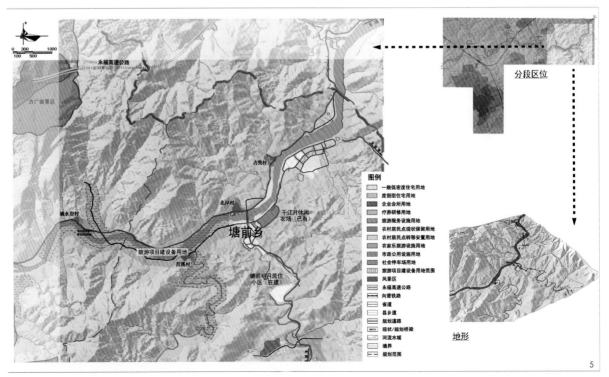

1.规划农村居民点
2.青云山景区段
3.县城区段布局规划图
4.葛岭镇区段布局
5.塘前区段布局

江西省新余市高铁新城启动区控制性详细规划
Regulatory Planning for High-speed Rail New Town of Xinyu, Jiangxi

项目负责人： 周玉斌
主要设计人员： 方豪杰 王婷 柯勇兵 鄢儒 龚俊华 郑王华 刘小凯
规划用地规模： 558.58hm²
完成时间： 2011年6月30日
获奖情况： 2011年度上海同济城市规划设计研究院院内三等奖

1.鸟瞰图
2.行政文化中心效果图
3.土地利用规划图
4.鸟瞰图

一、设计理念

项目基地位于江西省新余市城市北部，因杭南长高铁的建设、新余站的设置而衍生出的高铁新城启动区控制性详细规划。本规划延续新余市高铁新城概念规划中提出的"生态站区"的概念，是一个基于可持续发展理念的城市规划实践。

二、规划厚度

该项目是新余市高铁新城系列规划的子项目，系列规划从概念规划到城市设计、从宏观到微观，以问题——策略的模式指导新余市高铁新城的建设。

规划内容：

（1）合理确定基地的功能定位与发展目标，以确保高铁新城启动区的开发建设，并带动周边地区的共同发展；

（2）强调商务核心区用地功能的复合利用，优化土地使用，提高土地效率；

（3）加强综合交通一体化设计，构筑连续、便捷、易达、安全、可靠的快、慢性交通体系，实现各种交通方式的高效换乘及无缝对接；

（4）促进基地内农村居民点有条不紊的拆迁，加强农村居民点拆迁安置的策略研究，落实住房保障政策，制定可操作性强的近远期实施计划；

（5）建设完善、高效、分布合理的交通设施和市政公用设施，营造良好的城市环境；

（6）合理规划居住社区，完善社区配套公共设施，营造生活方便、环境舒适的居住环境。

三、规划亮点

本次规划的特色主要包括：

（1）全过程的实践——及时跟踪、后续组织以及参与实时互动的设计研究程序，该过程有利于规划思想的贯彻、落实；

（2）提出生态站区以及都市村庄的理念并加以贯彻。本次规划的创新主要在于打造都市村庄。规划基于现状的水系及自然条件，通过小街坊密路网的规划以及针对性强、特色鲜明的控制指标，结合混合用地、生态站区、步行街区、通则式的城市设计控制，塑造全新的都市村庄生活体验；

（3）通过多种方式对基地产业导向及容量的科学预测，加强规划的可实施性。

控制性详细规划的编制，是在概念规划确定的规划构思以及分区规划确定的规模的基础上，从用地布局、功能选择、产业定位、空间结构、开发强度等方面的深化，从而能更好的指导高铁新城的开发建设，为新余市的发展描绘美好前景。

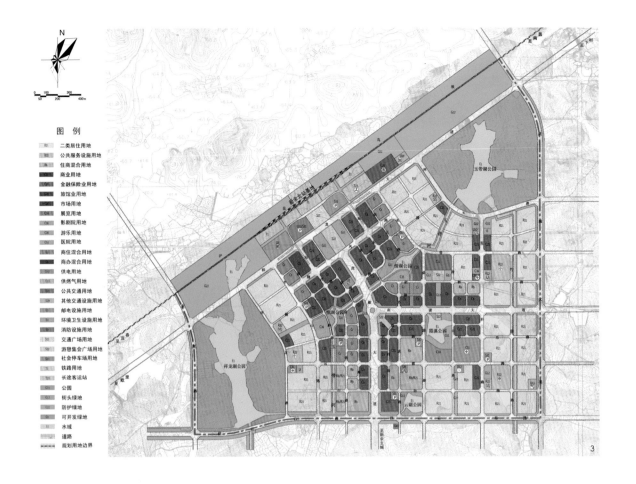

图 例

- 二类居住用地
- 公共服务设施用地
- 住商混合用地
- 商业用地
- 金融保险业用地
- 旅馆业用地
- 市场用地
- 展览用地
- 影剧院用地
- 游乐用地
- 医院用地
- 商住混合用地
- 商办混合用地
- 供电用地
- 供燃气用地
- 公共交通用地
- 其他交通设施用地
- 邮电设施用地
- 环境卫生设施用地
- 消防设施用地
- 交通广场用地
- 游憩集会广场用地
- 社会停车场库用地
- 铁路用地
- 长途客运站
- 公园
- 街头绿地
- 防护绿地
- 可开发绿地
- 水域
- 道路
- 规划用地边界

3

修建性详细规划

2010年上海世博会城市最佳实践区修建性详细规划
北川国家地震遗址博物馆策划与整体方案设计
都江堰"壹街区"综合商住区详细规划
都江堰历史城区修建性详细规划及城市设计
河南省郑州绿博园修建性详细规划
汶川县映秀镇中心镇区修建性详细规划
汶川县映秀镇中心镇区综合规划设计·景观设计
南京农副产品物流配送中心详细规划设计
杭州农副产品交易中心方案设计
四川广元昭化古镇修建性详细规划
山东省淄博市周村古商城汇龙街片区修建性详细规划
2014青岛世界园艺博览会规划设计
巴楚县城修建性详细规划
福建长汀县城历史文化街区修建性详细规划（南大街、东大街、水东街）

2010年上海世博会城市最佳实践区修建性详细规划
Site Planning of Urban Best-Practices Area of EXPO 2010 Shanghai

项目负责人： 唐子来
主要设计人员： 奚慧 冯立 栾峰 戴晓晖 田宝江 杨贵庆 金鑫 邹玉 焦姣 黄毅翎 刘昆轶 连兴
合作单位： 上海英华城市规划设计咨询有限公司
编制时间： 2007年8月—2008年11月
获奖情况： 2009年度全国优秀城乡规划设计奖一等奖，2009年度上海市优秀城乡规划设计奖一等奖，2007年度上海同济城市规划设计研究院院内一等奖

1.北部街区模拟鸟瞰图
2.规划总平面图
3.全景鸟瞰图

一、项目背景

2010年上海世博会的主题是"城市，让生活更美好"（Better City, Better Life），这是历史上第一次以"城市"为主题的世博会。为了更好地演绎"城市"主题，2010年世博会特别设置了"城市最佳实践区"，使城市首次作为世博会的参展方，这是世博会历史上的一个创举。

城市最佳实践区汇集全球范围内有代表性城市为提高城市生活质量所进行的各种最佳实践，它们具有创新意义和示范价值，因而获得国际社会的广泛认同。城市最佳实践区既是交流、推广和分享城市最佳实践的全球展示平台，也是世博园区中新理念、新技术、新材料、新工艺的集中示范基地，将对城市的可持续发展前景产生积极影响。

二、规划构思

1. 核心概念

作为2010年世博会中具有特殊意义的历史创举，城市最佳实践区不仅是汇集世界各国的城市最佳实践案例的"世博亮点展区"，其本身也应当成为体现城市最佳实践精神的"街区改造范例"。这就是说，城市最佳实践区在宜居环境品质、低碳生态模式、工业建筑再生、科技集成应用、地域文化特色等方面，要充分体现可持续发展的理念，使之成为街区改造的最佳实践案例。

2. 展示策划

作为世博会主题演绎的主要载体之一，城市最佳实践区的展示领域既要在很大程度上表达世博会主题演绎的内容结构，又要聚焦当今世界上城市最佳实践的主流领域。基于来自国际组织、各级政府、学术团体、专业协会和大众媒体的全方位信息，研究团队对于城市最佳实践的全球案例库进行深度解读，在此基础上归纳出城市最佳实践区的四个主流领域，包括宜居家园、可持续的城市化、历史遗产保护和利用、建成环境的科技创新，分别对应世博会主题演绎的内容结构，也体现了城市发展的四种价值取向，即尊重市民、尊重自然、尊重历史、尊重科技。

各个参展案例分别采取三种展示方式。实物建造方式指参展案例作为建成环境元素（如建筑物、开放空间、交通方式和环境设施等），采用实物建造方式进行展示；展馆展示方式作为世博会的常规展示方式，参展案例在联合展馆或自建展馆中进行展示；短期活动方式指除了实物建造案例和展馆展示案例以外的参展案例，可以在多功能厅中，轮流举办为期一周的短期展示活动（如报告、研讨和表演等），以满足更多城市最佳实践案例的参展需求。

3. 总体结构

2010年世博会的围栏区分布在黄浦江两岸，城市最佳实践区位于浦西片区。建设范围的用地面积约为15hm²，包括南北2个街坊，中间为城市道路穿越，采用人行天桥加以连接。

城市最佳实践区的总体结构可以归纳为"一核四片"和"一轴三区"。以城市广场为空间核心，链接西南两侧的水陆门户和东北两侧的主要展区，形成"一核四片"的地域格局；南部的城市广场、中部的林荫步道和北部的街区绿地形成贯穿南北、收放相间、形态丰富的公共开放空间轴线，串连三个功能区域。

三、功能布局

1. 南部主题区域

在南部，城市广场和主题分馆形成主题区域。原南市发电厂的主厂房将被改造成为世博会的主题分馆（城市未来馆），其中的多功能厅满足城市最佳实践区的短期活动方式。城市广场既是水陆门户和主要展区之间的人流交通枢纽，又是各个参展城市举办主题活动的重要场所。

2. 中部联合展馆

在中部，以保留厂房的改造为主，并嵌入个别新的建筑，形成4组联合展馆，满足展馆展示方式。同时配置2处公共配套服务设施，与4组联合展馆形成错落有致的分布格局，有效地界定街道空间和围合院落空间。

3. 北部模拟街区

在北部，采取实物建造方式的参展案例作为建成环境元素（包括建筑物、开放空间、交通方式和环境设施等），整合成为一个模拟街区，形成3个建筑组群环绕1处开放空间的基本格局。

四、交通组织

本项规划采用多种方法，对于世博会期间的游客容量进行测算，并在城市最佳实践区形成两个层面的观览流线。

在街区层面上，采取"枝状"模式的主要观览流线，公共开放空间的南北轴线连接南部的主题分馆、中部的各组联合展馆和北部的各组案例建筑。在建筑组群层面上，采取"环状"模式的次要观览流线，串连组群内的各个联合展馆和案例建筑。城市最佳实践区主次观览流线相互补充，有助于确保参观游客的均衡分布，形成方向明确且易于引导和控制的观览流线体系。

五、公共服务设施配置

世博园区的公共服务设施可以分为餐饮设施、购物设施、功能设施和援助设施。根据各类服务设施的千人指标和服务半径要求，在南北街坊各配置1处公共服务中心（主要包含餐饮设施和购物设施），其他设施（主要包含功能设施和援助设施）则采取均匀分布的方式。

六、空间形态格局

城市最佳实践区以公共开放空间为核心，新老建筑形成紧凑组合和积极界面。基于建筑组群和开放空间之间的有机关系，使城市最佳实践区具有鲜明的空间形态格局。

城市最佳实践区的开放空间包括广场、绿地、街道、院落和街角，体现不同的形态特征和满足不同的功能要求，形成既有序列又有层次的开放空间体系。南北街坊分别以广场和绿地作为形态核心，林荫步道串连2处大型开放空间，形成收放相间的开放空间序列，院落和街角则使开放空间体系增添了丰富的层次。

城市最佳实践区的建筑景观格局包括一处标志性建筑和两类肌理性建筑。保留南市发电厂的主厂房和烟囱体现超大体量和超高结构的完美结合，展示工业文明的美感，形成世博园区乃至黄浦江沿岸的标志性建筑。其他建筑可以称为肌理性建筑，包括新老建筑两种类型，南街坊以保留的工业建筑为主，也嵌入少量新建筑；北街坊以新建的案例建筑为主，也有个别保留建筑。新老建筑融为一体，有效地界定街区开放空间和围合院落空间。

七、建筑设计控制

城市最佳实践区具有多样化的建筑类型，为此制订了设计控制图则，包含两个层面的内容。一方面是建设项目所在环境信息，包含所在建筑组群的平面格局、集中绿地的位置和大致形状、相邻建筑物/构筑物的间距、室外场地标高、紧急疏散通道等；另一方面是建设项目的设计控制要求，包含建筑物/构筑物的基底范围及其尺寸和控制点坐标、建筑物/构筑物的高度控制、建筑面积、主要出入口的位置、重点建筑界面、室外专属场地和室内地坪标高等。此外，还对于案例建筑的适应性设计修改和工业建筑的改造设计提出了专门要求。

八、规划特色

1. 宜居环境品质

城市最佳实践区完整地体现了街区层面的宜居环境理念，包括混合用途、公

共空间主导、慢行交通方式、保存地区文脉等，为"后世博发展"的宜居环境品质奠定了坚实基础。

建筑多样化为街区的未来发展采取混合用途模式提供了有利条件，使之成为充满活力的24小时街区；各个建筑及其组群构成紧凑的形态格局，积极界定街区的开放空间，形成富有层次和序列的开放空间体系；无论世博会期间还是世博会以后，街区内部都会采取慢行交通方式，舒适愉悦的开放空间使人们可以体验慢行交通方式的无尽乐趣；改造和利用工业建筑使人们在领略现代时尚风貌的同时，又能感受到地区的历史底蕴。

2. 低碳生态模式

作为世博园区中新理念、新技术、新材料、新工艺的集中示范基地，低碳生态建筑、绿色交通方式、清洁能源技术（如江水源空调体系）、节能照明设施（LED）、生物净水绿地的科技集成应用，使城市最佳实践区成为独具特色的低碳生态街区。

3. 工业建筑再生

城市最佳实践区所在区域原为传统工业地区，其中的南市发电厂更是百年老厂。工业建筑具有大跨空间特征，适合改造成为展览建筑。保存地区文脉和利用既有建筑也是可持续发展理念的重要体现。在城市最佳实践区中，保留工业建筑的改造和利用占总建筑面积的60%以上。邀请国内外多个设计团队分别担纲各组工业建筑的改造设计，在保留工业建筑的主体结构和基本形体的基础上，进行功能化、时尚化、节能化和生态化的工业建筑再生。

4. 地域文化特色

在保存工业建筑作为地区历史文脉的基础上，城市最佳实践区的街道和环境设施不仅体现节能环保理念，并为游客提供舒适愉悦的观览环境，还展示了参展城市的地域文化特色，来自马德里的"空气树"展示西班牙的都市生活、来自温哥华的"木构亭"展示加拿大的森林资源、来自罗阿大区的"玫瑰园"展示法兰西的浪漫情调、来自巴赛罗纳的"高迪龙"展示西班牙的艺术奇才。工业建筑再生和世博文化遗产将为城市最佳实践区的"后世博发展"增添独具特色的"文化附加值"。

五、规划实施

通过全面和完整的设计控制体系，本项修建性详细规划已经获得有效实施，城市最佳实践区于2009年底整体竣工。然而，城市最佳实践区作为街区改造范例的实践过程是长期的，将在世博会以后成为上海城市发展的新地标，显示出经济、社会和环境的可持续效应。

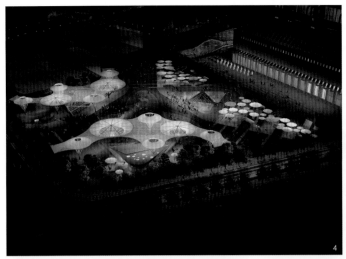

北川国家地震遗址博物馆策划与整体方案设计

Planning and Overall Design for Beichuan National Earthquake Ruins Museum

项目负责人： 吴长福

主要设计人员： 张尚武 谢振宇 汤朔宁 吴承照 卢永毅 王方戟 王一 王祯栋 刘宏伟 卓健 戴仕炳 范圣玺
宋善威 邵甬 胡玎 李文敏 胡军峰 周旋 陈磊 程晓 吕西林 周德源 黄雨 匡翠萍 谢立金

规划用地规模： 核心区 178.04hm² 控制区 657.38hm² 协调区 1877.21hm²

完成时间： 2009年3月

获奖情况： 2009年度全国优秀城乡规划设计一等奖，2009年度上海市优秀城乡规划设计一等奖，2009年度四川省优秀城乡规划设计一等奖

由同济大学具体承担的上海支援"北川国家地震遗址博物馆策划与整体方案设计"项目，是"北川国家地震遗址博物馆"建设的前期研究性工作，包括建设的目标、定位、内容、规模及投资、管理、建设周期等的概念策划和整体可行性方案设计等方面内容，经过多次向国家、省、市相关部门及专家汇报并调整后，于2009年2月向绵阳市政府提交正式成果。具体内容包括：

一、规划构思

在对北川地震遗址基础特征和博物馆建设目标认识的基础上，以地震遗址保护与区域发展的关系、纪念与参观的关系、灾情展示与文化内涵的关系为重点，提出项目的功能定位、构成、规划设计原则，及整体设计方案和实施建议。

项目特征：具有抗震救灾事迹集中、地震破坏强烈、灾害类型多样、工程破坏类型全四个方面的基础特征。

建设目标：留存大灾难的纪念，致力于精神家园的守护与重建；展现人类爱的力量，弘扬伟大的抗震救灾精神；记录大地震的威力，唤起对自然的再认识。

总体定位：作为"5·12"汶川地震后国家级的地震遗产保护和纪念地，是一个由北川县城地震遗址、次生灾害展示区和地震博物馆组成的综合体，是一个人类历经特大地震灾难的纪念性遗址博物馆。

功能构成：纪念功能、展示功能、宣传功能、教育功能、科研功能。

规划原则：体现原真性、体验性原则、地域性、当代性原则。

二、空间布置

总体布局划分为三个层次，即核心区、控制区、协调区。

核心区：遗址博物馆项目主体功能区，由老县城、任家坪地区和北部唐家山堰塞湖堰塞体周边组成；

控制区：环境保护与生态修复区，是为保障核心区生态安全和景观修复需要直接控制周边范围；

协调区：环境控制与发展协调区，是区域性生态系统重建、生产生活恢复、地域文化保护和救灾系统安全等方面需要统一协调的范围。

对核心区内的功能及系统组织进一步进行分区设计：

任家坪博物馆及综合服务区：以"永恒的记忆"为主题，结合北川中学遗址保护和曲山镇重建，集中布置博物馆、展示设施和集中的纪念场所，并设置综合服务区。

北川老县城遗址保护区：以"永恒的家园"为主题，完整体现地震灾害与人类聚居环境之间的关系，划分为老城遗址保护区、城区遗址保护区、中心祭奠公园、龙尾山公园和北部综合服务区等五大区域。

唐家山次生灾害展示与自然恢复区：以"永恒的自然"为主题，以次生灾害展示和生态恢复功能为主，并结合周边的保留村落展现自然中羌禹文化的发展和内涵。

三、主要特色

主题思想明确。以"永恒北川"为主题，体现项目建设对于北川地区精神家园守护和重建的社会价值。

规划框架的系统性。规划工作共有15个学科的专业人员参与，从多学科角度对建设工作各阶段可能涉及各种专业问题，进行较为全面、系统的研究。

规划内容的整体性。规划从不同的空间层次、项目推进地不同方面和动态性等角度提出了具有针对性地的建议和措施。

体现对本地性思考。规划中充分考虑了项目的文化内涵、地域性和不同参与者的要求和感受。

方案的可操作性。项目组在基础资料缺乏的情况下，对震后现场及周边进行了详细踏勘，并与当地相关部门和相关人员进行了访谈和沟通，形成完整的现场调研报告，并以此为基础开展整个工作，旨在为建设工作进一步决策和各专业系统、各操作阶段工作的深入展开，提供基础和整体框架。

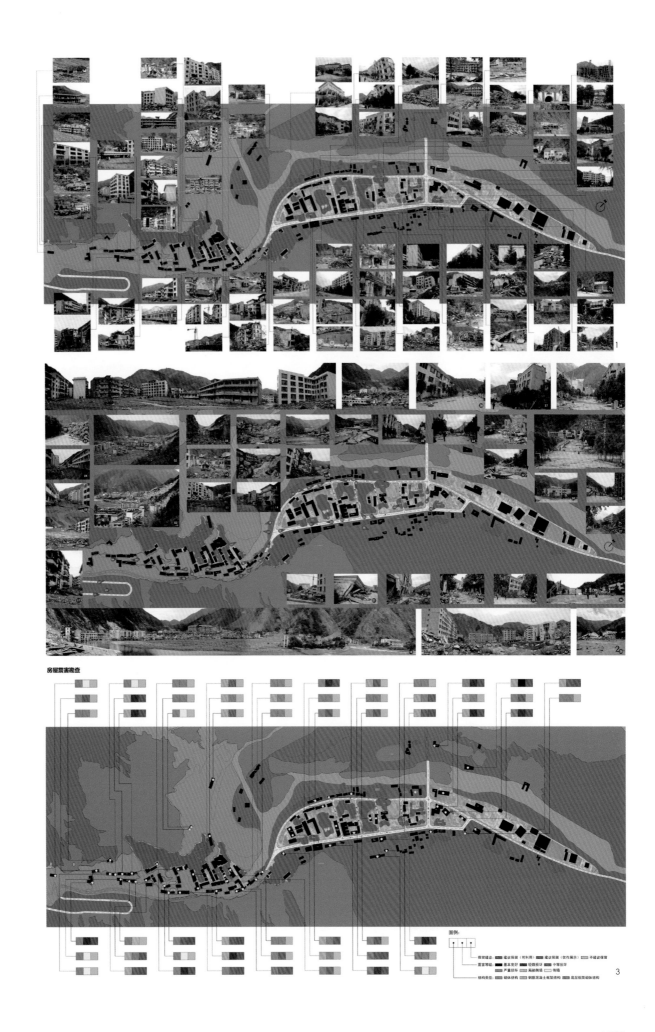

1.北川县城震后建筑现状
2.北川县城震后城市空间现状
3.房屋震害勘察

房屋震害勘察

图例:

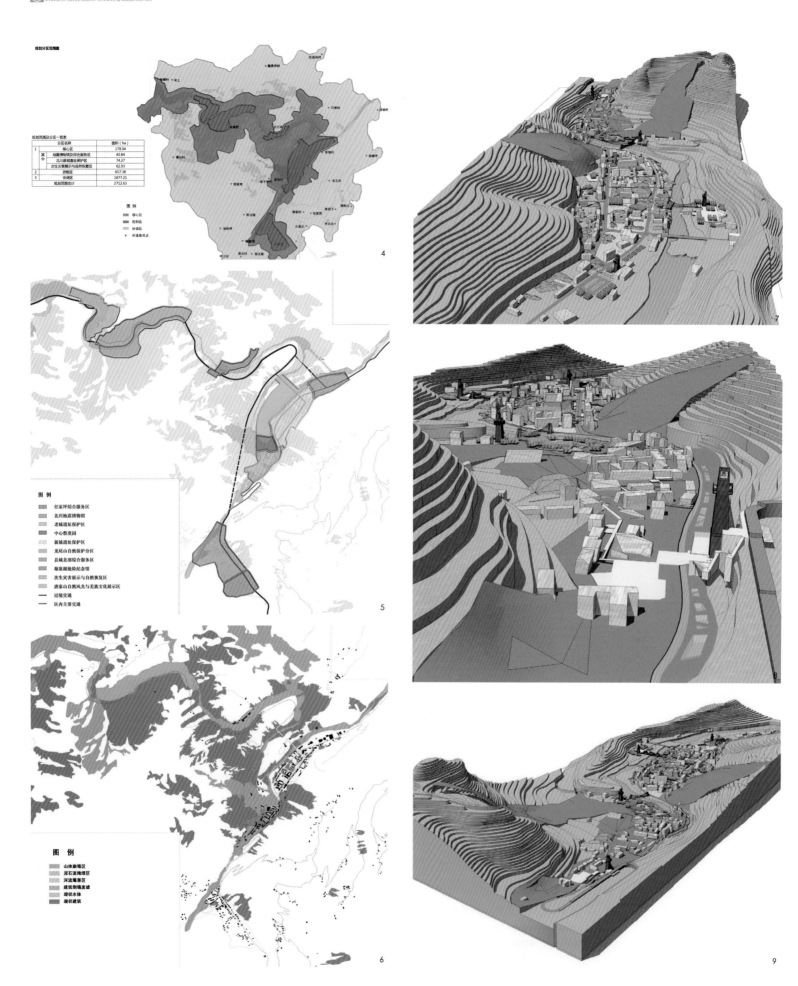

规划分区范围图

规划范围及分区一览表

	分区名称	面积（ha）
1	核心区	178.04
其中	地震博物馆及综合服务区	40.84
	北川县城遗址保护区	74.27
	次生灾害展示与自然恢复区	62.93
2	控制区	657.38
3	协调区	1877.21
	规划范围合计	2712.63

图例

▨ 核心区
▨ 控制区
▨ 协调区
• 村落居民点

4

图例

▨ 任家坪综合服务区
▨ 北川地震博物馆
▨ 老城遗址保护区
▨ 中心祭奠园
▨ 新城遗址保护区
▨ 龙尾山自然保护分区
▨ 县城北部综合服务区
▨ 凝聚湖抢险纪念馆
▨ 次生灾害展示与自然恢复区
▨ 唐家山自然风光与羌族文化展示区
— 过境交通
— 区内主要交通

5

图例

▨ 山体崩塌区
▨ 泥石流淹埋区
▨ 河流毁源区
▨ 建筑倒塌废墟
▨ 现状水体
▨ 现状建筑

6

7

8

9

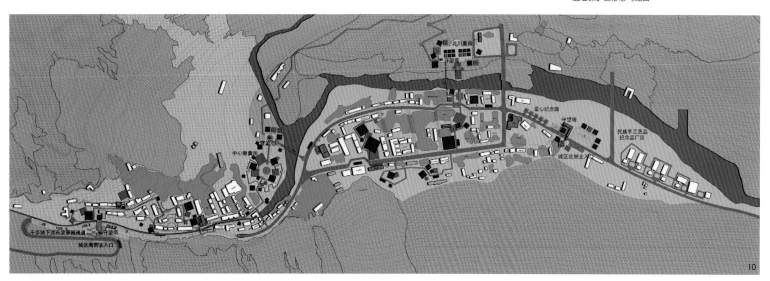

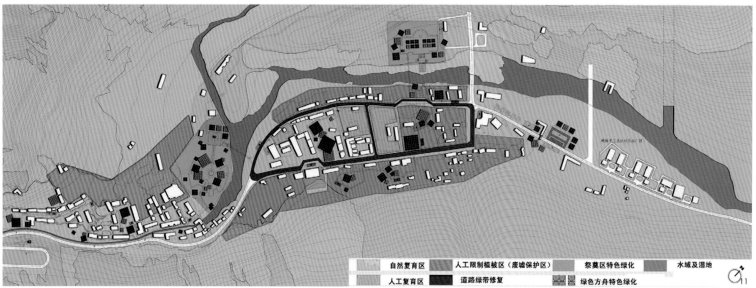

自然复育区　　　人工限制植被区（废墟保护区）　　　祭奠区特色绿化　　　水域及湿地

人工复育区　　　道路绿带修复　　　绿色方舟特色绿化

图例

滨河景观

泥石流景观遗址

重大伤亡遗址纪念景观

街道损毁展示景观

开敞空间绿化景观

老县城遗址景观

建筑倒塌废墟景观

山体滑坡破坏景观

都江堰"壹街区"综合商住区详细规划

Detailed Planning of Yijiequ Comprehensive Commercial-residential Quarter, Dujiangyan

项目负责人： 周俭
主要设计人员： 周俭 肖达 黄震 刘晓青 付朝伟 李伟 马荣军 姜宝源 陆晓蔚
规划用地规模： 1.14km²
完成时间： 2009年7月
获奖情况： 2009年度上海市优秀城乡规划设计奖一等奖 2009年度全国优秀城乡规划设计奖一等奖

一、规划背景

为满足都江堰地震灾后居民安置、城区重建的迫切需要，由都江堰市委、市政府提出双方共同建设一平方公里左右的综合商住区——"壹街区"。

都江堰灾后重建项目——"壹街区"是重建第一阶段中一个规模最大的综合性居民安置区，规划选址位于都江堰市二环路外侧、城市的东北部。

二、规划思路

以"引水建湖"营造环境、"引入项目"培育功能、"营造街区"创造活力和"扩展辐射"带动城市北片区整体发展为规划思路。使"壹街区"成为都江堰城市北片区的中心即市北片区重建与发展的引擎。

三、规划方法与特色

根据都江堰的特点，"壹街区"的空间结构规划将一般的居住小区分解成多个中小型住宅街坊，加大了路网密度，将居住区和居住小区转化为由小街坊组成的城市街区。同时将居住小区道路公共化，形成街坊道路系统；将居住小区绿地公共化，形成街头公共绿地系统。

规划延续地方城市空间和城市肌理的重要特征，多层居住建筑沿街布置形成围合型的住宅街坊，而将公共建筑和高层居住建筑布置在街坊或基地中间呈开放型布局，从而形成了连续的、附带底层商铺的住宅街道界面与非连续的、附带公共开敞空间的独立公共建筑和独立高层住宅群界面相互交错的城市街道空间特征。

规划保留了在地震中受损不大的7栋厂房建筑和一个烟囱、一座水塔进行加固再利用，在保护都江堰工业遗产的同时也为"壹街区"的发展赋予了历史的内涵。

基地中原有许多的村落林盘，规划最大可能地保留下部分林

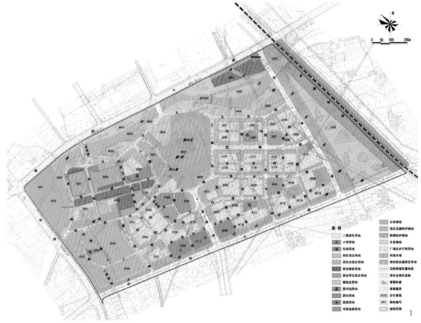

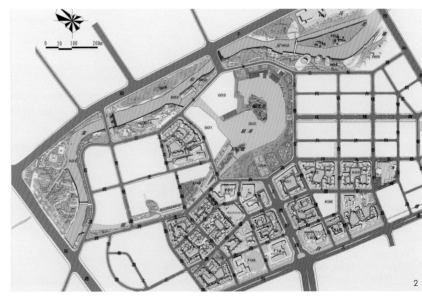

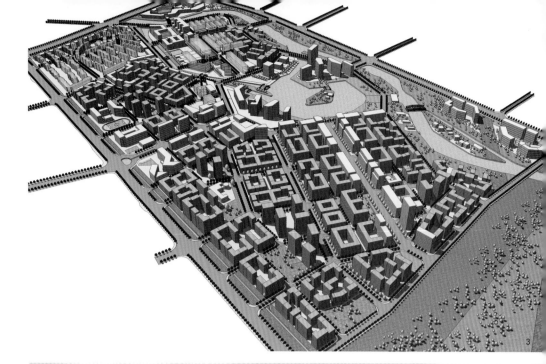

1.土地使用规划图
2."壹街区"一期修建性详细规划总平面图
3.城市设计鸟瞰
4-5.修建性详细规划鸟瞰

盘,将这些林盘转化为各类公共绿地。

新区活力的重要来源之一是街道生活。"壹街区"在规划控制层面设计了"点线组合"的沿街商住结构。

营造物质环境的多样性是"壹街区"成为都江堰城市次中心地段的重要组成部分。"壹街区"城市设计工作延伸到了建筑项目和建筑设计的组织环节,试图通过不同的建筑师同时在城市设计的引导下,共同营造出整个街区物质环境的多样性。根据城市设计方案,"壹街区"第一期工程的15个住宅街坊组织了8位建筑师,9个独立的公共建筑项目各安排了1位建筑师进行设计。所有设计共同遵守城市设计规定的建筑高度、建筑退界以及街道界面三大要求,最后由规划对所有建筑的外立面材料和色彩进行了统一调整,保证了整体有序下的个体多样性和识别性。

四、规划实施

"壹街区"综合商住区第一期工程(上海援建部分)于2010年8月10日基本建设完成。总用地面积77hm^2,总建筑面积33万m^2。

都江堰历史城区修建性详细规划及城市设计
Site Planning & Urban Design of Dujiangyan Historic City Area

编制单位：　上海同济城市规划设计研究院 都江堰市城乡规划院
项目负责人：　周珂
主要设计人员：　彭万忠 吴斐琼 岳凤楷 姜宝源 张云龙 杨 菲 邱 榕 廖 智 谢佳琦 杨燕瑜
编制时间：　2008年11月—2010年7月
获奖情况：　2009年度上海市优秀城乡规划设计奖二等奖（灾后重建规划）

一、规划背景

都江堰市"因水设堰，因堰兴城"，是举世闻名的世界文化遗产地。都江堰历史城区史为灌县县城，有着两千多年的深厚历史积淀，现状空间格局仍基本维持着民国年间的架构。2008年5月12日突发的汶川大地震造成懋功寺、文庙大成殿、奎星塔等区内大量历史建筑损毁，历史城区的保护、修复、重建工作迫在眉睫。

"都江堰历史城区修建性详细规划及城市设计"是"上海市对口支援都江堰市灾后恢复重建首批启动项目协议"中的实施项目之一，是在"都江堰市灾后重建总体规划"和"都江堰市主城区控制性详细规划"指导下，针对历史城区进行的兼具灾后重建指导和历史文化保护作用的特殊规划。

规划范围位于都江堰老城片区的核心部位，紧邻都江堰景区，总面积约0.93km²，震前以居住和商业用地为主，规划保留户籍人口约21,500人。

二、规划思路

1. 三个板块的规划框架

规划建立了包含现状研究、目标策略和规划实施等三个板块的框架。在对土地使用、地块建设、建筑使用、建筑灾损、建筑风貌评价、道路交通、绿化与公共空间等内容进行详尽调查的基础上，秉承"挖掘保护、同步复兴、人性交通、精致空间、尊重产权和公众参与"六大规划理念，依托历史复原、商业业态及拆迁重建政策的研究分析，确立了规划目标，进而制定了功能布局、空间形态和配套分析等指导实施的规划内容。

2. 互相推进的两大内容

规划包括修建性详细规划和城市设计两大内容，二者同时展开，在整个方案编制过程中相互推进，互为指导。城市设计更多的从空间角度提供策略，修建性详细规划则更为细致地在地块设计中推敲落实。双管齐下的规划内容确保了规划成果既具有整体美学效果，又有较强的实施操作性。

3. 贯彻始终的公众参与

规划从最初的现场调查到最终的规划实施，通过意见征询、访谈、方案下基层沟通、定稿规划公示等各种方式全过程地强化了公众参与在规划中的作用。在这一过程中，都江堰政府专门设立了历史城区"重建办"，负责和规划人员一起征询公众意见并做出反馈，尽可能地使规划被公众理解和接受。

4. 复兴式的保护规划

规划兼具灾后重建规划和历史城区保护规划的双重角色，承担了复兴城市历史文化核心区的关键任务。因此，"复兴式保护"是规划创作的一项主要原则——一方面尊重历史原真性，在历史复原的基础上编制规划设计方案，另一方面着力调整提升地区业态与功能，强调历史城区内在活力和外在物质空间的同步复兴，最终使都江堰历史城区得到真正意义上的保护振兴。

三、规划方法

规划方案的设计构思按照如下的步骤进行：

　(1) 通过现状调查整理出有多少可以用的空间；

　(2) 搜集史料，进行城区历史复原，寻找规划依据和设计题材；

　(3) 叠加现状和历史资料，绘制初步方案；

　(4) 根据政府、公众、开发单位的实际需要调整方案。

整个过程中有三大特点较为突出：

1. 滚动式推进

规划采用了"现场调查→方案编制→公众参与/政府决策→补充调查→方案修改→公众参与/政府决策……"的滚动式推进的工作流程。2008年11月～2010年7月，规划共经历了4个阶段的现场调查、近1年的公众意见征询、12次的政府沟通和汇报、3轮正式的方案调整。

2. 公众参与

除历次现场调查时的公众意见征询外，2009年3月16日～4月3日项目组和都江堰市政府工作人员共同下基层，就方案与市民沟通。这一公众意见征询和反馈的过程持续了近一年，直至2010年1月，在市民意见基础上，项目组再次开展现

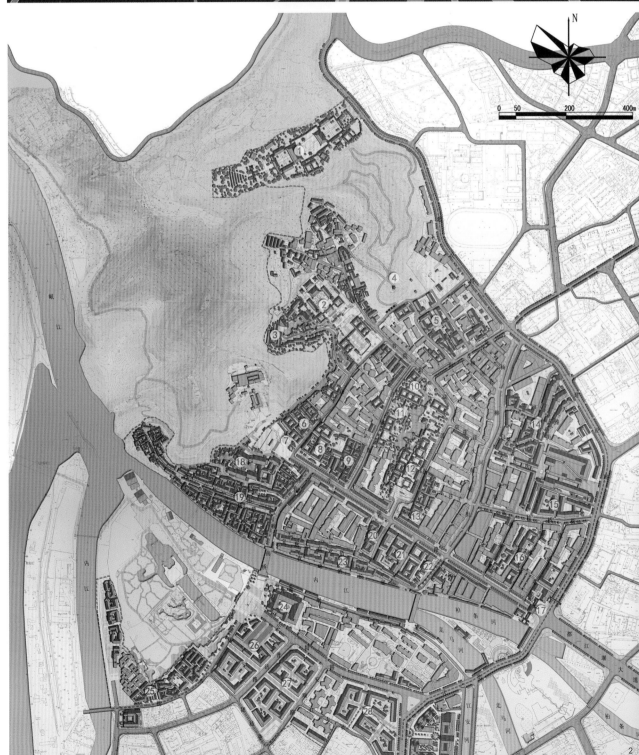

1.规划全景鸟瞰图
2.规划总平面图

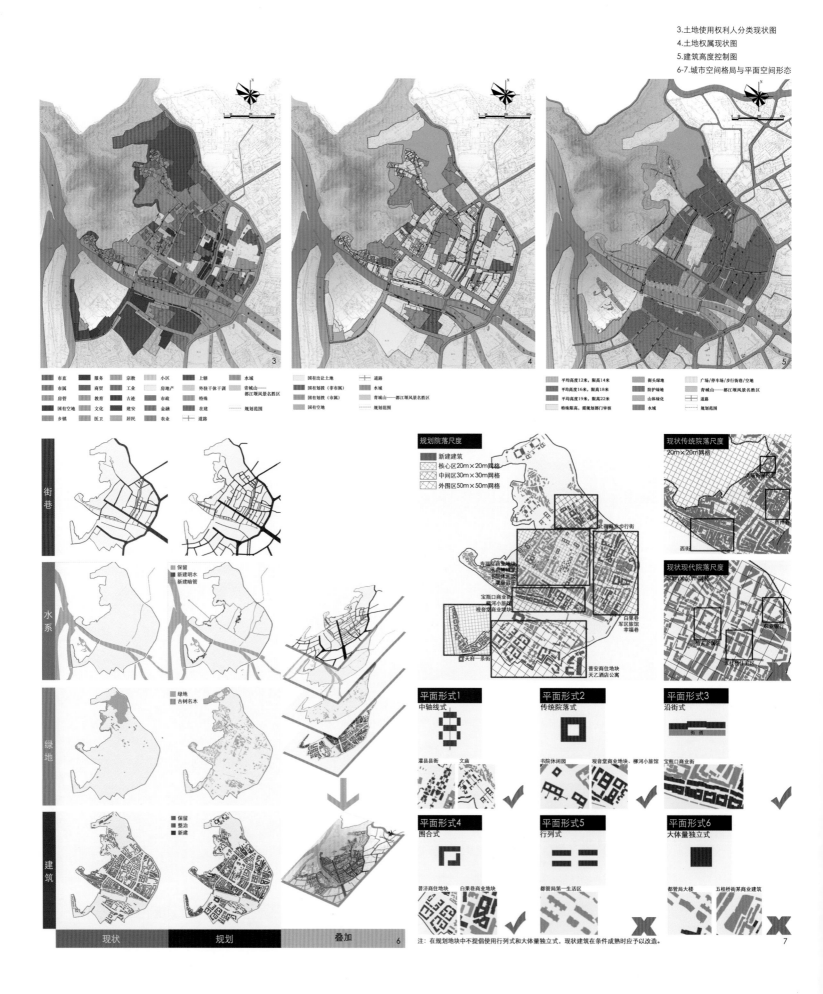

3.土地使用权利人分类现状图
4.土地权属现状图
5.建筑高度控制图
6-7.城市空间格局与平面空间形态

注：在规划地块中不提倡使用行列式和大体量独立式，现状建筑在条件成熟时应予以改造。

场补充调查和方案调整，同年3月编制出初步的定稿方案向规委会汇报。

3. 多方合作

由于灾后重建项目具有紧迫性并受到各方高度关注，规划的工作过程强调了政府、专家、开发商的多方参与，并由援建院和地方院两个设计团队共同合作完成。

四、规划内容

规划将历史城区定位为"以高品质生活居住和商业服务为主要职能、以水文化信仰和边贸文化为主要特征、以古堰景区旅游为主要依托的都江堰的高端文化展示、旅游集散和生活休闲中心"。

规划着重于历史遗迹的复原、水系骨架的重构、商业业态的提升及交通系统的优化——恢复灌县县衙和新建灌口公园以塑造公共文化中心；完善水网和滨水景观以强化水文化特色；形成三处复兴节点以带动城区整体振兴；构建四个商业组团以提升整个老城区的业态功能；改造、引导并行以优化老城道路景观和交通功能；最终形成"一心、二带、三点、四团、五区"的结构布局。

平面布局中规划采取城市设计手法，强化城市意象要素设计，着重剖析了历史城区的院落尺度与平面形式。通过市委、文庙、医院、彩印厂、北街小学等政府产权地块的用地性质调整，增加历史城区公共绿地、文化场馆、商业娱乐设施和旅游地标建筑，共计开展了包括"灌阳十景"中圣塔寺的恢复、文庙古建筑群的修复、台地式的北街商业步行街建设、寿福宫文庙街居民保护更新示范、贵州巷传统民居保护、原市委宾馆地块的功能置换和公园建设等各种类型在内的28个项目。并对风貌特征显著，保持着原有格局、建筑形式、色彩和材质，建筑构件较有特色，历史价值高，结构基本完好的建筑进行整体保留、原样整修；其余建筑针对保存完好程度分别采取局部改造、原样修复和按传统形式整治的措施。

同时，在城市总体空间形象和视线分析的基础上，采取"平均高度"与"限高"两级指标并行，适当划定"特殊限高"区的灵活性和严谨性兼具的建筑高度控制策略，使历史城区呈现"近山低、远山高"的城市竖向空间形态。

历史街巷改造是本规划的一项重点，规划制定了"一限双增、分流分时、停车入地、增加巷道"等四大改造策略。

（1）一限双增。目标：保持历史城区街道尺度，提升历史城区步行舒适度。手段：限制车行道宽度，局部路段缩减宽度；增加街道步行板块路幅，增加道路景观带。

（2）分流分时。目标：在不增加车行道路数量和宽度的基础上，保持甚至提升交通通达性。手段："对交通流向进行引导，设置单向交通道路和限制车行道路；区分车、步行交通时段，划分全天步行道路、分时步行道路（限时车行路段），灵活控制车辆，满足不同时间的交通需求。

（3）停车入地。目标：减少地面（路边）停车、保持古城风貌的同时满足现代机动交通的停车需求。手段：增加多个地下停车场，限制、禁止地面停车和路边停车。

（4）增加巷道。目标：增加地块可达性，增加步行趣味性。手段：梳理打通步行巷道，通过变化的步行空间（如过街楼、窄巷、院落、广场），丰富行人体验，强化老城韵味。

五、规划特色

1. 挖掘保护

规划紧扣"都江堰历史城区"的主题，深入挖掘历史文化资源，除精心保护和保存古建筑、古树名木、地方文化等各类物质与非物质历史文化遗产之外，还在历史考证的基础上，适当恢复或提示了建筑、街巷、水系、地名等在城市开发和地震灾害中损毁的历史地标和重要历史信息。

2. 同步复兴

规划强调"复兴式保护"，在采取传统保护、修复、整饬手段保护城区历史风貌的同时，积极调整优化城区的业态功能，通过城区内在活力的提升，达到有机保护、持续发展的目标。

3. 人性设计

规划着重历史韵味和设计细节的人性化，在路网设计、交通组织、绿化景观设计等各个方面都以"小而精"的适用性为指导，平衡现代生活需求和历史风貌保护要求。

4. 尊重产权

规划尊重现状产权，保障土地和建筑所有权者的权益，所有规划项目的确定均是建立在对产权细致调查的基础上。规划中充分尊重现状地籍线、尽可能地维护了地区住民的现状产权，有较大调整变动的建设性项目尽量集中在政府产权地块。

六、规划实施

整个规划于2010年7月正式完成。目前已有幸福路水景、宣化门和文庙历史复原、沿街建筑风貌改造等各类项目进入实施阶段，同时，南桥、文庙街和西街历史建筑修缮等多个项目业已完工。

其中，幸福路水景建设和沿街建筑风貌改造是历史街巷改造的核心地段和历史城区规划实施的带头项目。为增加步行舒适度、维持道路空间尺度，幸福路的车行道从15m缩减为7m，并以两种形式的青砖代替原有水泥路面。道路北侧增加了约2.5m宽的景观水系。道路两侧的大量梧桐树被完好地保留下来。同时，沿街建筑以屋顶形式、墙面纹理、门窗风格和风雨廊为重点，统一中富有变化地强化了城区历史风貌和地方文化特征。

河南省郑州绿博园修建性详细规划
Detailed Planning of Green EXPO Park,Zhengzhou,Henan

项目负责人： 周俭

主要设计人员： 钱峰 张海兰 刘晓青 李继军 倪春 梁洁 俞静 李瑞东 范艳群 韩胜发 付朝伟 陆晓蔚

规划用地规模： 196.55hm²

完成时间： 2009年7月

获奖情况： 2011年度上海市优秀城乡规划设计一等奖，2009年度上海同济城市规划设计研究院院内二等奖

一、规划背景

2009年6月郑州市绿化办公室在《第二届中国绿化博览会郑州绿博园方案优化与整合设计任务书》中明确：绿博园旨在集中展示我国和国际生态建设发展历程、成就以及先进技术，使游览者在寓教于乐之中贴近自然、感受生态，进而成为生态文明的倡导者、传播者。因此，园区规划与设计要立足生态、注重示范和带动、拓展休闲功能，同时利用中原独特的地理优势，突出中原地域特色，打造集大江南北风貌，展海内外绿化精粹，国内一流、创国际先进水平的生态主题公园。

二、规划构思

郑州绿博园规划设计立足生态性、注重示范性、拓展休闲性、彰显文化性和科技性，融入了绿色生命、绿色生活、绿色经济、绿色家园和绿色科技的理念，充分体现"让绿色融入我们的生活"的主题，倡导"生态文明"的理念，营造绿色生活的园区环境，体验绿色健康的生活方式。

三、主要内容

郑州绿博园总体规划结构为一轴、一湖、两入口、五展区。主要公共建筑为主展馆、综合服务中心、科普馆。园区总占地面积约196hm²。

园区内配套服务设施按照5万客流规模配置，总建筑面积4.8万m²。

会后将建设为城市郊野公园，会后主要展区和建筑得以保留，转变功能成为城市公共服务设施综合体。

四、创新与特色

（1）规划将绿博园建成一个体验"让绿色融入我们的生活"的整体展区；

（2）绿博园中运用最新的绿色科技，展示生态技术成果；

（3）绿博园中整体生态环境的营造；

（4）绿博园会后可持续的利用计划；

（5）规划中仿生手法的运用，贴合绿博园的主题；

（6）创新的建筑设计手法，体现结构与技术之美。

五、实施情况

2010年9月在郑州绿博园内圆满的召开了第二届中国绿化博览会。全国各省自治区直辖市、中直部门（系统）、计划单列市、全国绿化模范城市和港澳台、国际友好城市等参展建设的94个特色的精品园林景观，使郑州绿博园成为弘扬生态文明，倡导绿色生活，普及国土绿化知识的教育基地，成为老百姓回归自然、亲近自然，共享生态建设成果的主题生态公园，成为进一步增进全国及有关国家人民的传统友好合作和友谊的纽带。

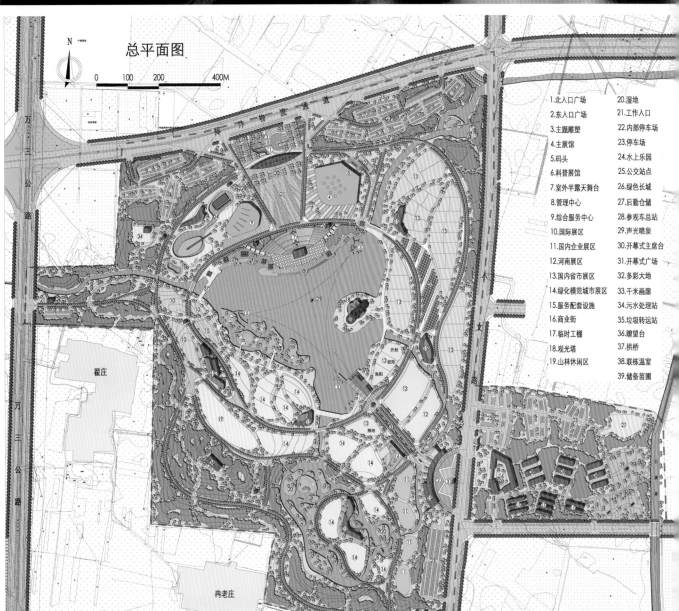

总平面图

0 100 200 400M

1.北入口广场　　　　20.湿地
2.东入口广场　　　　21.工作入口
3.主题雕塑　　　　　22.内部停车场
4.主展馆　　　　　　23.停车场
5.码头　　　　　　　24.水上乐园
6.科普展馆　　　　　25.公交站点
7.室外半露天舞台　　26.绿色长城
8.管理中心　　　　　27.后勤仓储
9.综合服务中心　　　28.参观车总站
10.国际展区　　　　　29.声光喷泉
11.国内企业展区　　　30.开幕式主席台
12.河南展区　　　　　31.开幕式广场
13.国内省市展区　　　32.多彩大地
14.绿化模范城市展区　33.千米画廊
15.服务配套设施　　　34.污水处理站
16.商业街　　　　　　35.垃圾转运站
17.临时工棚　　　　　36.瞭望台
18.观光塔　　　　　　37.拱桥
19.山林休闲区　　　　38.联栋温室
　　　　　　　　　　 39.储备苗圃

1.日景鸟瞰图
2.总平面图

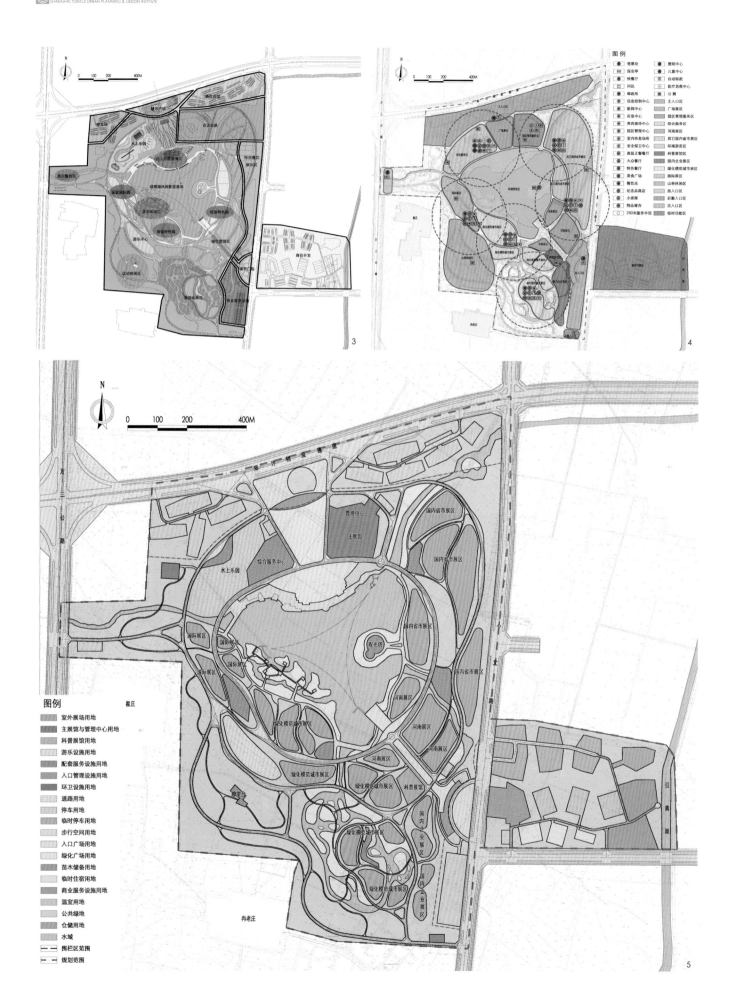

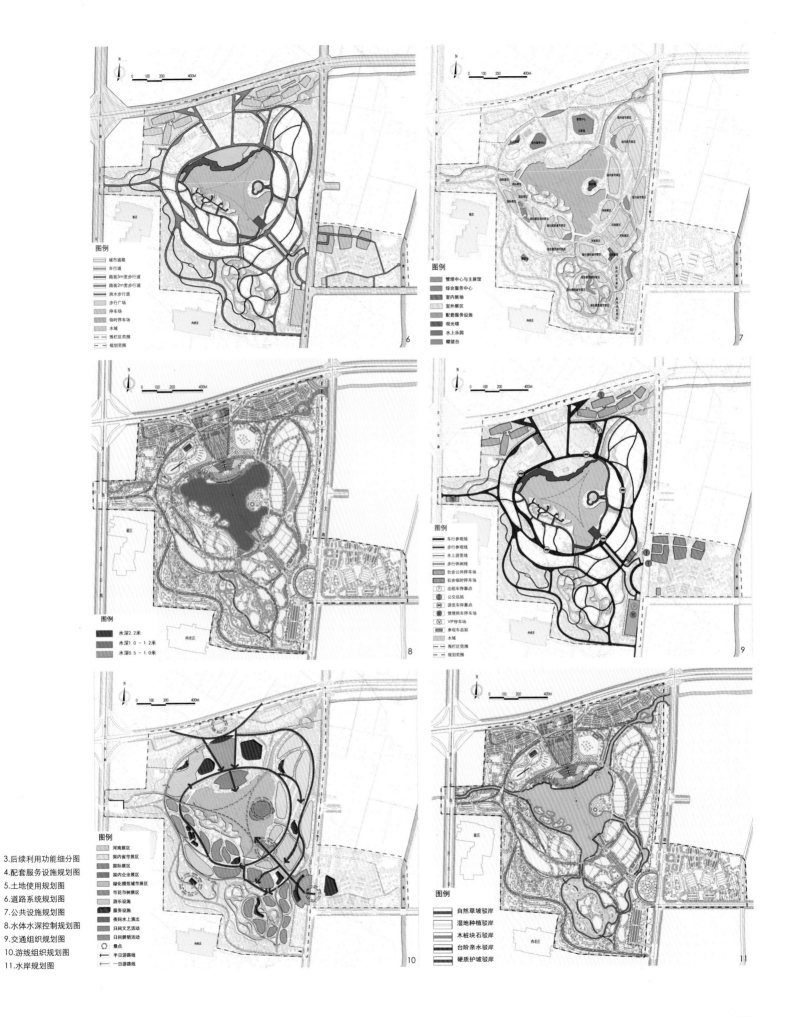

图例
城市道路
车行道
路面3m宽步行道
路面2m宽步行道
滨水步行道
步行广场
停车场
临时停车场
水域
围栏区范围
规划范围

6

图例
管理中心与主展馆
综合服务中心
室内展区
室外展区
配套服务设施
观光塔
水上乐园
瞭望台

7

图例
水深2.2米
水深1.0－1.2米
水深0.5－1.0米

8

图例
车行参观线
步行参观线
水上游览线
步行休闲线
社会公共停车场
社会临时停车场
出租汽车要点
公交总站
游览用车停车场
管理用车停车场
VIP停车场
参观车总站
水域
围栏区范围
规划范围

9

3.后续利用功能细分图
4.配套服务设施规划图
5.土地使用规划图
6.道路系统规划图
7.公共设施规划图
8.水体水深控制规划图
9.交通组织规划图
10.游线组织规划图
11.水岸规划图

图例
河南展区
国内省市展区
国际展区
国内企业展区
绿化模范城市展区
市花市树展区
娱乐设施
服务设施
夜间水上演出
日间文艺活动
日间展销活动
景点
半日游路线
一日游路线

10

图例
自然草坡驳岸
湿地种植驳岸
木桩块石驳岸
台阶亲水驳岸
硬质护坡驳岸

11

汶川县映秀镇中心镇区修建性详细规划
Detailed Planning of Central District of Yingxiu Town,Wenchuan

项目负责人： 周俭 夏南凯 肖达

主要设计人员： 黄震 关颖彬 李粲 赵新东 梁迪飘 谢持琳 胡健杰

合作单位： 东莞市城建规划设计院

规划用地规模： 72.08hm²

完成时间： 2009年9月

获奖情况： 2009年度四川省优秀城乡规划设计一等奖，2009年度上海市优秀城乡规划设计二等奖

一、规划背景

汶川"5·12"大地震中，映秀镇受损严重。生态环境总体受损严重，赖以生存的耕地遭到重创，村民就业和收入来源在地震中基本遭受损坏。

作为"5·12"汶川特大地震的震中，映秀的灾后重建受到党中央国务院、四川省委省政府、阿坝州州委的关注，党中央国务院、省委省政府、阿坝州州委的领导多次深入映秀，指导灾后恢复重建工作。

二、规划理念

通过将规划总目标和规划主题的分解，最终确定映秀镇的规划策略为："5·12汶川大地震"震中纪念地、防灾减灾示范区、旅游温情小镇。

三、规划结构

映秀镇中心镇区规划结构概括为：一心多点、三区八组团、轴廊贯通。

四、"5·12汶川大地震"震中纪念地

1. 震后遗迹纪念点分布

根据总体规划纪念体系要求，结合中心镇区内各震后遗址的纪念价值及保留情况，保留中心镇区内震后遗迹纪念点，即天崩石、桤木林地面断层遗址、中滩堡老镇区遗址、枫香树村遗址、漩口中学遗址和老213国道遗址。

2. 震后纪念地分布

中心镇区内震后纪念地包括地震纪念地、爱心路、河口纪念广场、温家宝会见潘基文纪念点、直升机停机坪纪念点、震中纪念广场（震中纪念碑）和抗震救灾感恩纪念墙。

五、防灾减灾示范区

1. 避震疏散模式

典型避震疏散场所系统主要包含：城市生命线设施，缓冲绿色地带，各类防灾公园、学校、医院、体育场、广场、停车场、绿色通道或内部防灾疏散干道，以及联系主要防灾公共空间的通道，以上各要素相互沟通联系，在空间上联系成网。

结合映秀镇区特征和规划要求，得到映秀镇区避震疏散场所系统模式。

2. 指挥工程

规划结合政府行政办公中心、中心卫生院、两江交汇的河口广场及学校等区域综合组织指挥工程。综合指挥中心设置在镇委镇政府行政办公大楼，主持日常普通灾害的防治工作；应急指挥中心设置在河口广场地下，主要针对重大灾害情况下的应急指挥和组织。

防灾据点：主要围绕河口广场及周边开放空间设置映秀镇的综合防灾据点。

3. 生命线工程

镇区特殊时期保持对外联系和沟通的生命线工程主要包括以下两类。

公路生命线：包括国道213线和新建的都汶高速公路，为中心镇区提供南北双出入口，灾时它们将作为保持镇区对外联系、物资运输、交通组织的骨干信道。

空中生命线：结合映秀小学的运动场，保留和设置直升机停机坪2个，作为紧急空中救援的平台，在紧急情况发生时，救援直升机可从都江堰起飞，沿岷江峡谷抵达映秀镇，并保证提供安全的着陆场地。

4. 防灾分区

根据灾时受灾区域的地域特征和镇区的应急交通组织，将镇区用地划分为6个防灾分区。各分区按照服务半径和应急疏散要求，分别组织紧急避难场所和疏散通道，同时与指挥中心、生命线工程保持联系通畅。

5. 新技术、新材料、新设备、新工艺

（1）建筑隔震橡胶支座，耗能支撑。

（2）抗震砖混结构、抗震框架结构、钢框架结构、钢网架、轻钢门式钢架、低层木结构、低层轻钢结构。

（3）采用轻质高强新墙材料，如钢结构、轻质墙体与楼盖。

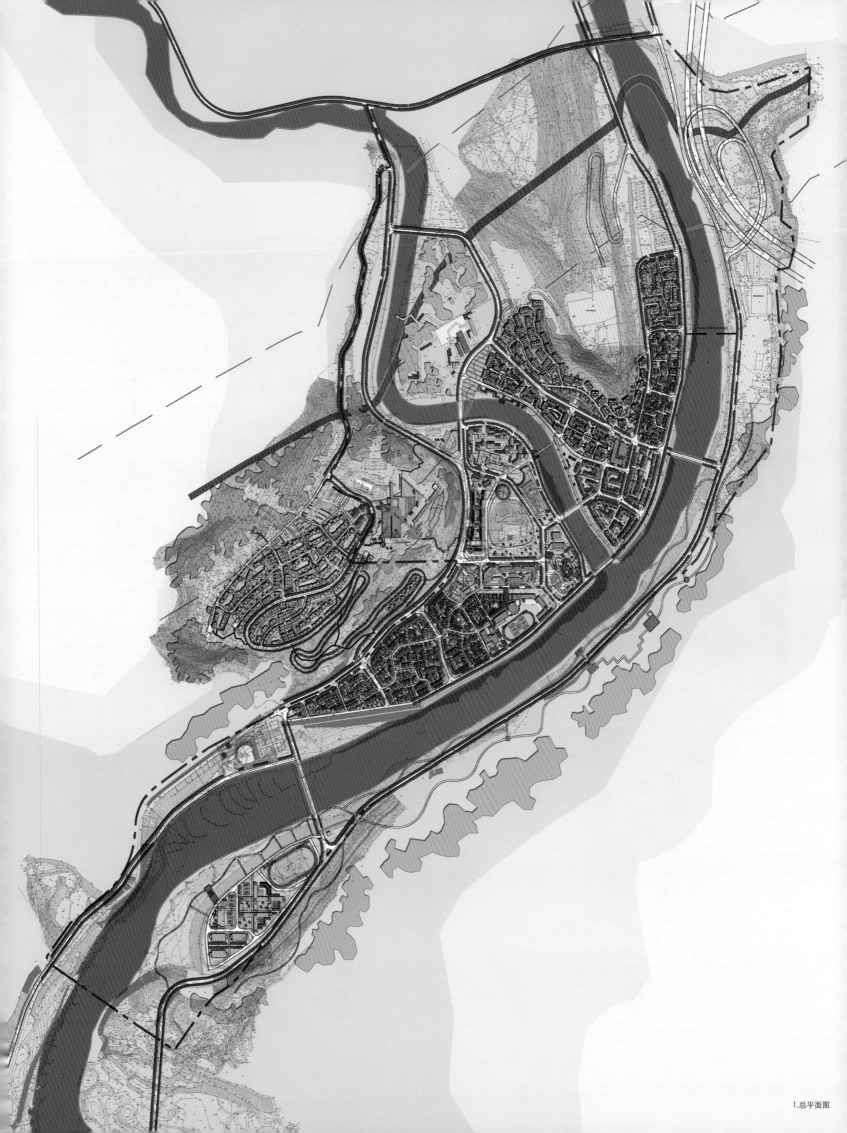

1.总平面图

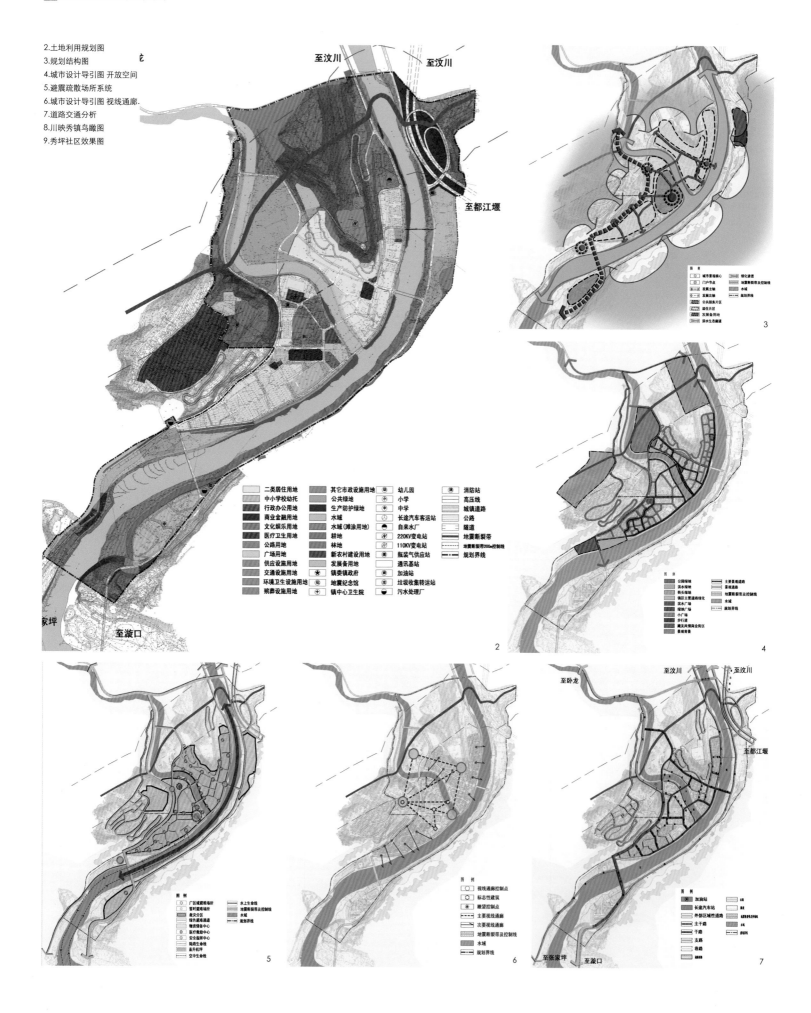

至汶川

至汶川

它

至都江堰

家坪

至漩口

2

3

4

至卧龙

至汶川

至汶川

至都江堰

5

6

至张家坪

至漩口

7

8

荣鞍飞东下
白云似絮
翻空点翠空
真莞帕七方
芳森自互腾兵垂
陽路塵
甲申書卷沁檢書

9

10.映秀小学鸟瞰图
11.幼儿园效果图
12.地震纪念地效果图

六、旅游温情小镇

1. 旅游服务社区

大型服务社区：映秀镇镇区（综合性服务基地）；小型服务社区：渔子溪上坪（分散在各农家院落内，规模略小，至少具备住宿、餐饮、日用品零售三大功能）。

服务网点：分布在各组团游客量比较集中的区域，主要功能是为游客提供午餐和休息场所。

本次修建性详细规划结束后，映秀镇政府按照详规中对映秀镇区风貌的要求，邀请国内外著名建筑大师、抗震设防专家贝聿铭、吴良镛、保罗·安德鲁、何镜堂、周福霖、郑时龄等参与映秀镇中心镇区内建筑、抗震设防的设计工作。

2. 绿地景观规划

渔子溪、岷江及外围山体作为规划区的生态绿化基础，规划通过景观轴线与廊道强化镇区内部景观空间与其相互渗透、相互交融的关系。

3. 城市设计导引

重点塑造小镇风情，打造尺度宜人的街巷系统。

映秀镇中心镇区景观结构包含片区、轴廊和节点三种核心要素。

根据各片区内部的功能性质和自然景观特质，将映秀中心镇区划分为公共建筑风貌片区、滨水居住风貌片区、滨水商住风貌片区和山地居住风貌片区，使整体景观风貌呈现多样化、多层次的特色；景观轴线包括以213国道为基础的国道景观轴线和规划区内部主要道路为基础的内部景观轴线两个层次，滨水生态廊道指岷江北岸和渔子溪两岸的连续开放空间；以岷江和渔子溪交汇处的河口纪念广场作为城市景观核心，在岷江一桥和岷江三桥中心镇区入口处、213国道的渔子溪路中心镇区入口处分别设置3处门户节点，同时在主要景观轴、廊的交汇处设置13处景观节点。景观核心、门户节点和景观节点均以景观轴廊相串接，联合风貌片区共同组成多元互动的映秀中心镇区景观结构体系。

标志性建（构）筑物通常是城市景观核心和景观节点的有效载体和独特表征。本次规划确定了3处标志性建（构）筑物，包括位于渔子溪上坪的地震纪念地、位于原漩口中学遗址的抗震减灾国际学术交流中心、位于渔子溪上的廊桥以及映秀小学（含直升机坪）。

4. 居住街区

中心镇区居住用地划分为中滩堡村安置组团、枫香树村安置组团、集镇居民安置组团、安居房组团，还包括渔子溪村的新农村建设。

滨水居住风貌片区在风貌上宜以川西民居建筑风格为主体，辅以羌、藏民族风格元素或符号，营造舒适宜人的空间尺度。

滨水商住风貌片区在风貌上宜以川西风格为主体，营造富有民俗和地域特色的商业氛围。

山地居住风貌片区在风貌上宜以羌族风貌为主体，结合地形设计打造风味浓郁、极富个性的山地羌寨住区。

5. 公共设施规划

行政办公用地与文化活动中心结合河口纪念广场布置在渔子溪与岷江交汇处；地震纪念地设置在渔子溪上坪，抗震减灾国际学术交流中心结合漩口中学遗址联合布置；医疗卫生设施用地设置在渔子溪西路和文化路交汇处；市场用地设置在中滩堡大道和二台山路交汇处；独立设置的商业设施用地集中在映秀大道沿线和河口纪念广场周边。

公共建筑风貌片区以现代建筑风貌为主，以传统元素点缀，营造人性化空间尺度，体现新映秀的镇区面貌和特色。

七、规划特色

1. 与上下位规划的衔接。

在《汶川县地震恢复重建城镇体系规划纲要》的基础上，我院与东莞市城建规划设计院共同编制《映秀镇灾后恢复重建总体规划》。使总体规划和修建性详细规划形成互补的关系，规划的可实施性更强。

本次修建性详细规划结束后，映秀镇政府按照详规中对映秀镇区风貌的要求，邀请国内外著名建筑大师、抗震设防专家参与映秀镇中心镇区内建筑、抗震设防的设计工作，在设计过程中由规划团队进行全程指导。

在建筑设计的基础上，映秀镇政府按照详规中对镇区风貌方面的要求，邀请景观设计单位对全镇区进行了景观设计，在景观设计的过程中按照修建性详细规划的风貌要求对景观设计提出设计要求，对景观设计成果进行审查。

2. 有效的指导规划的实施，以达到较高的实施效果。

在本次规划结束后，映秀镇政府按照详规中对地块控制要求和指标，委托相关单位进行建筑设计和市政道路管线等设计，在设计过程中我们全程进行指导。

设计根据修建性详细规划出具项目设计任务书，并且参与项目设计方案的讨论，指导设计并接受反馈意见，最终形成项目设计成果。

作为规划设计方，参与项目的评审，最终协助设计单位完成专项设计的调整。从而实现从修建性详细规划到具体项目设计的全程跟踪指导。

汶川县映秀镇中心镇区综合规划设计·景观设计

Comprehensive Planning & Landscape Design of Yingxiu Town Center, Wenchuan

项目负责人： 周俭 高崎

主要设计人员： 肖达 邓国基 章琴 赵玮 吴晓革 钱卓炜 林峻宁 何强 徐抖 韩旦晨 陆地 姜兰英

编制时间： 2010年10月—2010年11月

获奖情况： 2009年度上海市优秀城乡规划设计奖三等奖

1.景观规划引导图
2.街区一透视图
3.街区景观风貌示意图
4.一号地块平面图

一、规划意义

映秀镇的灾后重建规划是在原址基础上进行重建。映秀镇中心镇区综合规划设计•景观设计主要是通过对街区的道路形式、风貌色彩、防灾设计、院落空间、广场、小品、雕塑、灯具等要素的引导控制来实现中心镇区生活空间的重构与景观的重塑，并且对下一步景观施工图设计提供指导。

二、方案特色

本规划的特色是以城市景观、景观原理及方法进行小镇的总体风貌环境规划与设计，强化川西小镇风貌、生态环境、抗震科技示范、抗灾防灾规划实施、公共活动空间布置，从而提炼川西小镇的田园风光特色，着重挖掘与探索在山川环绕的地形环境及特殊气候条件下汉民族生存、生活的空间环境特色和现代化发展，同时也充分反映了处于多民族的文化生活环境中的交流与互融特色。

规划在空间布局上沿岷江及渔子溪打造两条展示长廊，即自然人文展示长廊、时空展示长廊。沿主要开放空间打造五条轴线：山水展望轴、旅游展示轴、街巷活动展示轴、带状景观大道及石轴。并通过对道路交通、防灾系统、商业服务设施、绿地景观、遗址纪念、旅游设施及抗震科技示范等综合因素的研究对景观规划进行引导。

在功能综合布局上，注重防灾减灾，提升公共服务设施的建筑质量，成为重要的防灾减灾庇护所。加强和谐统一，增强功能的复合化，体现社区生产与生活的和谐统一。突出展现当地山青水秀的风景旅游之乡特色,体现藏羌民俗风情。

组团公共开放空间规划上充分考虑了可建设用地紧张及缺少大块公共活动空间的局限性，提出以院落、街、巷、场、田园、村口模拟，周边的山川为小镇的自然绿色生态源泉，着重建立公共活动空间体系，就近便利地布置各类生活休闲活动与体育健身场地，增加居民休闲对话的院落空间，满足川西居民的特殊的生活需求。

规划在色彩上采用的主色为汉白，辅助色为灰土色、当地自然石色、深灰色、木色。山峦环境中的"汉白"，其出发点是气候、自然环境、规划的特色体现（反映川西小镇的特色及多民族融合的汇合点）、空间的局限（规划强调整体与和谐）。

在设计方法上主要体现"以人为本"，体现便捷、使用方便、多点、复合的功能特征。

在景观材料及施工技术的运用上，大量运用了本土的材料（包括当地石材、山溪卵石、竹木材料、乡土树种、经济果林、田园绿色作物，透水建材（透水砖、透水沥青）等。

三、景观控制重点

为了使规划更具有可操作性，对具体的5个街区从道路形式、风貌色彩、防

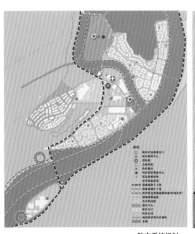

防灾系统规划

道路交通分析

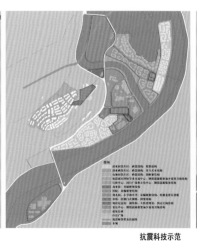

抗震科技示范

绿地景观规划1

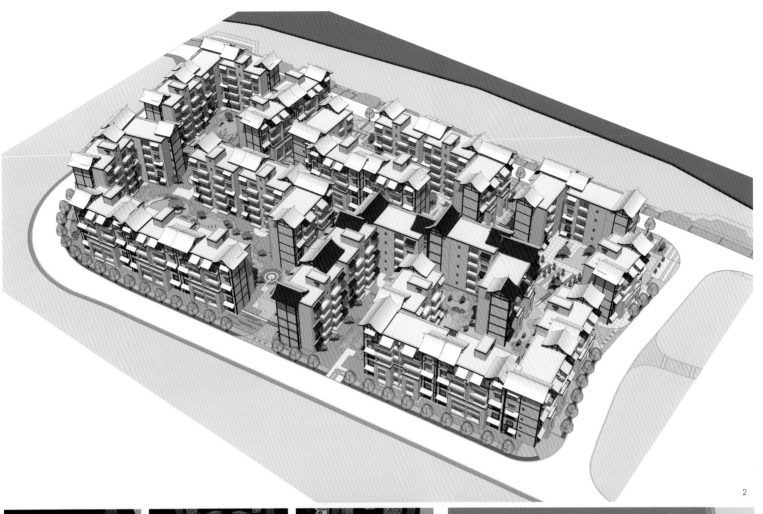

2

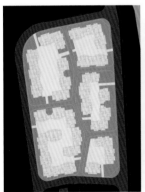

街区一

街区二

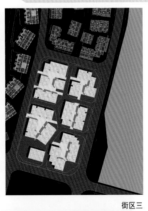

街区三

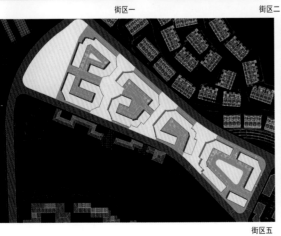

街区五

街区六 3

4

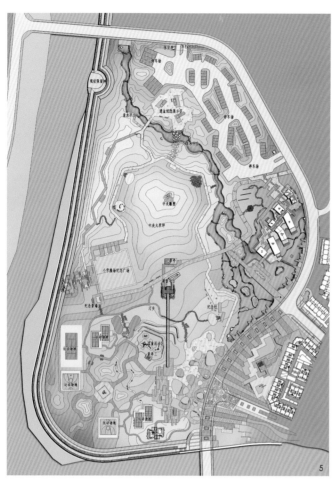

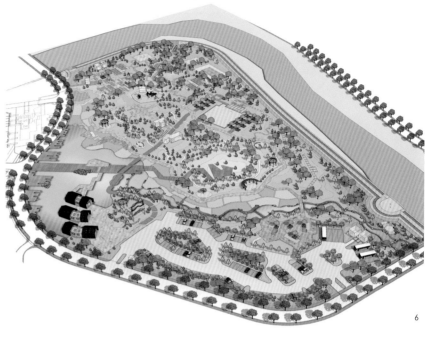

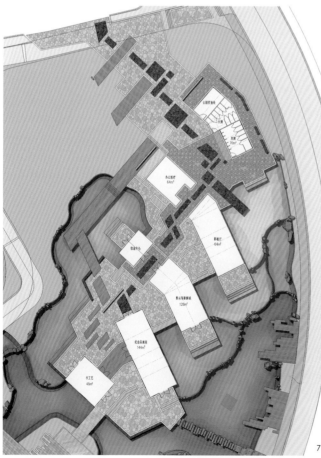

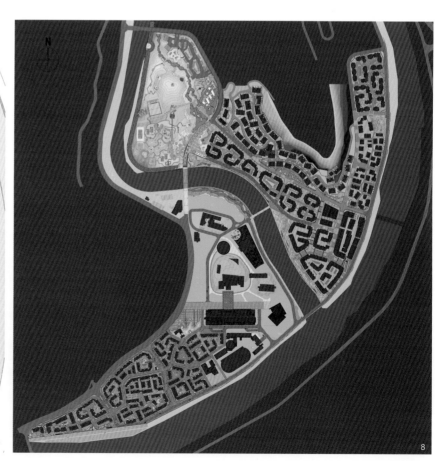

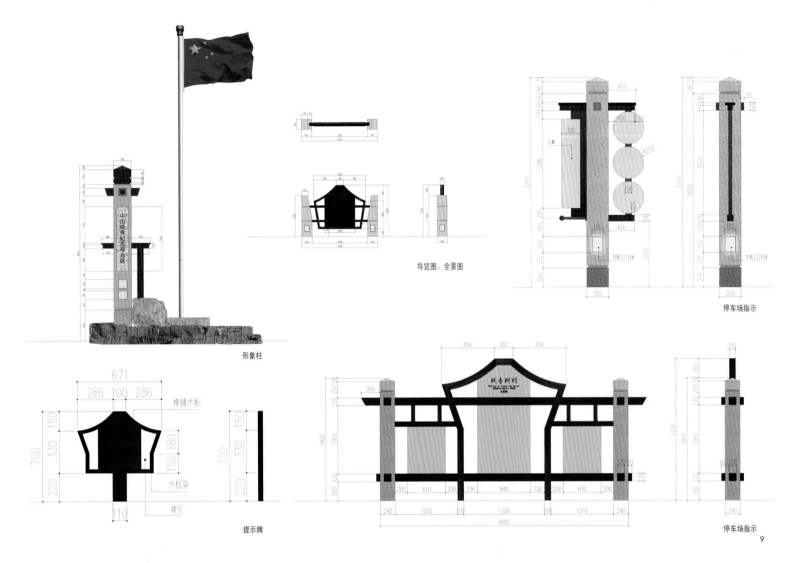

形象柱

导览图、全景图

停车场指示

提示牌

停车场指示

9

灾设计、院落空间、广场、小品、雕塑、灯具等方面对景观规划进行引导。

重点考虑防灾设计，设置紧急避震疏散场所，提供附近居民临时避震疏散与集合转移的过渡性场地。服务半径控制在500m左右，设置多个进出口，便于人员和车辆进出。并在紧急避震疏散场所附近的道路设置各类标识牌或道路铺装标识，引导人流疏散方向。

院落空间是当地居民、旅游者休憩、交流、体验的重要场所,规划注重院落空间的自然性、功能性、景观性，突出多样的景观层次和休闲功能，营造出生态、亲切、和谐的氛围。院落空间的设计根据尺度的不同而采用自然式和规则式两种手法，以小尺度空间体现"自然中见人工"，以大尺度空间体现"人工中见自然"。

石文化是当地文化的重要标志，规划通过人工结合自然的手法体现人对自然的再创造。街区的地景石文化以多样的形态突出艺术性与文化性，创造能充分体现映秀自然景观特色的人工化景观。素材的来源注重因地取材，景观石可饰以不同颜色，形成景观小品，也可碎石散铺，形成自然生态的步游小径，或是用以营造挡土墙、堤岸等，体现功能形态的完美统一，突出艺术性与文化性的结合。

通过广场打造景观、游憩、避难三位一体的公共开放空间。根据道路广场、公共广场、绿地广场的不同组合，形成丰富的空间景观层次。材质的不同也可营造不同的风貌，并在广场上布置各种景观小品、绿化、坐凳等设施，成为人们游憩集会的空间。与此同时，广场还应结合防灾规划，起到突发情况下公共避难空间的作用。

景观小品突出休憩功能、导向功能与人文性。不仅要彰显映秀人文内涵和底蕴，突出对于汶川大地震的纪念，体现出一种人文关怀，同时，也要具备一定的功能性，为当地居民、旅游者提供休憩、游览便利，成为映秀中心镇区公共服务设施体系中的有机构成。

雕塑突出主题意义与纪念性。作为一种非物质文化的物质体现，可以就地取材，以不同的形态展现不同的主题，强调抗震救灾精神的光大、地方文化的传承，赋予雕塑更多的文化内涵。

灯具突出环境协调与节能性。结合整体景观进行塑造，强调功能性与节能性，同时在灯具造型的设计上、灯光色彩的运用上能够体现映秀的本土特色。特别要结合导引系统、安全防护设施，赋予灯具更多的功能性。

本规划期望通过对映秀镇总体景观特色的控制，体现川西小镇的田园风光特色，实现城镇化、防灾、产业、文化、生态五大领域创造性的结合与复兴。

5.遗址公园总平面图
6.遗址公园鸟瞰图
7.游客中心总平面图
8.映秀镇总平面图
9.标识标牌系统设计图

南京农副产品物流配送中心详细规划设计
Detailed Planning for Logistics Distribution Center of Agricultural Product,Nanjing

项目负责人： 匡晓明

主要设计人员： 刘文波 张运新 朱弋宇 陈熠旻 潘镜超

规划用地规模： 210hm²

完成时间· 2009年

获奖情况： 2011年度上海市优秀规划设计二等奖

南京农副产品物流配送中心(以下简称"配送中心")是江苏省、南京市"菜篮子工程"重点项目。中心选址于江宁区上坊组团。该区域具有交通便利、环境良好、空间开阔等较好的建设条件。南京农副产品物流配送中心是按照现代农产品物流发展模式规划建设的。配送中心作为南京市政府2006年重点项目之一,其规划目标为:以南京为轴心,直接辐射半径300km,建设南京最大、华东一流、全国有影响、运作高效、管理规范、产品安全、业态先进、面向中国东部跨区域、现代化、特大型的农副产品物流配送中心。

配送中心以加工、配送、仓储等功能为基本功能,以管理、信息、咨询、商务、商业、展示为辅助功能,通过政府引导,将农副产品交易在空间上集中,发挥集聚效益、规模效应,通过第三方物流企业发展现代物流,并逐步拓展物流研发能力,培育更加先进的物流方式,形成现代物流集聚、综合服务提升、多元复合互动的功能构成体系;提供优质服务、发展现代物流,打造"T"形综合服务带+环湖商务管理功能核;凸现山水景观优势、塑造园区景观特色,规划绿意环拥、山水交融、点轴布局、系统有致的景观结构;规划加强区内外交通联系,依托东麒路、绕越公路、纬七路及南侧万泰路形成外围快速交通环线。同时,区内规划三横三纵主干道,并组织外围环状货运交通辅道和内部客运环路,形成便捷高效、系内达外的干道系统。

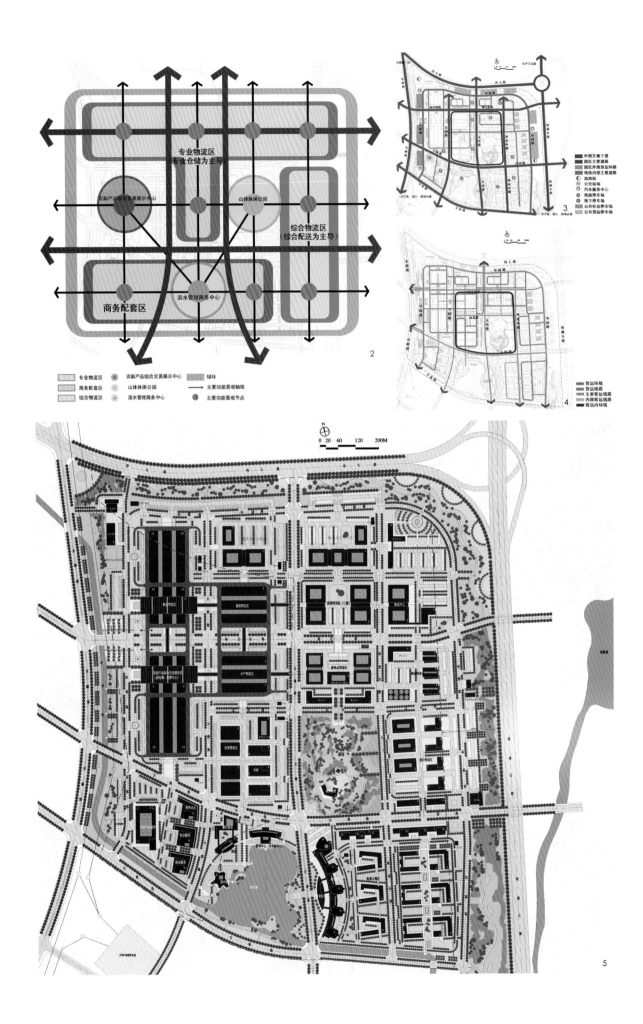

专业物流区
（专业仓储为主导）

农副产品综合交易展示中心

山体休闲公园

综合物流区
（综合配送为主导）

滨水管理商务中心

商务配套区

2

专业物流区	农副产品综合交易展示中心	绿环
商务配套区	山体休闲公园	主要功能景观轴线
综合物流区	滨水管理商务中心	主要功能景观节点

3

4

5

1.整体鸟瞰图
2.规划结构图
3.道路交通系统规划图
4.交通组织分析图
5.总平面图

杭州农副产品交易中心方案设计
Hangzhou Agricultural Trade Center Design

项目负责人： 汤宇卿 韩勇
主要设计人员： 王新平 周炳宇 路建普 许抒晔 吴德敏 左苏华 邢益斌 董贞志 郑宝安 王峰
规划用地规模： 257hm²
完成时间： 2005年11月
获奖情况： 2011年度上海市优秀城乡规划设计二等奖

一、项目背景

杭州市政府决定在余杭勾庄兴建新的农副产品交易中心，规划总用地面积402.9hm²，规划建设用地257hm²。2004年10月，杭州农副产品物流中心管委会委托我院进行本项目规划设计。

二、空间布局规划

规划结构为"一心一轴一带五区"：

一心：位于全区核心，融展示、信息、商务和服务功能于一体；一轴：依托农兴路形成空间主轴线；一带：北侧沿绕城高速公路规划200~400m的绿带；五区：整个交易中心划分为粮食交易区、公共服务区、产品交易区、居住安置区、仓储加工区五个功能区。商业、办公、住宿等功能集中布局在农兴路商业街和公共服务中心，其它路段不设置沿街商业。

引入模块化布局理念，将交易中心诸多功能归并至五个功能区，各区相对独立，并通过道路、绿化、信息系统有机联系。

三、交通系统规划

道路交通：在交易中心东部临京杭大运河处布置专用货运码头和铁路专用站，形成水铁联运枢纽。依托勾陈路、巨州路，构建四横六纵的道路网络。储运路、新兴路、勾陈路、彩虹西路组成交易中心主要货运环路。农兴路规划为客运道路，打造为商业街。

交通设施：采用集中与分散相结合的停车方式，集中的公共停车场布置3处，分散停车位布置在各功能区内部，部分区块设置屋顶停车。交易中心内部设置两处公共加油站，1处汽车维修站，2处公交始末站。

交通影响评价：交易中心交通流量由货运交通、就业人员上下班通勤交通、进场购货人员交通三部分组成。对路段、对外出入口进行适应性评价、对公交场站及停车设施进行规模论证，结果表明交通供给大于交通需求。

四、景观风貌规划

由景观轴线、绿化广场、标志性建筑物及开放空间构成总体空间景观框架。强调空间的引导性。农兴路、打石漾路中间规划环岛和雕塑，形成地区标志；重视立面设计，针对客、货运界面营造不同空间效果；突出绿化环境建设，组织多条生态廊道贯穿交易中心。

五、项目创新与特色

(1) 体现交易规模化发展趋势；
(2) 实现交易空间的信息化；
(3) 确保交易空间的食品安全；
(4) 实现冷链的一体化建设；
(5) 实现规划和管理的整合。

六、实施情况

2005年11月，杭州市余杭区建设局批复同意规划成果。2006年5月29日，交易中心正式开始建设。2008年4月28日交易中心部分建成投入运营。2009年底，建成交易和农产品加工、仓储配送、公共配套等区域，总投资已达40亿元，年进出量达480万吨，年交易额将突破200亿元，位居华东地区第一。

1.整体鸟瞰图
2-4.小鸟瞰图

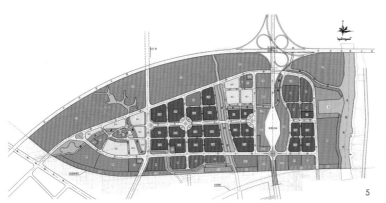

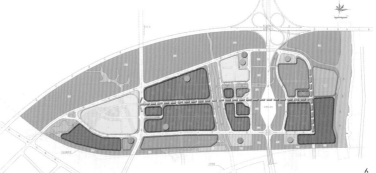

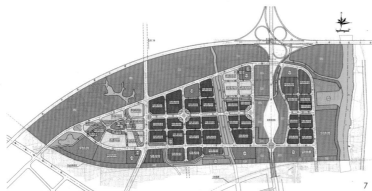

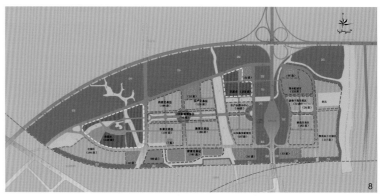

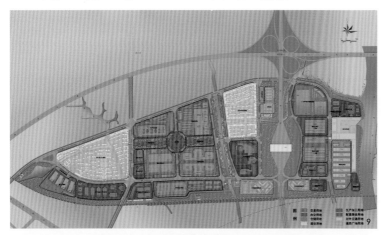

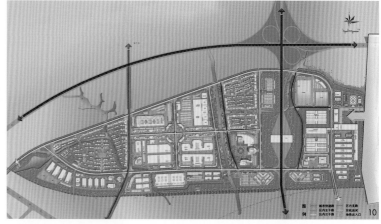

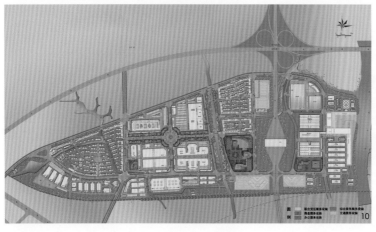

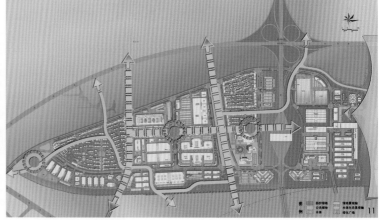

12

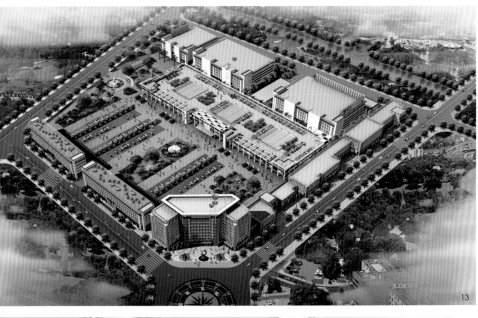

13

15

14

16

四川广元昭化古镇修建性详细规划

Detailed Planning of Zhaohua Historic Town in Guangyuan,Sichuan

项目负责人： 阮仪三

主要设计人员： 阮仪三 林林 顾晓伟 袁菲 柴伟中 马冬峰 李栋

规划用地规模： 20hm²

完成时间： 2007年3月

获奖情况： 2009年度四川省优秀城乡规划设计三等奖，2008年度上海同济城市规划设计研究院院内三等奖

一、项目概况

昭化古镇地处四川省广元市元坝区，距成都270km，古镇面积约为20hm²，人口3468人。昭化，古称葭萌。三国时期，刘备以昭化为根据地，建立蜀汉政权，被称为"巴蜀第一县，蜀国第二都"。昭化古城完整的保存了金牛古驿道、天雄关古关隘、明代古城墙、三国大将军费祎墓等众多历史文化遗存，突出体现了三国蜀汉文化的丰富内涵。

2007年编制完成古镇保护修建性详细规划后，在元坝区政府的直接领导下，严格遵守并积极实施了保护规划，先后完成了古镇保护修复的两期工程。其中一期保护工程主要包括城墙城楼的修缮修复、全部街巷两侧传统民居的保护整治、市政管线的入地，二期保护工程主要包括县衙、文庙、费公祠等文物古迹的修缮修复。

修建性详细规划及其实施工程不仅全面恢复了古镇历史风貌，更在2008年汶川大地震中起到保护古镇居民生命和财产安全的作用。"5·12"大地震中昭化虽然地处汶川地震带区域内，但是在地震前保护工程中得以及时保护整治的建筑，凭借木结构的良好抗震性能，在地震中都经受住了考验。大震之后昭化古镇内无一人受灾死亡，古镇为居民提供了最大庇护。2009年昭化古镇被评为第四批中国历史文化名镇。

二、规划特点

昭化古镇修建性详细规划的目标是全面保护修复古镇历史风貌与环境，重点在传统街巷的街景整治，文物古迹的保护修缮与修复，重要空间节点的整治设计。规划的特点在于：

（1）坚持保护古镇历史风貌的完整性，为古镇内所有建筑制定了保护与整治的分类措施，包括对文物古迹、历史建筑的保护修缮，对与风貌有冲突建筑的整治改造等。

（2）坚持保护历史遗存的原真性，为实施工程确定了"修旧如故、以存其真"的修缮原则，无论是对文物古迹，还是传统民居，都用传统的原材料、原工艺、原结构，以最大程度的保护其有价值的历史信息。

（3）坚持保护古镇社会生活的延续性，市政管线的入地、沿街建筑立面整治等项目都极大改善了居民生活条件，规划保留的大部分商业都是为古镇居民服务，规划确定的新区为地震后民居的及时安置提供了充足用地。

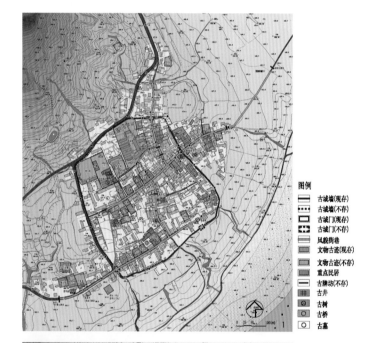

图例
古城墙(现存)
古城墙(不存)
古城门(现存)
古城门(不存)
风貌街巷
文物古迹(现存)
文物古迹(不存)
重点民居
古牌坊(不存)
古井
古树
古桥
古墓

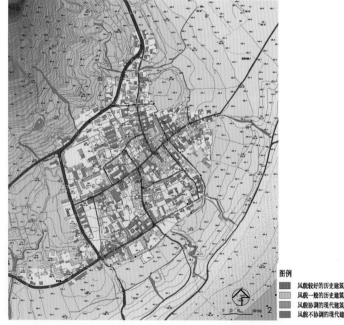

图例
风貌较好的历史建筑
风貌一般的历史建筑
风貌协调的现代建筑
风貌不协调的现代建筑

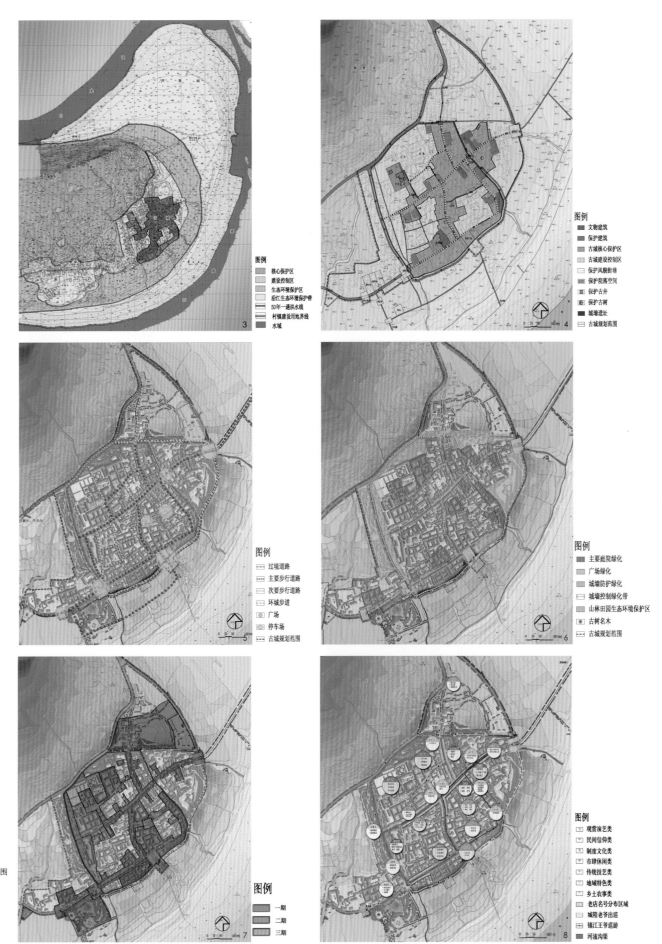

图例
■ 核心保护区
▨ 建设控制区
░ 生态环境保护区
▨ 沿江生态环境保护带
▭ 50年一遇洪水线
▨ 村镇建设用地界线
■ 水域

3

图例
■ 文物建筑
■ 保护建筑
▨ 古城核心保护区
░ 古城建设控制区
░ 保护风貌街巷
▭ 保护院落空间
▭ 保护古井
◎ 保护古树
■ 城墙遗址
▭ 古城规划范围

4

图例
▭ 过境道路
▭ 主要步行道路
▭ 次要步行道路
▭ 环城步道
◎ 广场
▨ 停车场
▭ 古城规划范围

5

图例
■ 主要庭院绿化
▨ 广场绿化
▨ 城墙防护绿化
░ 城墙控制绿化带
░ 山林田园生态环境保护区
◎ 古树名木
▭ 古城规划范围

6

1.古城特色保护要素分析图
2.建筑风貌评价图
3.古城与新区保护规划范围划定围
4.古城保护规划总图
5.道路交通规划图
6.绿化系统规划图
7.近期建设时序图
8.古城无形文化传承规划图

图例
■ 一期
■ 二期
■ 三期

7

图例
▭ 观赏演艺类
▭ 民间信仰类
▭ 制度文化类
▭ 市肆休闲类
▭ 传统技艺类
▭ 地域特色类
▭ 乡土农事类
■ 老店名号分布区域
▭ 城隍老爷出巡
▭ 镇江王爷巡游
■ 河流沟渠

8

修建性详细规划

图例
修缮
改善
保留
整修
拆除
9

图例
居住用地
商业服务用地
其他公共服务用地
文化展示用地
保护建筑用地
更新发展用地
控制绿化用地
山林滩用地
广场用地
道路用地
河流沟渠
城墙遗址
古城规划范围
10

图例
保留建筑
新建或改建建筑

9.建筑保护与整治模式图
10.用地性质规划图
11.规划总平面
12-13.县衙东立面图
14-15.县衙西立面图
16.费公祠
17.辜家大院
18.张家大院
19.文庙

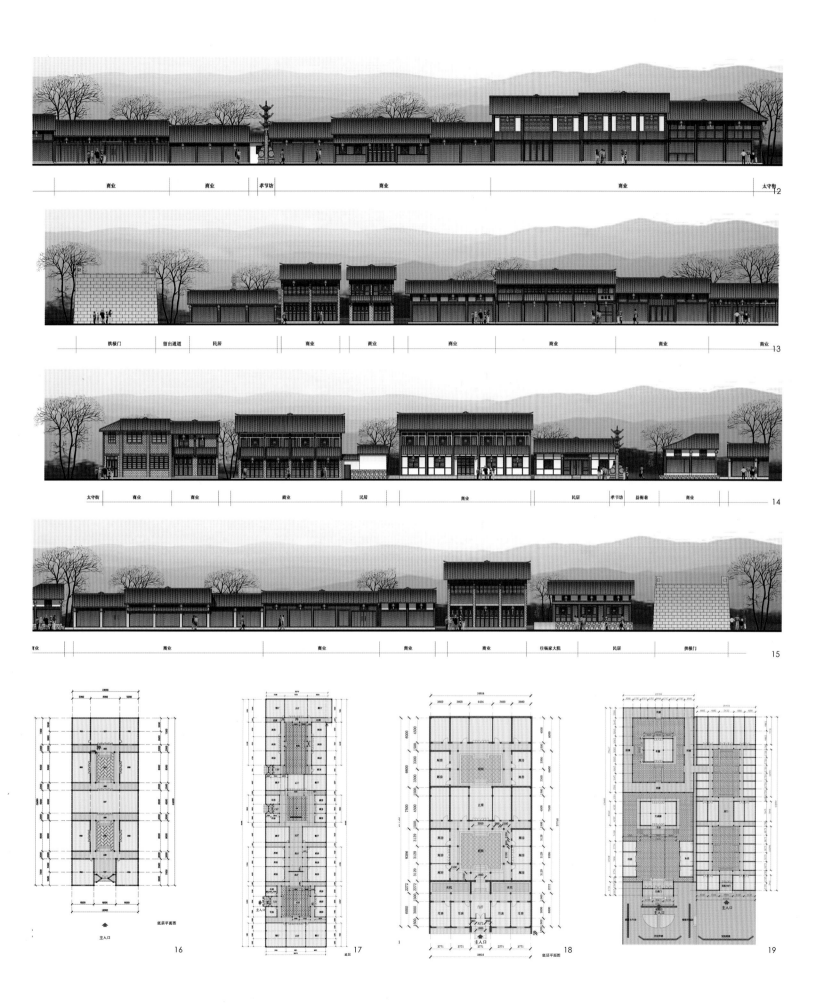

上海同济城市规划设计研究院
SHANGHAI TONGJI URBAN PLANNING & DESIGN INSTITUTE

山东省淄博市周村古商城汇龙街片区修建性详细规划

The Planning & Architectural Design of WestSide Zhoucun Historic Commercial Zone ,Zibo

项目负责人： 吴长福

主要设计人： 黄怡 谢振宇 扈龑喆 于世勇 胡军锋 周旋

规划用地规模： 5.86hm^2

完成时间： 2009年2月

获奖情况： 2011年度上海市优秀城乡规划设计二等奖，2010年度上海同济城市规划设计研究院院内二等奖

一、项目背景

规划地区位于淄博市周村区周村古大街西侧汇龙街片区。周村区位于山东省淄博市，是淄博市域副中心之一。周村历史上是一个"因商而兴、因商而城"的古城，迄今仍有山东省唯一保存完好的明清古建筑群，超过5 万余m^2。古建筑群位于周村区主城区，因其特有的民俗、商业及建筑文化被专家誉为"中国活着的古商业建筑博物馆群"。但是周村古城的旅游发展还存在着一些主要问题，如旅游产品形态单一，以风貌建筑观光型为主；游线组织较为困难；旅游综合服务功能相对欠缺，业态较不完整等。这些问题制约了古城旅游的发展。

二、功能与定位

依托东侧古商业街的优势，在西侧汇龙街片区规划新建一个集现代餐饮、住宿、购物、游憩于一体的具有综合规模效应的景观休闲区。通过古商业街区与新规划区的结合，进一步提升地区的功能品质与风貌形象，并积极带动城市的整体发展。

三、规划设计原则

1. 互补性原则

在新规划片区与古商业街区之间体现为下列三对互补的关系：

功能互补——单一观赏商业功能与综合多样功能的互补；

形态互补——古街线型形态与新区片状形态的互补；

文化互补——传统地域商业文化与现代旅游商业文化的互补 。

2. 时代性原则

在古商业街区与新规划片区之间通过三个差异性来突出传统街区的原真性、体现新片区的时代性：

空间差异——传统街道空间与现代多元空间的差异；

形式差异——传统单纯建筑形式符号与现代复合建筑形式语言的差异；

材质差异——传统材料及构筑方式与现代材料及营造技术所呈现的整体色彩、质感、风貌差异。

3. 生态性原则

强调对自然环境的尊重，充分利用原有地形地貌地物，营建充满自然气息的生态环境；

强调当地可行的节能适用技术，合理利用日照、朝向和自然通风等基础性手段，提高整体生态效益；强调开发的可生长性，为今后的可持续发展留有余地。

4. 效益性原则

经济效应——规划中导入合理的发展理念，以及符合经济原则的土地紧凑使用模式，从而提高土地的利用率，强调开发的经济效应；

城市效应——通过城市功能设施的集聚以及园林景观的创造，提升周村区乃至淄博的城区形象与建设品位，推动城市的发展。

社会效应——紧密结合社会、经济、环境需求，结合城市局部与整体、地方市民与外来游客的共同利益，实现城市生态、经济、社会、文化整体环境的全面提高。

四、创新与特色

特色之一是对项目用地的充分把握与利用。充分考虑基地现状地形的独特条件，利用天然的地形高差，合理进行功能分区，使规划区内的功能布局更加完善、合理。

特色之二是对项目所处城市环境及自身角色的准确理解与处理。周村古商城西侧汇龙街片区的规划，强调与东侧古大街地区在空间上的呼应以及在功能上的延续与互补，古城（古街）与新园各自特色鲜明，又相得益彰、浑然一体，使得城市空间景观更加丰富。

特色之三是对自身功能与空间组织的有机统一与组织。方案在古城旅游总体规划及控规的基础上，调整规划区内的用地功能布局，充分考虑和利用现状地形因素，采取局部组织交通的模式和半环式的道路系统，并精心进行空间组织与景观营造，达到了功能与空间组织的高度融合与协调。

项目创新之一，在具有传统街区与特定地形条件的城市环境中，规划充分依托东侧大街的条件，形成了"古街新园相融，东街西市抱湖"的规划布局结构，整体而独特地解决了项目存在的诸多问题。

项目创新之二，在现代的传统特色商业街区塑造上，除了合理的功能定位与演绎之外，在空间形态演绎上注重地域性与当代性的有机结合，以色彩、尺度、形状、材料与细部等要素为载体，有效地指导后续设计与建设，确保了规划理念的整体贯彻实现。

1.总平面图
2.鸟瞰图

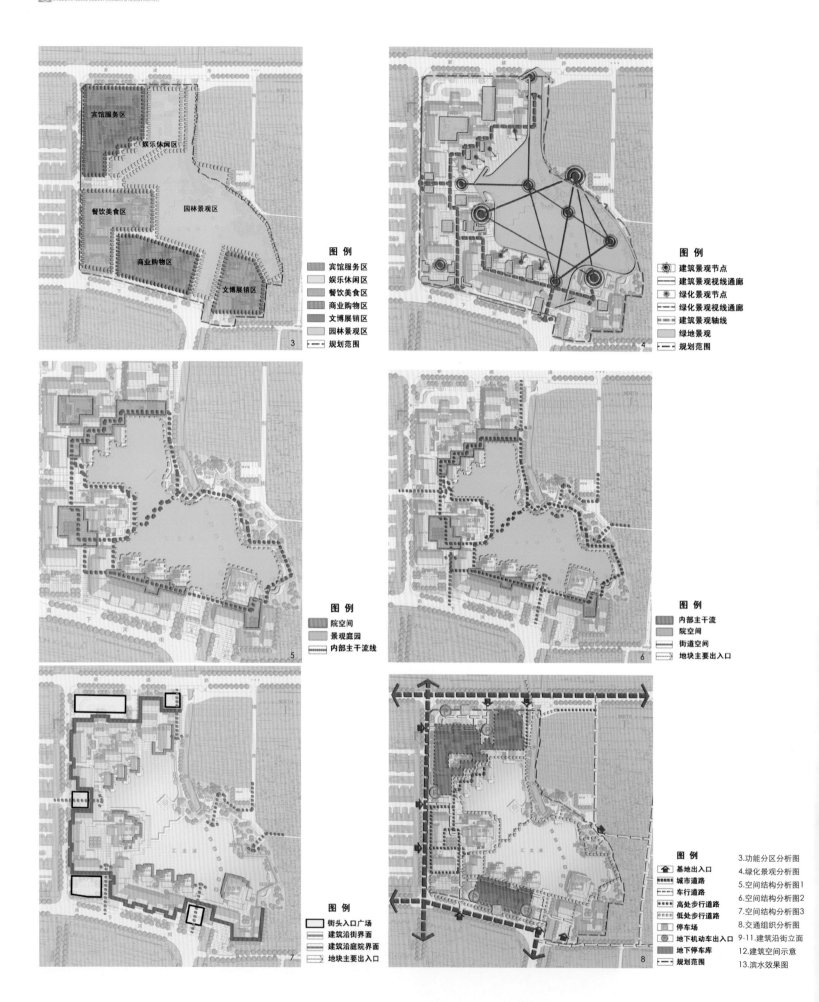

沿南下河街立面图
9

沿新建路立面图
10

沿东昌阁胡同立面图
11

庭院空间 街市空间 入口广场 沿街界面
12

2014青岛世界园艺博览会规划设计

Master Planning of International Horticultural Exhibition 2014 Qingdao

项目负责人： 高崎

主要设计师： 吴晓革 章琴 蔡智丹 赵玮 林峻宁 钱卓炜 陆地 韩旦晨 姜兰英 徐佳 朱学燕

规划用地规模： 1.6km²

项目完成时间： 2010年12月30日

获奖情况： 2011年度上海同济城市规划设计研究院院内二等奖

1.蓝海金香效果图
2.空中花园效果图
3.总体鸟瞰图
4.展会期总平面图
5.世园会园区及周边区域土地利用规划图（会后）

园区总体上形成"一星一线多轴，仙阁、馆、园错落"的结构布局，由海星形态的山地高架、南北向高架专线车及多条东西向生态街支撑起园区的主体骨架。

天水路以北的山区部分注重保存山地景观的原貌，体现"自然、生态、趣味、运动"的规划思路。主要功能建筑进行保留和改造，赋予其山地体育运动、蔬果品尝、山林度假、科研实践、青少年活动、儿童主题游乐、水生植物展示等功能。

天水路以南地区重点加强了东西向道路的联系。规划南部片区作为核心展览、服务区，以全国各地、世界各地的园艺景观线索构成关于园艺景观的时空和地域之旅，并将园艺展示与交易平台、科技研发结合，推动园艺生态产业的后续发展。

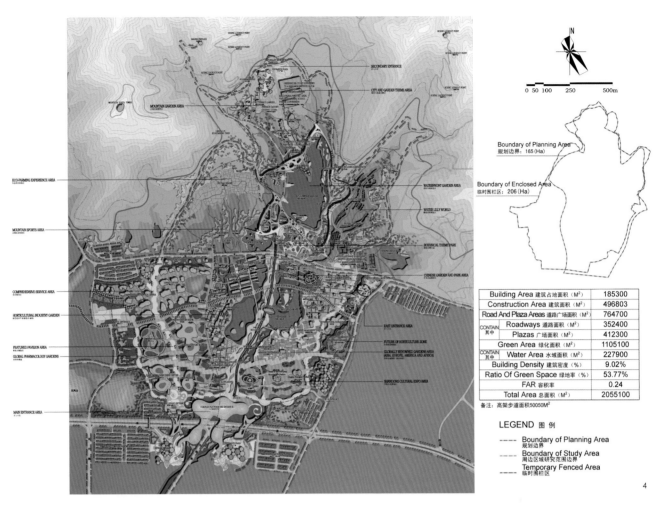

Boundary of Planning Area
规划边界：165 (Ha)

Boundary of Enclosed Area
临时围栏区：206 (Ha)

Building Area 建筑占地面积（M²）	185300
Construction Area 建筑面积（M²）	496803
Road And Plaza Areas 道路广场面积（M²）	764700
CONTAIN 其中 Roadways 道路面积（M²）	352400
Plazas 广场面积（M²）	412300
Green Area 绿化面积（M²）	1105100
CONTAIN 其中 Water Area 水域面积（M²）	227900
Building Density 建筑密度（%）	9.02%
Ratio Of Green Space 绿地率（%）	53.77%
FAR 容积率	0.24
Total Area 总面积（M²）	2055100

备注：高架步道面积50050M²

LEGEND 图例

- - - - - Boundary of Planning Area 规划边界
───── Boundary of Study Area 周边区域研究范围边界
───── Temporary Fenced Area 临时围栏区

4

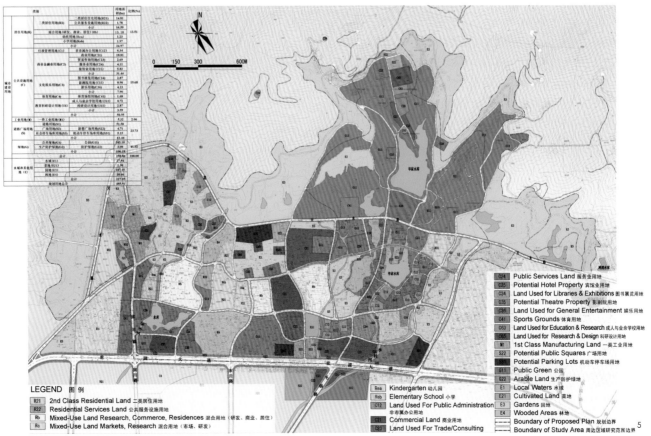

LEGEND 图例

R21 2nd Class Residential Land 二类居住用地
R22 Residential Services Land 公共服务设施用地
Rb Mixed-Use Land Research, Commerce, Residences 混合用地（研发、商业、属住）
Rc Mixed-Use Land Markets, Research 混合用地（市场、研发）

Rea Kindergarten 幼儿园
Reb Elementary School 小学
 Land Used For Public Administration 非市属办公用地
C21 Commercial Land 商业用地
C23 Land Used For Trade/Consulting

C24 Public Services Land 服务业用地
C25 Potential Hotel Property 宾馆用地
C34 Land Used for Libraries & Exhibitions 图书展览用地
C35 Potential Theatre Property 影剧院用地
C36 Land Used for General Entertainment 娱乐用地
C41 Sports Grounds 体育用地
C63 Land Used for Education & Research 成人与业余学校用地
C65 Land Used for Research & Design 科研设计用地
M1 1st Class Manufacturing Land 一类工业用地
S22 Potential Public Squares 广场用地
S31 Potential Parking Lots 机动车停车场用地
G11 Public Green 公园
G22 Arable Land 生产防护绿地
E1 Local Waters 水域
E21 Cultivated Land 菜地
E3 Gardens 园地
E4 Wooded Areas 林地
───── Boundary of Proposed Plan 规划边界
───── Boundary of Study Area 周边区域研究范围边界

5

巴楚县城修建性详细规划
Detailed Planning of the Bachu County

项目负责人： 高崎
主要设计师： 吴晓革 蔡智丹 章琴 赵玮 林峻宁 钱卓炜 陆地 韩旦晨 姜兰英
规划用地规模： 0.52km²
项目完成时间： 2011年6月
获奖情况： 2011年度上海同济城市规划设计研究院院内二等奖

一、规划理念

巴楚老城区改造规划遵循"渐进"、"传承"和"提升"的基本理念，在城市既有风格和肌理的基础上，尽量避免大拆大建，用最少的花费，既保护好老城文化和建筑，又理顺老城发展空间，突出景观亮点，营造适宜人居、突出关怀的老城生活氛围，体现理性、文明、智慧、生态的规划内涵。

关注民生，集中进行民居更新，街巷整理，公共设施导入，道路拓宽修整，开放空间重塑，景观提升，改善居住生活环境。

二、规划策略

空间梳理——增加公共活动空间，留出绿色通道，满足休闲需要；
路网优化——完善道路系统，梳理整治街巷空间，打造特色风貌；
公共服务——配置文娱设施，强化旅游服务功能，激活城市活力；
市政设施——市政管网布置，环卫设施配套，提高生活居住质量；
滨水强化——治理喀什河道，合理导入多元功能，提升滨水景观。

三、规划结构

巴楚县老城区改造规划结构可概括为"一带、两岸、四片、四街、八桥、八点、多场"。

1. "一带"

指老城改造区内的喀什河及沿河的滨水绿带，疏通、拓宽喀什河，使水系景观从老城密密匝匝的居住空间里跳脱出来，形成一道亮丽的风景线。优化河道两侧环境，并将河岸空间较大地段打通形成绿化通廊。

2. "两岸"

指喀什河南岸与北岸，规划在喀什河两岸营造以休闲、文化、旅游为主体的滨水休闲带，联动老城的南北居住片区，是该地区的主要休闲旅游服务发展轴之一，服务于老城的旅游业，融合景观、商业与旅游。

3. "四片"

由河道水系和胜利路自然分隔形成了东南、东北、西南、西北四个居住片区，喀什河北岸的两个居住片区以居住为主，结合少量商住混合设施。喀什河南岸的两个居住片区在结合现状的基础上集中导入一定规模的商业、市场、文化娱乐、教育科研及商住混合功能，其中，老城最大的艾提尕大清真寺也在南岸。

4. "四街"

指四条特色街，分别为民族手工艺一条街、特色餐饮一条街、土特产一条街、特色小商品一条街，形成"手艺绝活买卖兴隆，人头攒动旅游造市"的氛围。

5. "八桥"

加强喀什河两岸的联系，保留现状四座跨河桥梁，新建4座桥梁。其中3座为交通桥，即现状友谊路跨河桥、现状胜利路跨河桥、规划玉泉路跨河桥。另5座为主要街巷的跨河桥梁，衔接两岸的街巷。

6. "八点"

沿喀什河与胜利路的主要绿地广场、河滨公园形成8处重要公共节点。

7. "多场"

增加老城区的公共活动空间，结合街巷、路口、街角规划3类休闲广场。

特色广场：与公共建筑相结合的游憩集会性广场空间。

街区绿地广场：道路与街巷入口处的景观活动广场。

街巷小广场：街巷相交形成的结纽，稍作放大处理，形成居民家门口的社交场所。

1.建筑元素改造对比分析图1-门窗
2.建筑元素改造对比分析图2-门头、柱式
3.用地规划图
4.总平面图
5.鸟瞰图

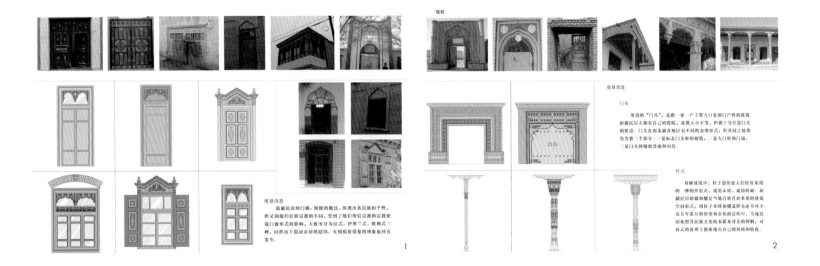

新疆民居的门框、窗棂的做法，休观出各民族的个性，但又因他们信仰宗教的不同，受到了他们所信宗教的宗教建筑门窗形式的影响，大致分为汉式、伊斯兰式、欧洲式三种，同样由于混居杂居的原因、互相模仿借鉴的现象也时有发生。

所谓的"门头"，是指一家一户主要入口处的门户性的建筑，新疆民居大都有自己的院院，虽然大小不等，但都十分注意门头的建设，门头在南北疆各地有不同的表现形式，但其同之处都包含着三个部分：一是标志门头的檐部，二是大门和门扇，三是门头的储饰设施和村托。

每幢建筑中，柱子恐怕是人们经常采用的一种构件形式，或用木材，或用精碱。新疆民居的廊和棚是气地百姓喜欢采用的建筑空间形式，在玉年累月的经阳避雨差化的过程中，当地民划依照民族文化的本源及相关的理解，对挂式的处理上便体现出自己的风格和特色。

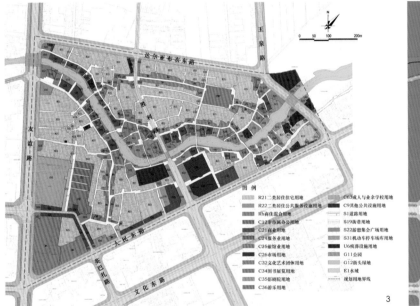

福建长汀县城历史文化街区修建性详细规划（南大街、东大街、水东街）

Historic Conservation Area Constructive Detailed Planning of Changting,Longye Fujian(South Street,North Street,Shuidong Street)

项目负责人： 阮仪三

主要设计人员： 顾晓伟 林林 柴伟中 周海东 周丽娜 徐琳 李栋

设计部门： 同济大学国家历史文化名城研究中心

规划用地规模： 54.7hm²

完成时间： 2011年1月13日

获奖情况： 2011年度上海同济城市规划设计研究院院内三等奖

1.一江两岸鸟瞰图
2.长汀历史文化街区规划总平面图
3.天后宫地段鸟瞰图

一、设计理念

在有效保护历史文化遗产和山水格局环境的基础上，挖掘长汀古城的历史文化及遗迹，突出历史街区的旅游、文化、休闲功能，并同时改善历史街区环境，提高生活品质。

二、规划内容

（1）制定发展策略，在分析历史文化街区发展条件的基础上确定街区的功能定位；

（2）制定保护与发展规划，包括功能布局、用地调整、道路系统、绿地系统、旅游系统等规划制定；

（3）制定风貌整治规划，包括重要街巷的沿街建筑立面的整治规划，以及文保单位与历史建筑修缮方案。

（4）制定更新建筑设计的原则和策略，为了与历史文化街区的传统风貌相协调，使地区的历史文脉得以延续。

（5）制定规划实施策略，提出其他对规划实施有益的策略，使整个历史街区在历史文脉和功能价值两个方面重新获得可持续发展的活力。

三、特色与创新

本次规划的特色主要包括历史水系的保护与城市景观的打造相结合、历史文化遗产的保护与文化传承的发扬相结合、旅游功能的打造与古城功能的复兴相结合、滨水游憩的强化与居住品质的优化相结合四个特色。

本次规划的创新在于古城特色风貌的整体塑造，结合汀江水景与古城景观，注重长汀古城总体格局与风貌的整体保护与控制，通过点、线、面三个层次的结合打造，重塑长汀古城的历史环境与历史风貌。

修建性详细规划的编制，为长汀历史文化街区的保护提供了切实的依据，为长汀古城的发展描绘了美好的前景。

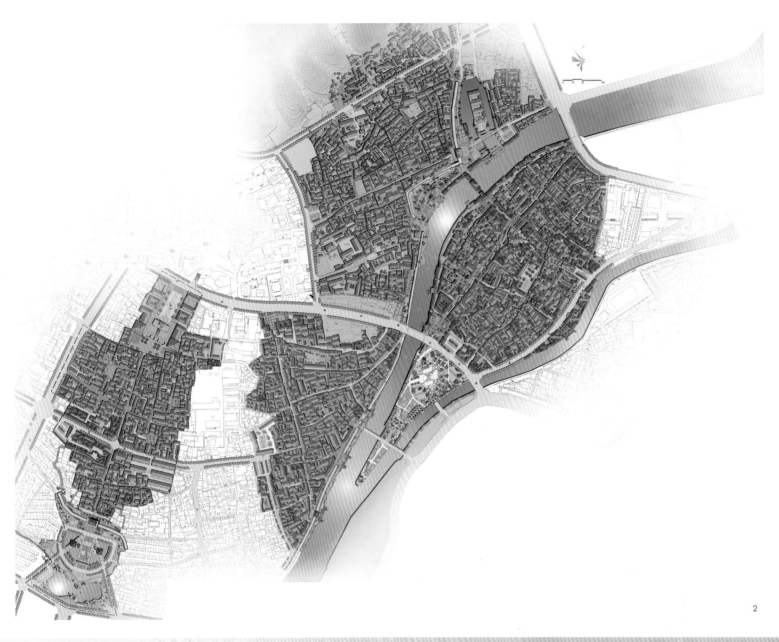

2

3

城市设计

漳州市中心区城市设计
Urban Design of Central District, Zhangzhou

主创人员：　　　卢济威 庄宇 杨春侠 耿慧志
主要设计人员：　王建华 何宁 孟昭财 祝狄烽 宋晓宇 熊雪君
　　　　　　　　灯光设计：俞丽华
　　　　　　　　碧湖景观：李宝章（加拿大奥雅景观规划设计事务所）
基地面积：　　　230hm²
设计时间：　　　2010年12月
获奖情况：　　　2011年度福建省一等奖

一、以水为"源"生长的市中心

漳州市位于福建省南部，始建于唐垂拱二年（公元686年），是一座已有1300年历史的古城。中心城区现有人口50万，占地48km²，总规（2000—2020）计划人口将增加到60万，占地58km²。城市经多年发展，荣获全国历史文化名城，中国优秀旅游城市，全国科技先进城市和国家级园林城市。2009年漳州人均GDP已超过3 000美元，根据世界银行的理念，城市开始进入高速发展阶段。随着海西经济区快速发展上升到国家战略，高铁枢纽站基本建成、厦漳泉龙城市联盟和厦漳同城化的建设，城市正在向着"海港强市、工业大市和生态名市"加速前进。

二、漳州需要市中心

漳州现有城市结构形态松散，繁华地区仅是几条商业街，公建布置无序，没有优秀的公共活动场所。城市进入发展的重要时刻，需要有一个能催化城市社会、经济和环境，全面发展并能提高城市竞争力的城市中心，需要有一个能凝聚市民生活、得到市民公认的中心，同时还是能让旅游者会留恋往返的场所。

三、漳州市中心的选址及设计范围

漳州市原有城区位于九龙江以北的西侧，上世纪后期决定向东发展，形成东部新区，根据总体规划（2000—2020），为适应城市化发展的需要，将人口增长到60万，同时江南高铁站的建设促使城市要向江南拓展，在这种情况下，市中心选址有三个方案：第一个方案是总规选定的东部新区的中心位置，远离九龙江，无法利用九龙江的生态景观资源；第二方案选址在江南，从高铁站到江滨之间，空地多，近期易形成形象，但活力形成困难，带动全市发展显得力不从心。

城市设计调查发现，东部新区已控制了行政中心的建设用地，目前正在南侧靠近九龙江，结合污水处理厂（远期要搬迁）实施碧湖生态园，市中心不向东延伸，改为结合碧湖的建设向南发展，有利于充分利用漳州母亲河，发挥其生态和公共活动的资源价值，同时也能面向江南、引导江南的开拓。为此提出选址原则：依托老城、推进新区、靠近龙江、带动南托、整合全城。选定第三方案的位

置，经多方研究论证给予确定。

漳州市中心设计范围，东起规划路，西至九龙大道，北起新浦东路，南至九龙江。总用地面积330hm²（其中碧湖公园100hm²）。

四、漳州市中心与水结缘

古代漳州成为商埠是因水而起，因水而兴，并有水运枢纽的驱动。

现代漳州市中心选址在九龙江之滨，碧湖生态园居中，九十九湾穿插地块东侧。江、湖、河（湾）共聚市中心，水成为市中心生长形成的源泉，提供中心区亲水、赏水、观水和戏水的功能；同时，九龙江的高堤坝又是对设计师创造观景环境的挑战与机会。

五、城市设计目标

充分发挥九龙江和碧湖生态景观资源的作用，建设行政、商业商务和文化一体化的城市服务中心、活动中心和景观中心。

六、城市设计构思与策略

1. 以水为空间结构的骨架，整合行政中心、商业商务中心、文化中心和都心住区

将拟建设的碧湖北扩，与龙江路东侧的九十九湾整合成中心区的水网络，作为骨架，有机地使原规划的行政中心和拟建的商业中心、文化中心、都心住区等集聚，形成水网系四区的空间结构。

2. 建设被水围合以步行行为特征的商业商务中心

对于中等城市，商业与商务宜结合，有利于行为功能互补，提升城市活力。

商业商务中心拟建设步行商业街（含大型百货和专卖店）、步行休闲娱乐街、商业广场、漳州外滩、3个宾馆（含公寓式酒店）和5~6幢商务办公楼，并配置2~3幢公寓。

步行街必须要有机动车提供服务，为此形成以步行街为中心，两侧车行道的布局。

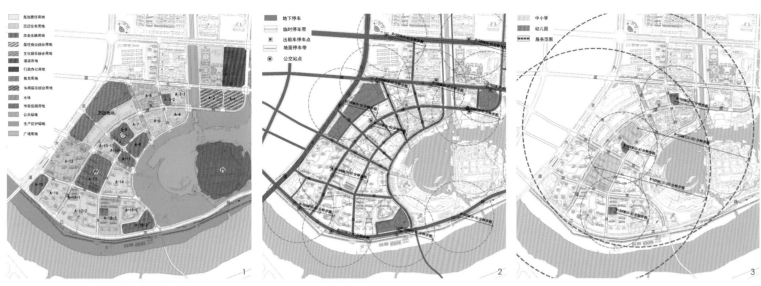

片区名称	用地面积 (公顷)	总建筑面积 (万平方米)	备注
商业商务中心区	24.8	60.54（其中商业22.96，办公/酒店22.05，住宅9.92）	
行政中心区	32.4	64.26	政府大楼建筑面积为6.09万平方米
文化中心区	27.4	24.61（其中文化10.28，商业0.63，办公13.7）	
滨江路以南（外滩）	13.4	13.27（其中商业5.8，酒店7.45）	
碧湖生态公园	100.3		
碧湖西片区	97.1	213.69（其中住宅148.89，商业综合57.06，教育7.74）	住宅部分包括动迁房52.55万平方米
万达城市综合体	15.9	65.3（其中住宅29，商业综合36.3）	
总计	311.3	376.37	

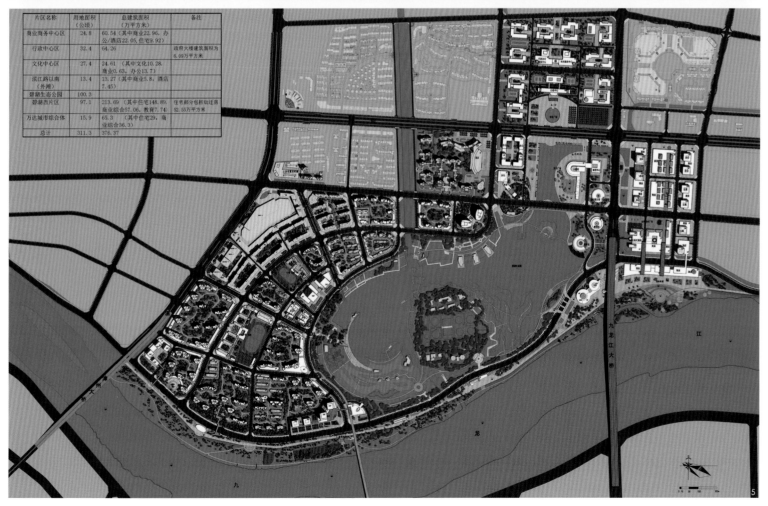

步行街力求生态型，构建多变的空间序列。

3. 建设与生态水环境互渗的文化中心

文化中心位于碧湖水系与绿地穿插的自由空间中，既是公园的一部分，环境优雅，也为公园增加活力，又是城市的延伸，以保证便捷的交通。

文化中心包括：图书馆、博物馆、展览中心（含城市规划展览馆）、演视中心（含剧院、电影厅等）和文化广场。地级市应该配置的公共建筑如青少年活动中心等，已在老城区建成，这里就不做考虑。

文化中心区建筑均为多层，力求地方特色、追求土楼意象，石材外墙等。大剧院是行政中心轴线上的重要建筑，但要消除严肃感，和谐地与中轴水体融合，采用不对称构图，并与文化广场有机地结合，配置休闲等支持功能。

4. 建设与水共轴，推进社会和谐的行政中心

行政中心应该是既有一定权威性，又要具有亲民性才能推进城市的和谐发展。过分强调权威的行政中心往往不能吸引市民的亲近，市民广场的形态对行政中心的特征有着重大的影响。

城市设计将市民广场轴线一直延伸到碧湖，在市府前的广场基本对称，可以进行一些严肃的活动，如升旗仪式、重大的纪念活动等；轴线延伸到南部水面，就采用自由活泼的形式，不对称，并与文化广场结合，提供市民在其中休闲、跳舞、健身、表演和游船等各种活动。

5. 消除堤坝障碍，促进九龙江成为城市的生态核心和亲水活动区

城市南扩，九龙江成为城市的生态核心和亲水活动中心。5~6m高的堤坝（100年一遇的防汛标准）是市民亲水的障碍，克服堤坝阻隔是设计的重要任务。

城市设计力求堤坝融入市民活动空间，首先将堤坝做成步行和活动空间，形成滨江景观带，在保证防汛基本要求的前提下适当拓宽坝顶，并组织几个大小不等广场，其中龙江大桥的东侧建设大型广场——漳州外滩，在西部居住区与碧湖的交接处以适应居民的需要，在坝顶建健身活动服务中心，推进江滩上建设各种体育场地。

为了促使市民能顺畅进入坝顶，运用了多种手法。漳州外滩，利用立体步行街，市民不知不觉地到达外滩广场；在碧湖公园运用地形重塑手法将绿地与坝顶连成一体；在健身服务中心处通过步行桥的斜坡道引到坝顶。

为了扩大漳州外滩的广场空间，城市设计将原道路北移，同时在坝下建车库，以保证外滩的停车需求。

6. 充分利用水景，组织向水路径和观水最大化

碧湖是漳州中心区的生态资源，为了将城市的人流引向碧湖，城市设计环绕湖面组织向心的水系和路系。同时要求区域内，特别是近九龙江和碧湖的建筑采用点状塔楼，减少前面塔楼对后面塔楼水平向的观水遮挡，尽量不建板式建筑。

七、城市设计体系

1. 交通空间体系

市中心区的路网根据功能布局组织，不采用简单的方格网，但要与城市道路体系整合，共安排2 500辆公共停车位，各单位停车按国家标准规定自行安排。设计过程重点研究下列问题：

（1）以提高城市亲水为目标，基地南侧滨江北路东段原为路堤合一改为分离，为了留出堤上的漳州外滩空间，滨江路北移；

（2）龙江大桥是漳州南北主干道，交通量大，为了减少对车流的影响，在其两侧增加贯通水仙路与北江滨路的车流量。同时在商贸中心与文化中心之间设置跨龙江路的地下步行通道；

（3）考虑到九龙江南北一体化，中心区范围两桥距离4 000m之间加建步行桥（含非机动车）。

2. 公共空间体系

公共空间是城市公共活动的场所，是衡量城市人性化发展的主要标准。城市设计一方面强调公共空间亲水性，将公共空间环绕碧湖和九龙江布置；同时重视提供市民公共活动的广场空间，整个区域安排四个大型的广场：外滩广场、文化广场、商业广场和婚庆广场等；另外还有二条步行街和一条坝顶步行长廊。

外滩广场：位于龙江大桥东侧，商贸中心的南侧，面对九龙江而建，面积达7公顷，结合地形组织面向江滩倾斜的露天剧场，北侧有商业、休闲和娱乐等服务设施，是漳州市举行大型活动的场所，也是平时休闲的地方。

文化广场：位于行政中心轴的东侧，面积约3.6hm²，弧形地形，面水而建，与大剧院结合，并运用下沉广场使其立体化，便于观演，东侧结合空廊组织休闲空间以对广场活动的服务支持。

商业广场：位于商贸中心区的中部，与步行商业街共构步行体系，提供各种商业和文化活动，命名为漳州台湾广场，以沟通漳台文化为宗旨，设置漳台共认的文化载体。

婚庆广场：位于行政中心轴南段的西侧，由于这地块有一幢保护的教堂，可利用来提供部分市民举行婚礼之用。在教堂南侧组织象征爱情的玫瑰花园，在教堂的西南侧建造为婚庆服务的相关设施和空间。教堂南侧还有一座历史建筑——严氏大宗，是典型的闽南祠堂，结合婚庆广场相关设施的建筑，进行新旧共生保护。

3. 景观体系

漳州市中心景观体系包括：地标、城市轮廓线和观景点三部分组成。

地标是城市一定区域的定位标志，本城市设计组织三个地标：（1）双塔地标，高150~180m，是水仙路上中心区定位的标志；（2）龙江大桥西侧宾馆，高100~120m，是从江南龙江大道上对中心区的定位；（3）碧湖西南侧的办公双塔，高120~150m，是北江滨路上居住区的定位标志。

城市轮廓线对于本地区主要是从九龙江南岸观察的天际线，力求高低错落的大尺度变化。

漳州市中心区最好的观景点组织在龙江大桥西侧100~120m高宾馆顶部，城市设计要求顶部组织公共空间，能观察市中心全景，让市民都能上去，同时，建议建设者不能够高收费，或高低价分区收费。

6-7.鸟瞰全景

上海市嘉定西大街历史街区保护与更新城市设计及重要地段建筑概念方案

Urban Design of the West Street Historic District, Renovation & Concept Planning of Key Architecture

项目负责人： 周俭

主要设计人员： 阎树鑫 俞静 张莺 周建斌 王瑾 钱锋 陆天赞 何林飞 贺飞 尤捷

委托单位： 上海市嘉定区规划与土地管理局

规划用地规模： 17.7hm²

完成时间： 2009年9月

获奖情况： 2011年度上海市二等奖，2010年度上海同济城市规划设计研究院院内一等奖

1.西大街平面图
2.西大街历史演变图
3.西大街鸟瞰示意图
4.西大街手绘鸟瞰图

西大街地处嘉定老城西门外，历史起源于梁天监年间。明清时，成为嘉定最重要的商业贸易区，西大街被称为"上海最后的县城老街"。西大街历史街区东起西城河北街，南至沪宜公路，北接清河路，南临练祁河。面积17.7hm²。

基于以下四大难点的解答而展开了本次保护与更新城市的规划设计：周边资源类似的历史街区对西大街的冲击；整体保护更新方法在现实条件下的不可行；"上"与"下"的开发意愿很难统一；物质空间较残破、风貌渐退的现状问题。

因此，寻找一条适合立地条件、适合时代背景，满足社会、政府、开发商、居民的保护更新之路，是本次规划的立足点。本次规划以"渐进式更新"作为切入点。制定六大策略来回答本次规划的要义：根植于现状资源的功能演绎，立足现状、差异互补的功能定位，点轴互动、板块融合的更新结构，体现江南简朴民居底蕴的建筑风貌，多元开发、分期推进的实施策略，弹性选择、底线控制的居民疏散。

1.陶缝澜故居 8.藤家院子
2.折清报功碑 9.沈逸千故居
3.吴清伯故居 10.厚德堂
4.善牧堂 11.西风草堂
5.黄天白故居 12.黄世祥故居
6.吴经初故居 13.陆志祥故居
7.崇德堂 14.嘉定楼业工会旧址

保护建筑
修缮建筑
整修建筑
整改建筑
新建筑
广场
集中绿地

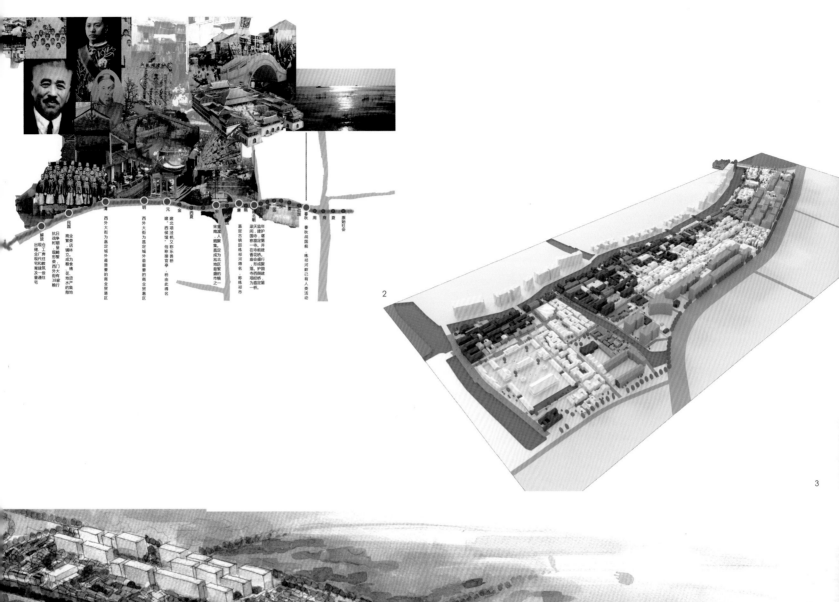

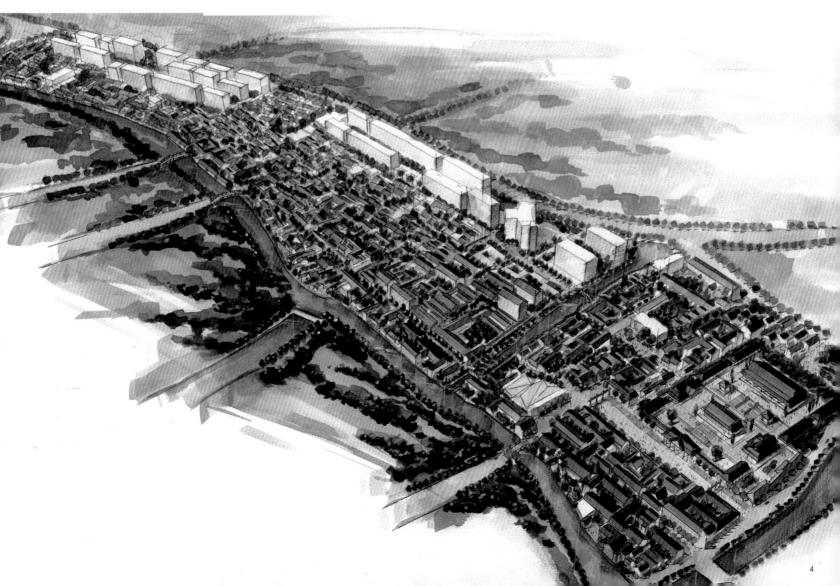

宁波市江北姚江新区概念规划及城市设计

Conceptual Planning and Urban Design of Yaojiang New Town, Jiangbei, Ningbo

项目负责人：   匡晓明

主要设计人员： 刘文波 徐伟 朱弋宇 陈熠旻 彭镇 邵宁 王剑威 夏一凡 杨扬 张丽敏 蒋南

合作单位：   宁波市城市规划设计研究院

规划用地规模： 36km^2

完成时间：   2011年

获奖情况：   2011年度浙江省优秀城乡规划设计三等奖

1.结构图
2.鸟瞰图
3.总平面图

随着长三角地区区域一体化的推进和杭州湾跨海高速公路的贯通，姚江新区所在的江北逐渐由城市边缘地带转变为宁波中心城北联上海的重要拓展支点，未来将成为重要的门户和流通中心。 本次规划在背景研究和现状分析的基础上，抽解出本项目亟待解决的四大问题：把握发展脉搏，确立功能定位；整合功能布局，提升产业能及；确定道路网络，完善交通体系；梳理生态体系，提升文化品质。

最终结合姚江新区禀赋资源，通过整体研判，彰显规划区形象特征，将本规划区形象为定位为：EIC水脉智城。

目标定位为：城市专业副中心具体功能定位为：（市级）城市级体育休闲中心、区域型生产服务中心（区级）江北区公共活动中心、低碳型生态宜居新城。

规划强调东接西联拥江发展，以北环西路、姚江生态休闲带作为新区东西向空间发展的主轴线，形成"一路三心，一江四湾"的布局结构，其中北环西路结合轨道交通，铁路站点的建设形成现代商贸发展带，串联西部门户商贸交易展示区、中部梁祝体育休闲商贸城和东部站前商贸区。姚江生态休闲带呈现"七彩姚江"的基本空间格局，强调拥江发展、多元岸线、联通渗透，串联"未来绿洲"滨江休闲区、邵家嘴滨江新天地、体育休闲公园等功能。

依托北环西路、甬金路和机场路的空间轴线发展，同时结合各功能节点，衍生出三条纵向的功能次轴，联系北环西路以北三大片区中心，引导功能向纵深发展，凸显北部区域与滨江区域的整体联动关系。采用有机聚合的布局模式，以水为脉建构水脉交融的生态网络，六大片区向心集聚发展。

在此结构基础上，以"理水成岛、开湖筑核、引脉营城、拥江筑心"的基本思路展开设计，形成了最终的核心区城市设计框架，打造了多元、文化、活力、生态的城市滨水空间。

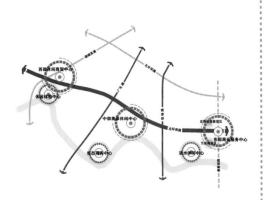

水陆并行
——一路三心，一江四湾

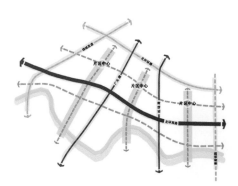

轴向延展
——一横两纵，一带三脉

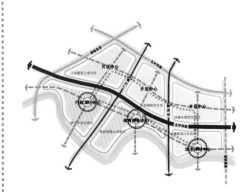

六区协同
——一环六片，有机聚合

1

0 100　　500　　1000m

（其中，体育中心规模84公顷）

建议新设轨道线路

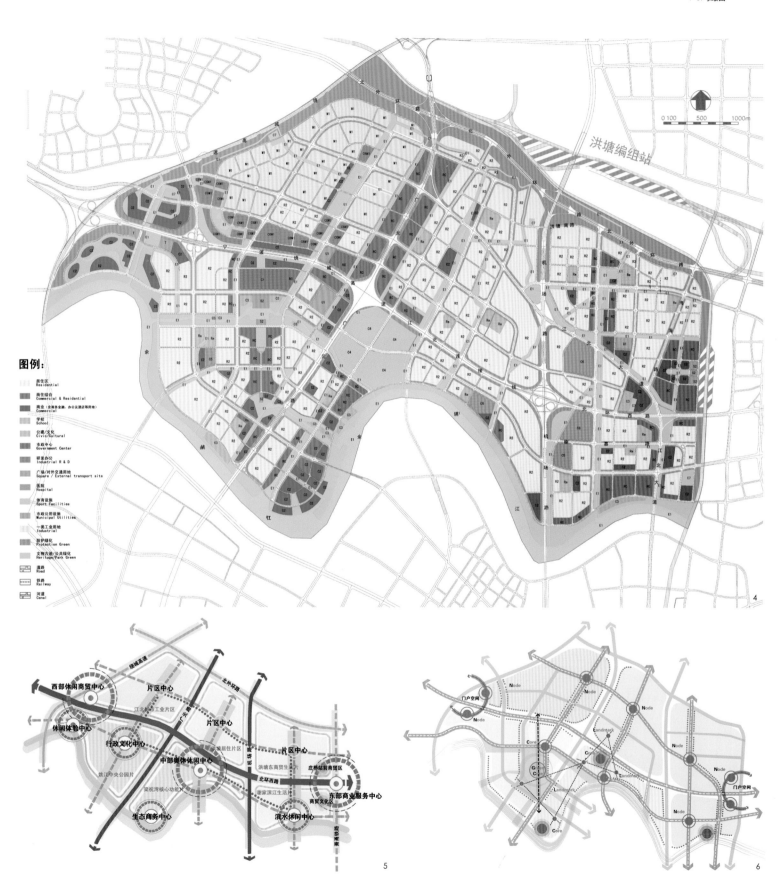

4.用地规划图
5.结构图
6.总体城市设计框架图
7-8.鸟瞰图

图例:

居住区
Residential

居住综合
Commercial & Residential

商业(含服务金融、办公及酒店等用地)
Commercial

学校
School

公建/文化
Civic/Cultural

市政中心
Government Center

研发办公
Industrial R & D

广场/对外交通用地
Square / External transport site

医院
Hospital

体育设施
Sport Facilities

市政公用设施
Municipal Utilities

一类工业用地
Industrial

防护绿化
Protection Green

文物古迹/公共绿化
Heritage/Park Green

道路
Road

铁路
Railway

河道
Canal

7

8

江都市城市中心区城市设计

Urban Design for Center District of Jiangdu

项目负责人： 匡晓明
主要设计人员： 刘文波 陈亚斌 陈熠旻 朱弋宇 曾舒怀 章庆阳 张明新 武维超 林静远
规划用地规模： 3.77km²
完成时间： 2011年12月
获奖情况： 2011年度江苏省优秀城乡规划设计三等奖

1.规划构思图
2-3.效果图

一、项目背景

规划区地处江都城市中心，是江都与扬州主城区联系的桥头堡，也是由苏北地区进入扬州中心城区的重要门户空间。扬州文昌路轴线东拓给规划区带来了新的发展契机，从终端型区位转变为枢纽性区位。通过广陵新城和杭集组团的建设将带动江都市区的发展和东西联动，从而形成完整的都市区空间格局。本次规划区即是扬州城市东拓的前沿，也是江都重要的城市中心区和城市门户形象展示区。

二、规划定位

本次规划确定江都城市中心区的功能定位为：

推动扬江一体联动发展的桥头堡——区域性总部商务集聚区 促进江都城市结构整合的动力源——休闲型商业金融中心区 引领江都市可持续发展的示范区——低碳型宜居宜业先导区 功能构成：

以总部商务为主导功能，重点发展商务金融、总部办公、休闲商业功能；以商业休闲为特性功能，重点发展文化娱乐、会议接待、都市旅游功能；以生态宜居为支撑功能，重点发展生活居住服务配套功能。

三、规划结构

本次规划结构可概括为一轴引领，双心辉映；一脉贯通，四区协同”。在三江交汇的视觉焦点打造江都的"外滩"，通过规划休闲长廊、花香水岸、启智乐园、游艇码头等功能，形成江都重要的生态门户空间和江扬一体化的标志场所。

1. 一轴引领，双心辉映

规划围绕舜天路打造城市功能主轴，功能主轴上设置商业金融中心和商务休闲中心两大中心。

2. 一脉贯通，四区协同

通过梳理引芒道河绿脉至区域内，形成贯通东西的生态景观要素——龙脉。沿龙脉打造江都文化休闲体验长廊，包括传统花木文化、地域生态文化、现代休闲文化、乡土民俗文化等。同时通过龙脉串联商务金融、总部基地、商业休闲、生态宜居四大功能片区四大功能片区，形成功能复合，协同互动的城市新区。

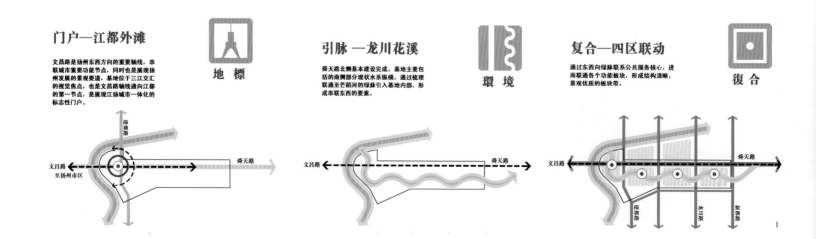

URBAN DESIGN FOR CENTER DISTRICT OF JIANGDU

4.总平面图
5.土地利用规划图
6-7.效果图

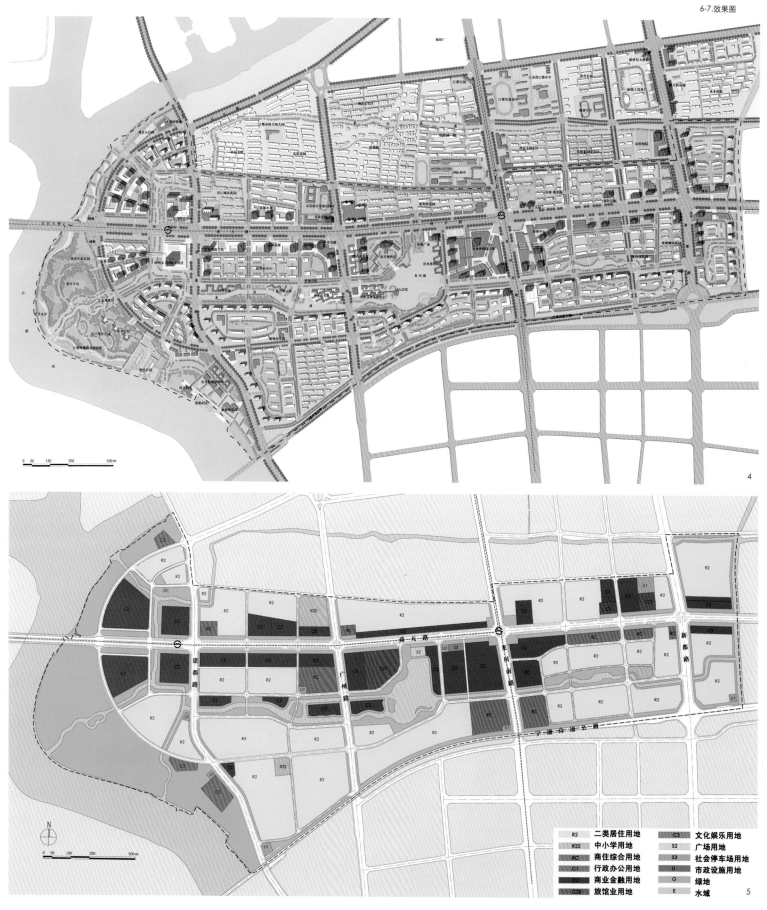

4

R2	二类居住用地	C3	文化娱乐用地
R22	中小学用地	S2	广场用地
RC	商住综合用地	S3	社会停车场用地
C1	行政办公用地	U	市政设施用地
C2	商业金融用地	G	绿地
C25	旅馆业用地	E	水域

5

杭州市余杭区塘栖城镇中心城市设计

Urban Design of Central District, Tangxi

主创人员： 卢济威 耿慧志 杨春侠 栾峰 陈泳
主要设计人员： 黄平 阳毅 赵鹏程 沈丹凤 刘宇林 于晓磊 赵川 汪迎 刘扬
基地面积： 587hm²
设计时间： 2008年3月
获奖情况： 2011年度上海同济城市规划设计研究院院内一等奖

1.中心区总平面
2-3.总体鸟瞰图

一、古镇复兴

塘栖是浙江省十大历史文化名镇之一，历史上京杭大运河的重要节点，明清时期十分繁荣，留有不少珍贵的历史文化遗存，水乡特色鲜明。随着社会经济的持续发展，尤其是宏观区域背景发生深刻变化的情况下，城镇进入新的发展期，古镇老街区的发展正受到严峻的考验，如何在保护发展中谋求转机，如何在复苏古镇的韵味并恢复古镇的生机活力取得突破是城市设计研究的课题。

旧城建设有很多方式，过去很多用"旧城改造"理念，实际实践过程中往往理解为：适应现代化生活的要求对旧城进行大拆大改，从而割断了城市的历史文化。近年来较多运用"旧城更新"的概念，也有提"有机更新"，重视综合全面改善城市环境，包括建筑、交通、公共服务设施和土地合理使用等，但实践过程表现出倾向于城市物质条件的更新与改善。对于一些历史城市，实践中追求"更新"往往会忽略历史文化，追求"保护"往往会缺乏经济与社会活力。为此特别对于一些历史上曾经繁荣的城镇，运用"城市复兴"概念更有说服力，即不但要保护和恢复历史文化遗产，而且要复兴已经失去的经济和社会活力；不但要着眼于传统，还要考虑未来，力求可持续发展。

塘栖古镇城市设计特征是古镇复兴，既要追求古镇的历史文化韵味，又要复兴古镇的活力与繁荣，将继承历史文化与反映现代功能的时代特征整合起来。

二、设计范围

设计范围为塘栖镇中心区，处在新老运河航道的两侧，约2km×3km的区域内，总面积5.81km²。围绕运河老航道周围是主要的历史街区和东侧的小岛共同组成核心区，面积约2.90km²。

三、设计目标策划

1.环境现状

塘栖现有的老城区主要在老运河段的南侧，北侧和东西侧以工业为主安插居民，再外侧均为农田。老城区内居住密度高，生活服务设施不完整。

京杭大运河贯穿整个城镇，老航道位于镇中心，成为水网的骨架，周边水系错综，核心区的老城部分原有水系全部被填没，尤其是原来最典型的水街（市河）已填成市新街。城市公共绿地极少，较完整的仅有2块，塘栖公园和何思敬广场绿地。

古镇历史遗迹尚存很多，以古运河为中心，沿河道分布，包括：广济桥、郭璞井、乾隆御碑和西溪讲舍碑等国家和省市级文物，还有很多古建筑、古桥、古碑、古码头和古弄等。

2. 功能定位

根据杭州市和余杭区的发展规划，杭州运河建设和申遗的需要以及塘栖镇中心区自身的发展，定位为塘栖城镇的中心、杭州临平副城的次中心和杭州运河的重要旅游休闲中心。

3. 城市形态特征

塘栖城镇发展既要继承历史文化传统，又要适应现代城镇的发展，在城市形态方面应避免一味仿古、复古，也不能彻底现代化，应追求传统与未来共存，即新旧共生的发展模式。

4. 城市设计目标

综合上述的分析，提出设计目标：建设历史与未来共生的江南水镇——塘栖的城镇中心，杭州副城次中心和杭州运河的重要旅游休闲中心。

四、城市设计构思与策略

1. 以古运河为中心，形成一轴三片一中心的空间结构

运河从塘栖通过，中间一条为古航道，北侧一条为新航道。核心区的空间结构以"Y"形的古航道为轴；围绕Y形轴形成3个片区，南为老城生活区，北为新老结合的文化区，东为新发展的公共活动区；在三河口建设城镇空间景观中心，中心由东侧公共活动广场、西侧文化广场和南侧的商业休闲广场组成，3个广场隔水相望，均设置亲水平台，而且由两座桥梁相联，共同形成独具特色的水广场。

2. 以古运河为中心，组织塘栖历史文化传统的典型意象

运河是塘栖古镇形成与发展的基础与根源，要传承塘栖的历史文化，首先要从运河开始，运河北侧有成片的传统民居，中间有作为全国历史文物的广济桥，南侧还有何思敬宅和承德当房等古宅，将他们完全按照传统建筑修缮，东侧有塘栖历史上最繁华最典型的市河，已在文化革命时期被填没成市新街，是市民最怀念的水街，城市设计在调查的基础上决定将其恢复，再加上恢复古运河上的场景，例如纤道两岸、河埠林立、古桥纵横、沿河依栏等。以上这些共同形成古运河历史文化传承的典型性意象，当然也是具有结构性的。对于历史遗存不多的情况，城市设计运用典型性历史意象再现达到传统继承的目标是一种有效的方法。

在建立典型意象的同时，还对3条弄、市南街、仁和木行和大纶丝厂等进行

修缮保护，并复原乾隆行宫、大善寺、文昌阁等历史景象，形成典型意象的烘托。

3. 推进新旧共生的城市形态

历史城市都有传统保护与未来发展共存的问题。城市形态新旧共生能反映城市发展各阶段都共存于历史长河之中，能激发老城的活力，形成新的秩序、新的美学。

塘栖城市设计运用三种共生模式：新旧建筑交叉、新的衬托旧的、旧的衬托新的。

在广济桥南侧组织城镇入口广场，以新建筑与周边传统建筑穿插建设；在

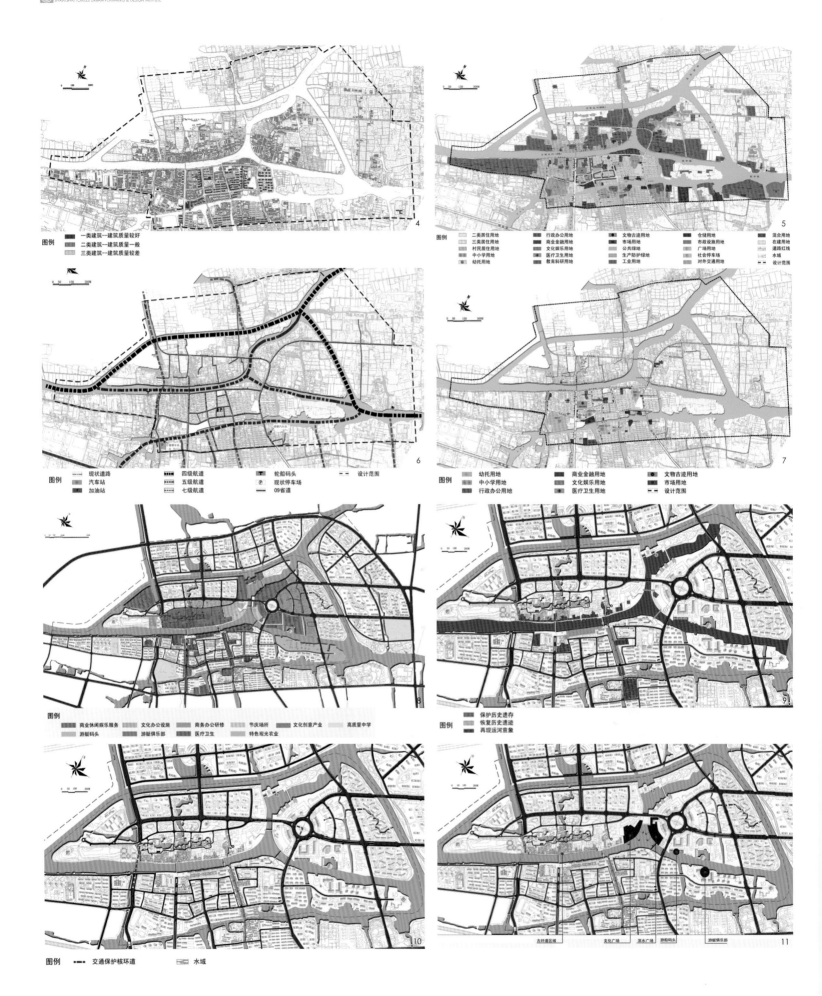

图例　■ 一类建筑—建筑质量较好
　　　■ 二类建筑—建筑质量一般
　　　■ 三类建筑—建筑质量较差

图例　■ 二类居住用地　　■ 行政办公用地　　■ 文物古迹用地　　■ 仓储用地　　■ 混合用地
　　　■ 三类居住用地　　■ 商业金融用地　　■ 市场用地　　　　■ 市政设施用地　■ 在建用地
　　　■ 村民居住用地　　■ 文化娱乐用地　　■ 公共绿地　　　　■ 广场用地　　　■ 道路红线
　　　■ 中小学用地　　　■ 医疗卫生用地　　■ 生产防护绿地　　■ 社会停车场　　■ 水域
　　　■ 幼托用地　　　　■ 教育科研用地　　■ 工业用地　　　　■ 对外交通用地　■ 设计范围

图例　■ 现状道路　　　■ 四级航道　　　T 轮船码头　　　■ 设计范围
　　　■ 汽车站　　　　■ 五级航道　　　P 现状停车场
　　　■ 加油站　　　　■ 七级航道　　　■ 09省道

图例　■ 幼托用地　　　　■ 商业金融用地　　■ 文物古迹用地
　　　■ 中小学用地　　　■ 文化娱乐用地　　■ 市场用地
　　　■ 行政办公用地　　■ 医疗卫生用地　　■ 设计范围

图例　■ 商业休闲娱乐服务　■ 文化办公设施　　■ 商务办公研修　　■ 节庆场所　　　■ 文化创意产业　■ 高质量中学
　　　■ 游艇码头　　　　■ 游艇俱乐部　　　■ 医疗卫生　　　　■ 特色观光农业

图例　■ 保护历史遗存
　　　■ 恢复历史遗迹
　　　■ 再现运河意象

图例　■ 交通保护核环道　　■ 水域

三河口东侧的公共活动广场上，滨水有近代工业建筑大纶丝厂，属保留的传统建筑，给予修缮，其周边是现代的商业建筑，以简洁界面的新建筑衬托老建筑，显示老建筑的历史文化价值；同样在三河口西侧文化广场上，滨水有仁和木行传统建筑，其北侧组织文化活动中心新建筑衬托老建筑，并在地面高差与铺装上给予处理，以显示其价值；另外在三河口南北恢复2座古桥——里仁桥和三分桥，与西侧的广济桥一起呈三角鼎立，然后在其间根据功能的需要建一座现代桥梁（例如钢结构的玻璃桥），形成以古桥衬托现代桥梁，新旧穿插、激活环境。

4. 完善三个中心相关的功能设施，组织到核心区范围

塘栖城镇中心：商业服务、休闲娱乐、文化教育设施、商务办公、节庆场所等。

临平副城的次中心：商业服务（高一层次）、商务办公、文化创意、研修中心、高质量中小学等。

杭州运河的旅游休闲中心：休闲商业服务、文化娱乐、游艇码头、游艇俱乐部、民俗节庆场所、特色农业观光等。

5. 修复水系，营造古镇水乡环境

塘栖是历史上的水乡古镇，河网纵横，但文化革命及前后由于建设需要，缺乏生态理念，河网被填没不少，特别是老城区部位更为严重。城市设计结合生态和古镇意象的需要修复水系，一方面完善网络，另一方面重点复原两条河，即将市新街还原为市河，尽量恢复历史风貌，回复原有的景象；同时在南片区东侧的河口，复原历史建筑文昌阁的同时恢复其西侧的河道。为了传承水乡环境，城市设计还重点恢复运河南侧与市河的临水廊和美人靠，同时使旅馆、游艇俱乐部等建筑尽量临水、枕水，提供人们更多的亲水机会。

6. 组织交通保护核，促进古运河两侧实现核心步行区

塘栖城镇核心部位，包括运河南侧老城生活区，北侧新旧共生的文化区，以

及东侧的公共活动区，是集城镇的历史传统、文化创意、运河旅游休闲和市民公共活动的场所，应该是以步行为主的人性化环境。为此城市设计在核心范围的东侧塘栖路、西侧业四路、北侧里仁北路和南侧的小河西路之间建交通保护核，4条路形成环路。保护核内尽量采用环形路和尽端式支路，减少车行交通对区域内的干扰。

7. 组织水、陆路的旅游路线

塘栖作为杭州运河的旅游休闲中心，既要满足较长时间的旅游休闲活动，前面已提过要配置各种服务设施，同时要满足短期的旅游休闲活动，特别对于杭州及其周边的游客，组织旅游路线十分重要。城市设计分析旅客来镇的交通状况和兴趣选择，组织陆路旅游线，从南入口进，并将路线与景点结合；水陆旅游线，直接从杭州沿运河进入，也结合景点组织。

8. 建设公共活动中心

考虑到老城区与传统居民复原区等，由于受现状的限制，环境、交通条件均较不理想，而且建设尺度不大，很难组织满足副城次中心，旅游休闲中心等需要的集约化、规模化的公共服务设施，为此城市设计在三河口东侧的新发展区建城镇公共活动和服务中心，综合配置商业、宾馆、文化娱乐、游艇俱乐部和交通枢纽站等，为整个塘栖城镇中心服务。在亲水广场上结合宾馆塔楼建城镇的中心地标。

4.建筑质量现状图
5.土地使用现状图
6.交通现状图
7.公共设施现状图
8.完善三个中心的功能设施图
9.结构性意象保护—平面布局图
10.交通保护核
11.戏水空间分析图
12.历史建筑仁和木行被文化中心衬托
13.塘栖地标
14.现代建筑历史符号

乌鲁木齐市国际会展中心片区城市设计国际方案征集
Urban Design for International Exhibition Center of Urumqi

项目负责人：　　　李继军　倪春
主要设计人员：　　倪春　宋伟　魏水芸　胡清扬　赵兆　徐方　赵婷　安平　韩胜发　吴虑
规划用地规模：　　7.37km²
完成时间：　　　　2011年6月
获奖情况：　　　　国际竞赛一等奖，2011年度上海同济城市规划设计研究院院内二等奖

1-4.效果图
5.乌鲁木齐会展中心总平面图
6.网络复合
7.四轴相生
8.点轴辉映
9.多元界面

一、规划概况

总体规划对乌鲁木齐市的城市定位为该地区的城市设计提出了新的要求，而乌洽会的升级对事先乌市国际商贸中心发展战略具有深远意义，新疆国际会展中心的建设为该片区的发展注入了新的内涵。

1. 基地现状

基地位于新疆维吾尔自治区乌鲁木齐市水磨沟区红光山片区，西临河滩快速公路。

基地内会展中心距民航乌鲁木齐地窝堡国际机场约12km，距乌鲁木齐火车南站约11km，距火车西站约16km，距文光货运车站约4.5km²。

2. 规划范围

本次研究范围：约23.6km²；本次城市设计范围：约9.4km²。

二、发展目标及功能定位

1. 发展目标

以会展经济、外事交流、国际商务活动、文化活动和文化创意产业为核心的城市专业中心；

中西亚经济、文化、信息交流窗口；

中西亚文化创意中心；

365会展博览城。

2. 功能定位

核心功能：会议会展、国际交流；

主导功能：现代服务、文化创意；

特色功能：组织机构、文化旅游；

基础功能：生活居住、服务配套。

三、规划布局

1. 空间与功能结构

一核、六区、两轴、两带。

一核：国际交流核；

六区：文化传媒创意区、综合商务商业区、中西亚风情商业商贸区、西部风情商贸区、东部国际宜居社区、西部配套居住社区；

四轴：绿谷生态轴、会展文化轴、西域风情轴、活力休闲轴；

两带：北部生态景观带、南部生态景观带。

2. 道路交通系统

构筑"四横三纵"的主干路网体系。

轨道交通：三线交汇，系内达外。地铁4号线，区内设3处站点；地铁7号线，区内设2处站点；增设城市快线，区内设2处站点。

慢行交通：绿色步道、活力空间。步行系统联通公共开放空间，建立公共活力中心区域。

3. 绿地景观体系

四廊、五园、多点。

规划以联系基地南北生态发展空间为契机，结合地势保留了4条南北向的生态廊道，廊道与道路绿带、社区绿化、城市公园共同形成了网络复合的绿色环境体系，充分体现了生态共享的方案宗旨。

四、城市设计特征

核心引领——塑造地标营建核心，明确门户提升形象；

六区互动——划分多元功能板块，营造独特风貌特征；

四轴相生——一横三纵景观统领，文化生态相得益彰；

点轴辉映——多级体系层次分明，功能突出特色各异；

多元界面——多元界面形式各异，突出特色营造风貌；

网络复合——纵横网络复合功能，空间开放生态共享。

① 国际体育中心
② 西部风情商贸区
③ 红光山酒店
④ 西部配套居住社区
⑤ 城市规划展览馆
⑥ 文化传媒创意办公区
⑦ 领馆办事区
⑧ 文化休闲公园
⑨ 亚欧国际接待中心
⑩ 企业总部办公区
⑪ 北部配套居住社区
⑫ 365天中西亚世博园
⑬ 风情休闲街
⑭ 国际社区
⑮ 国际学校
⑯ 社区商业中心
⑰ 国际医院
⑱ 中华文化园
⑲ 商务休闲园
⑳ 新疆民俗风情园
㉑ 绿城百合苑
㉒ 新疆伊斯兰教经文学校
㉓ 社区配套学校
㉔ 文化创意生态公园
㉕ 中西亚文化展示中心
㉖ 中西亚艺术交流中心
㉗ 五星级酒店
㉘ 国际体育中心
㉙ 户外活动休闲公园
㉚ 特色商住混合区
㉛ 非政府机构办公区

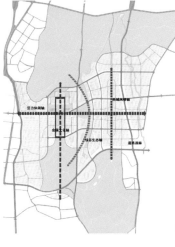

怀化市总体城市设计
Comprehensive Urban Design of Huaihua

项目负责人： 阎树鑫

主要设计人员： 郝丹 陆天赞 李茁 邓文芳

委托单位： 怀化市规划局

规划用地规模： 85km²

完成时间： 2009年12月

获奖情况： 2009年度上海同济城市规划设计研究院院内三等奖

1.手绘鸟瞰图
2.景观分析图
3.高度控制图
4.怀化城市设计图则

本项目怀化市人民政府审批通过，作为引导怀化市区发展的重要研究报告纳入到怀化市的政府工作报告中，并作为怀化市总体规划实施和控制性详细规划编制的重要参考内容，对怀化市未来的城市发展建设产生重大影响。

怀化市总体城市设计由"面面俱到型"研究转向"问题导向型"研究，抓住怀化市城市特色、城市规划实施情况和城市发展中存在的问题进行了深入研究和分析，编制"城市特色、城市空间、城市竖向形态、城市开发重点"四大专题，

提出建设"活力怀化、生态怀化、特色怀化、有序怀化"四大目标，紧扣城市定位，制定十大发展策略，将发展意图落实为针对性与操作性强的实施图纸，同时制定中观层面的城市设计导则和微观层面的城市设计，研究深入，内容翔实，有效有力地指导城市规划实施。

图例
- ‖‖‖ 城市段
- ‖‖‖ 生态段
- ‖‖‖ 站场段
- ● 铁路上跨节点
- ● 铁路下穿节点
- 林荫道
- 重点绿化道路
- 城市生态道路

- ■ 50
- ■ 50-100
- ■ 100-500
- ■ 500-1000
- ‖‖ 幕墙

2

- ■ 50-80m
- ■ 36-50m
- □ 24-36m
- □ <24m

3

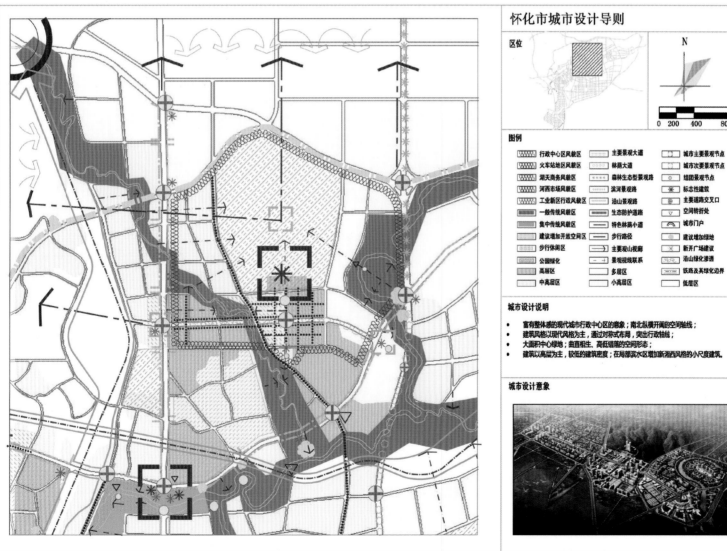

怀化市城市设计导则

区位

N

0 200 400 800

图例

- ▨ 行政中心区风貌区
- ▨ 火车站地区风貌区
- ▨ 湖天商务风貌区
- ▨ 河西市场风貌区
- ▨ 工业新区行政风貌区
- ▬ 一般传统风貌区
- ▨ 集中传统风貌区
- ▬ 建议增加开放空间区
- ▬ 步行休闲区
- ▨ 公园绿化
- ▬ 高层区
- □ 中高层区

- ▤ 主要景观大道
- ▥ 林荫大道
- ▥ 森林生态型景观路
- ▥ 滨河景观路
- ▥ 沿山景观路
- ▬ 生态防护道路
- ▬ 特色林荫小道
- ┈ 步行路径
- ┄ 景观视线联系
- ▥ 多层区
- □ 小高层区

- ⊡ 城市主要景观节点
- ⊡ 城市次要景观节点
- ◉ 组团景观节点
- ✳ 标志性建筑
- ▽ 主要道路交叉口
- ▽ 空间转折处
- ⌂ 城市门户
- ▥ 建议增加绿地
- ▥ 新开广场建议
- ▥ 沿山绿化渗透
- ▤ 铁路及其绿化边界
- □ 低层区

城市设计说明

- 富有整体感的现代城市行政中心区的意象；南北纵横开阔的空间轴线；
- 建筑风格以现代风格为主，通过对称式布局，突出行政轴线；
- 大面积中心绿地、曲直相生、高低错落的空间形态；
- 建筑以高层为主，较低的建筑密度；在局部滨水区增加新湘西风格的小尺度建筑。

城市设计意象

4

黄骅市城市中心区城市设计
Urban Design for Center District of Huanghua

项目负责人： 匡晓明

主要设计人员： 刘文波 陈亚斌 曾舒怀 朱弋宇 章庆阳 张明新 杨扬 李扬

规划用地规模： 17.87km²

完成时间： 2009年8月

获奖情况： 2009年度上海同济城市规划设计研究院院内三等奖

1.八大规划策略分析图
2.总平面图
3.用地规划图
4-5.鸟瞰图

一、项目背景

黄骅位于京津冀经济区和山东半岛蓝色经济区的交接处，是区域资源整合、协调发展的重要节点。随着渤海新区战略意义的进一步提升，黄骅城市中心区也将成为带动新区发展的龙头，同时也在城市格局的拓展和功能提升中承担了重要作用。

二、项目理念

本次规划倡导地缘生长、网络聚合、复合永续的规划理念，并提出三大规划策略。

1.区域协同——协同产业布局，优化区域联系

黄骅中心城区是填补区域功能拼图中重要的一块，东至黄骅港区和南排河组团，南至海兴组团，西联沧州市区，北通天津，通过便捷多样的交通，与周边区域形成错位产业功能互动，协同发展。

2.中心极化——极化优势功能，形成区域中心

黄骅中心城区将承担渤海新区主要的高端服务功能，极化优势，使之具有更强的区域辐射能力，带动大区域的升级发展。三元共生——科技、自然、文化三元和谐共生

充分协调城市生产、生活、游憩、交通各大系统与自然的绿地、水系等生态系统要素的相互关系，营造城市科技创新、自然环境与文化休闲三元的和谐共生。

三、功能定位

提出建设黄骅"生态智城"的设计目标，将黄骅建设成为辐射冀东南的生产力服务中心，面向渤海新区的公共活动中心，领航黄骅发展的生态宜居新城。

功能构成：以现代服务业为专业功能，重点发展总部基地、现代物流、会议会展、科技研发功能；以公共活动中心为主导功能，重点发展商业休闲、文化娱乐、商贸金融、行政办公功能；以生态宜居新城为基本功能，重点发展生活居住、教育医疗、文化体育、生态公园功能。

四、规划结构

1.一核三心，一带双轴

规划以麒麟湾构筑城市核心，功能辐射。规划商业休闲中心、行政中心及体育中心，通过南排河生态景观带、学院路城市发展轴、海丰路城市景观水轴等轴线共同构成城区基本架构。

2.一湾引领，指状放射

规划依托麒麟湖及南排河周边良好的自然景观资源，构建本次规划的生态休闲绿色核心区；以斑块、廊道和基底形成生态骨架，核心放射多条绿色生态景观廊道，串联生态斑块节点，构成完整的生态网络。

3.内外双环，板块联动

规划根据区域、城市的职能特点，提出中心区的主要功能设置，通过公共设施的带动，内外环道路体系将不同的功能组团联系起来。

1.空间策略
——区域空间整合，集聚高效组团。

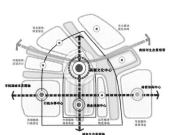

2.产业策略
——发展服务产业，增强辐射能力。

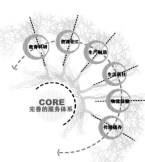

5.道路交通策略
——内外交通整合，优化道路网络。

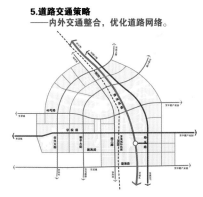

6.绿化景观策略
——梳理景观体系，提升环境品质。

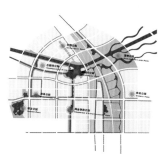

3.功能策略
——构建九大分区，多元功能复合。

4.生态策略
——建构安全格局，保护利用资源。

7.开发建设策略
——创新开发模式，合理利用土地。

8.公共设施策略
——完善配套设施，突出特色功能。

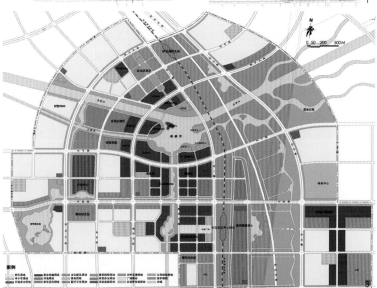

国家郑州经济技术开发区整体概念性城市设计
General Urban Design for Zhengzhou National ETDA

项目负责人： 匡晓明
主要设计人员： 刘文波 张运新 朱弋宇 潘镜超 彭薇颖 钟柯 朱婷 余阳 方宇
规划用地规模： 总用地规划为86km²，核心区规划用地为10.48km²
完成时间： 2009年
获奖情况： 2009年度上海同济城市规划设计研究院院内三等奖

1.核心区八大规划策略分析
2.整体规划结构
3.核心区规划结构
4.整体规划用地
5.核心区总平面
6-7.效果图

郑州经开区是近年郑州发展最为迅速的产业集聚区，郑州经开区的合理定位将有助于郑州中心城的强化，同时可以联动周边产业经济的发展，突出对郑州新区发展的带动作用。

郑州经开区位于郑州新区"T"形发展轴的纵轴上,是郑州新区发展极核，老城区、郑东新区、中牟产业园、航空港区、中牟县城以及龙湖组团分别散布于经开区周围，优越的地理区位和交通条件有利于经开区加强区域联系、促进产业整合。

方案为了促进经开区产业发展，规划设计九大策略：区域空间整合，集聚高效组团；构建七大分区，多元功能复合；完善产业体系，提升产业能级；建构安全格局、形成网络聚合；强化区域联系，构建陆运网络。梳理景观体系，提升环境品质；设施配套完善，突出特色功能；创新开发模式，合理利用土地；完善市政设施，集约利用能源。

核心区设计以水为脉，通过生态绿核的指状放射网络构筑组团空间；通过多级绿化廊道建立完善的生态网络，实现城绿共生；滨湖地区围绕景观湖规划企业总部基地、五星级酒店、文化中心、演艺中心等功能，创造多元融合的滨水景观；根据不同的功能性质，打造不同特色的岸线，突出两大中心滨水地区，塑造生动丰富的滨水空间；规划有效整合路网、绿网和水网系统，以网络化的布局模式提升景观均好性，塑造了丰富多样的生态性公共空间，并在总体层面对开放空间系统加以统一建构；通过区域内主要工业景观大道的特色设计，创造产业新城内多元的风貌特征。

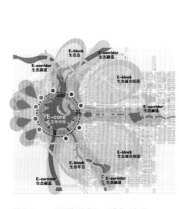

特征一：指状放射，城绿共生

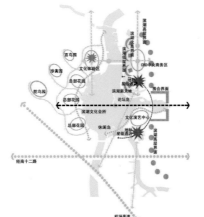

特征二：滨水景观，多元融合

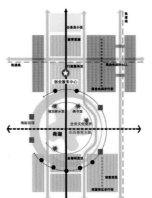

特征三：荷湖引领，功能集聚

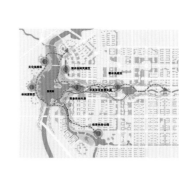

特征四：盈彩水岸，时空交融

特征五：文化注入，形象提升

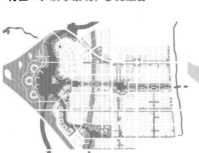

特征六：珠连绿带，点轴布局

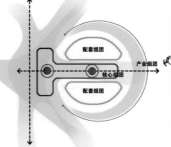

特征七：群组相生，风貌多元

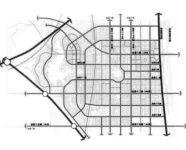

特征八：路景相合，步移景异

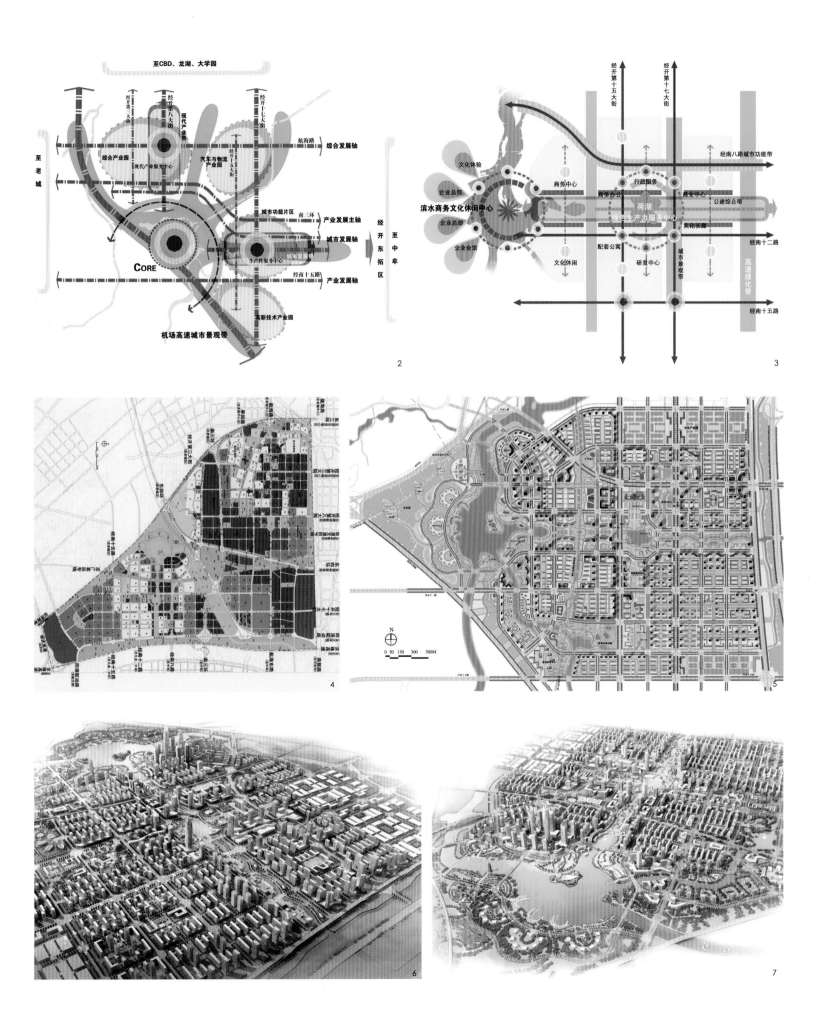

至CBD、龙湖、大学园

经开第十八大街
经开第十七大街

现代产业带

综合产业园
现代产业服务中心
汽车与物流产业园

至老城

航海路　综合发展轴

城市功能片区

产业发展主轴

南三环
经开东拓区

城市发展轴

CORE
生产性服务中心
城市发展轴

经南十五路　产业发展轴

高新技术产业园

机场高速城市景观带

2

经开第十五大街
经开第十七大街

经南八路城市功能带

文化体验

企业总部
商务中心
行政服务
商业中心
公建综合带

滨水商务文化休闲中心

企业总部
商务办公
荷湖
绿色生产力服务中心
文化长廊

企业会馆
配套公寓
城市景观带

高速绿化带

文化休闲
研发中心

经南十二路

经南十五路

3

N
0　50　150　300　500M

4

5

6

7

上海南桥新城城市设计

Urban Design of Nanqiao New Town, Shanghai

项目负责人： 匡晓明

主要设计人员： 刘文波 徐伟 朱弋宇 陈熠旻 邵宁 夏一凡 彭镇 王剑威 杨扬 张利敏 蒋南

规划用地规模： 70km²

完成时间： 2010年

获奖情况： 2011年度上海同济城市规划设计研究院院内三等奖

1.规划结构图
2.点轴推进
3.核心引领
4.多元协同
5.生态网络
6.用地图
7.总平面图
8.鸟瞰图

南桥新城是上海市"十一五"规划期间提出的"1966"城乡规划体系中9个郊区新城之一。近年来，随着东海大桥杭州湾大桥铁路沿海大通道的建成，南桥新城作为联系沪浙两大新通道战略节点的趣味优势日益显露，由过去的终端区位转变为枢纽型节点，将在上海辐射与服务长三角的区域战略中发挥更为重要的作用。

规划以"网络生态、聚合发展、低碳循环、复合有机"为规划理念，整合南桥新城的禀赋要素，融入创新要素，通过对杭州湾北岸地区以及奉贤的整体研判，提出南桥新城的规划目标："低碳生态·智慧宜居"。具体功能定位为"面向杭州湾北岸的服务区——创新型生产力服务中心，辐射长三角南翼的先导区——区域型现代服务业基地，引领全国低碳新城示范区——生态型智慧宜居示范区"。

本次规划以中部的片林和上海之鱼共同打造生态核心，在周边聚集主要的城市公共性职能，引领整个南桥新城的开发建设；规划以南北向的2条主要城市道路——南桥路和金海路；以及东西向的两条主要城市道路——南奉公路和浦奉公路作为区域发展的轴线，推动城市由西及东发展，并形成多个功能节点，带动各片区的建设；并依托主要的水网系统所造就的生态本底，形成蓝绿交织的绿色网络，构建生态型的新城区。

通过总结生态低碳城市规划的发展模式，规划设计突出了土地利用、产业发展、能源节约等九大支撑系统，本案试图以这九个方面的全面升级为契机，实现生态低碳城的设计构想，这也是本次规划的主要特色之一。

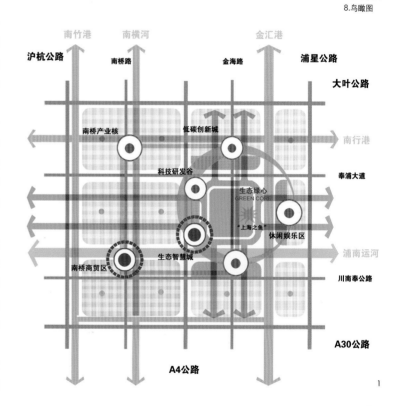

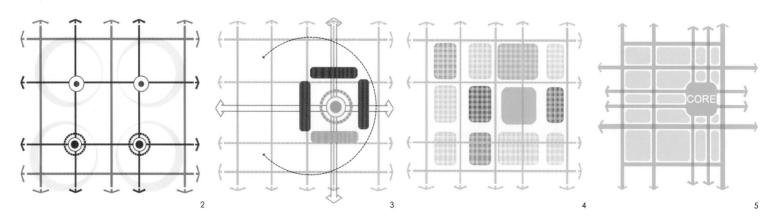

軌道交通五号线

軌道交通八号线

6

7

8

图例

二类居住用地   基础教育设施用地   医疗卫生用地   市政公共设施用地   商务办公用地   防护绿地

商住混合用地   文化娱乐用地   教育科研设计用地   行政办公用地   工业用地   水域用地

社区服务设施用地   体育用地   道路广场用地   商业服务业用地   公共绿地   规划边界

N

0 100 300 600M

哈密市西部新区概念规划暨重点地区城市设计

Conceptual Planning for the Western District of Hami City And Urban Design of Key Area

项目负责人：　　　周玉斌　陈科

主要设计人员：　　周玉斌　陈科　樊保军　郭开明　冀晓洁　罗晖　曾金

规划用地规模：　　西部新区概念规划27.3km² 重点地区城市设计5.4km²

完成时间：　　　　2010年8月

获奖情况：　　　　2010年度上海同济城市规划设计研究院院内三等奖

1. 土地利用规划图
2. 日景鸟瞰图
3. 城市设计总平面图

一、规划背景

哈密市位于新疆维吾尔自治区东部，素有"新疆门户"之称。随着兰新铁路第二双线等重大基础设施建设及"疆煤东运"战略的提出，哈密作为全国煤产业基地的地位进一步巩固和加强，对城市空间拓展和高品质的服务配套提出更高的要求。

《哈密市城市总体规划（2006-2025年）》确定了"向北发展为主，适当向西发展"的城市发展方向，但是因为城市建设过程中受铁路的影响较大，以及受到土地权属等因素制约，近期发展存在一定的困难。规划通过城市向各个发展方向的可行性比较分析，认为就目前发展条件来说，城市向西发展的时机更加成熟、条件更加优越。

二、西部新区概念规划

1. 功能定位

西部新区是全市重要的公共服务和生产服务中心，生态宜居地，市级文化中心，也是城市及周边地区的旅游服务基地。

中心城区西部的公共服务中心

全市生产性服务中心

生态宜居场所、南湖重工业园生活的后花园

市级文化中心

旅游服务基地

2. 规划布局策略

功能构成策略：核心集聚、引领发展；

结构组织策略：轴线贯通、均衡发展；

新区发展策略：新老对接、轴带相承；

生态保障策略：十字引领、内外环通。

3. 规划结构

规划形成"两心、三轴 、两带、七组团、多点"的空间布局结

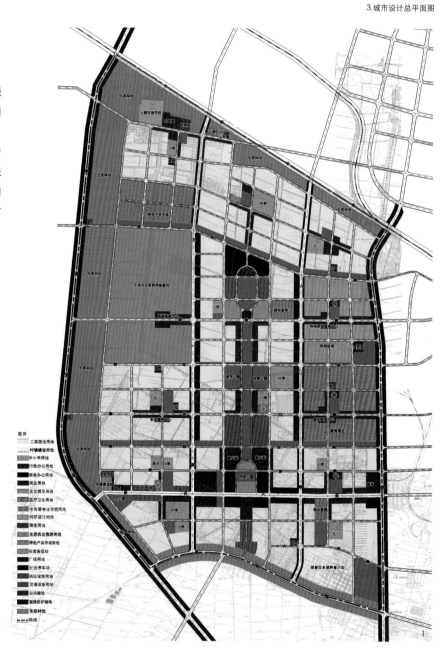

2

3

构。
　　两心：南侧的综合服务中心、北侧的生产性服务中心；
　　三轴：城市中央轴线、功能联系轴、城市发展轴；
　　两带：沿前进路、新民四路的人气集聚带，作为老城功能的向西延续；
　　七组团：包含4个居住组团、北侧火箭农场发展组团、科研综合组团以及旅游观光体验组团；
　　多点：组团服务中心节点及农场服务节点、科技研发服务节点、高校园区服务节点和旅游观光体验中心节点。

三、重点地区城市设计

　　城市设计通过"核心引领、内外互动；绿脉贯通、十字延展；路景结合、特色营造；门户空间、层次递进"32字策略，强调新民六路和西部新区城市中央轴线形象设计，形成贯穿核心区的十字轴结构，在十字轴的中心设置综合服务中心；在居住功能集中的东西两大区域，设置社区服务中心，并通过新民六路与综合服务中心联系，进一步强化西部新区和老城区的关系。

济南历城区章灵——安家（雪山）地区核心区城市设计
Urban Design of Core Area of Zhangling—Anjia(Xueshan) District

项目负责人：　　俞静
主要设计人员：　沈永祺　景秋晨　周愿　顾玄渊　陆天赞　徐愉凯　罗黎勇　何林飞　尤捷
委托单位：　　　济南市城市建设投资有限公司
合作单位：　　　济南市规划设计研究院
规划用地规模：　2.2km²
完成时间：　　　2011年
获奖情况：　　　2011年度上海同济城市规划设计研究院院内三等奖

1.鸟瞰图
2.总平面图
3.效果图

该项目位于济南市贤文片区章灵—安家地区，从区域需求出发，考虑城市功能定位和城市特色。规划定位为"东郊创智基"、"地区域生活服务中心"、"雪山启动示范区"，策划"居住生活"、"智力创新"和"生态示范"三大职能。

利用现有山体、河道和绿化廊道，构建城市慢行交通体系；结合山体形成若干城市公园，组成城市生态斑块；廊道连接各大生态斑块形成完整的生态绿环；

公益性公共服务设施，沿绿带成环状布局；经营性商业设施，依托主要道路和轨道交通站点布局。形成"道路成网绿成环，公益沿绿商沿路"的空间格局。

提出"区域整合"、"核心引领"、"有机聚合"、"多元融汇"的规划原则，形成"一轴一带，一核多心"的规划结构。

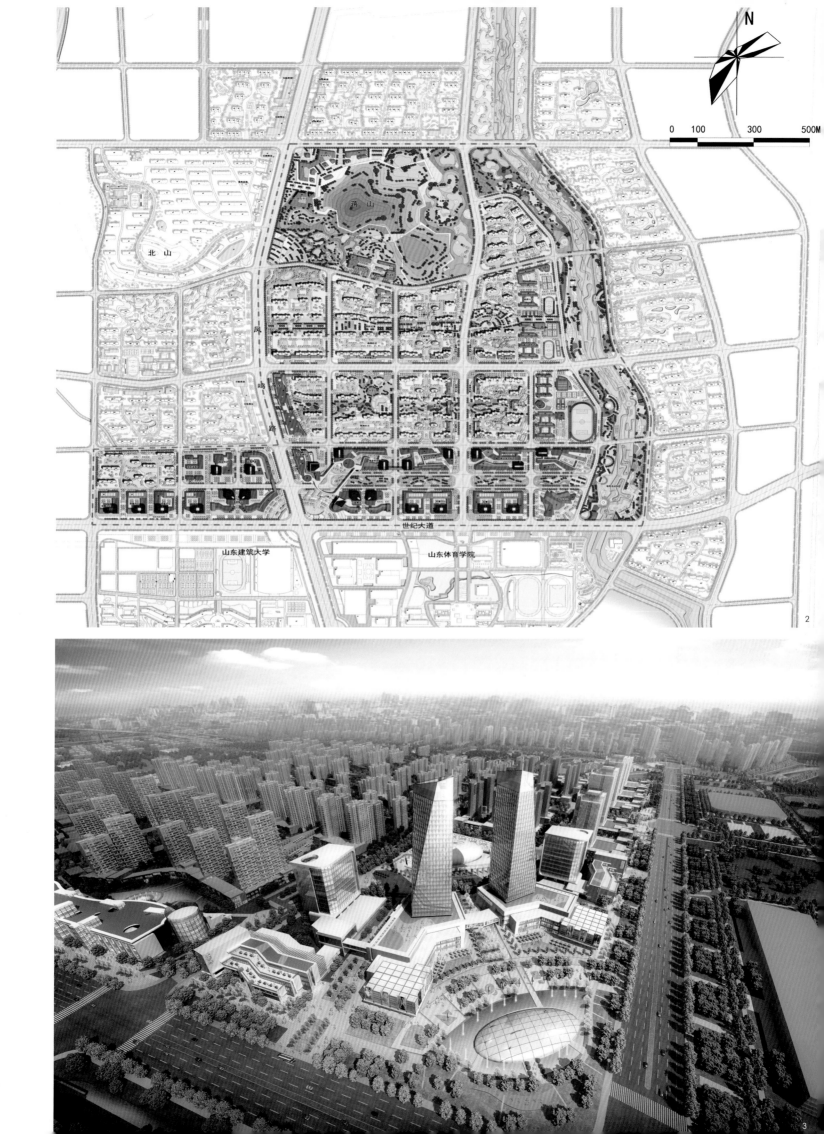

N

0 100 300 500M

蒋山

北山

凤

鸣

路

世纪大道

山东建筑大学   山东体育学院

宁波市中心城门户空间体系规划研究

Research on the Urban Gateway System Planning for the Center of Ningbo

项目负责人： 曹春
主要设计人员： 翁晓龙 杨虎 牟筱琛 周宇
规划用地规模： 600km²
完成时间： 2011年9月30日
获奖情况： 2011年度上海同济城市规划设计研究院院内三等奖

1.宁波中心城门户节点分布图
2.宁波中心城门户空间范围图
3.宁波中心城门户空间结构图
4.宁波中心城门户区域分布图
5.门户空间概念性规划图

随着长三角地区一体化发展的进一步推进和交通等基础设施网络化格局的进一步完善，宁波城市的外部发展环境正在发生着深刻而积极的变化，在此背景下，宁波中心城的外围空间，特别是与对外联系与发展较紧密的城市门户空间未来发展更是充满机遇与挑战。

宁波目前已编的总体层面规划在一定程度上缺乏从城市门户角度对这些地区的思考，局部区块的相关规划也大多限于范围内提及到的城市门户概念。本次研究从城市整体发展的角度出发，针对宁波中心城门户空间进行了系统的梳理，并对每个门户空间在功能及空间发展方面进行研究和探讨，以期能在相关地区未来的发展过程中具有一定的引导和参考价值。

由于关于门户空间体系的研究国内较为少见，因此本次研究从理论研究入手，首先对定义、要素、特征和分类进行了归纳总结，然后建立了门户空间划定的标准。以此对门户空间的布局进行研究，并通过数据模型分析，构建了门户空间的等级关系；根据门户空间和城市结构的关联创建了门户空间结构；根据各个门户区域的发展条件确立了门户空间功能；最终形成了整体的门户空间体系。跟据各个门户空间的特点进行概念性规划并编制门户空间发展控制导引。

一、门户空间的基本理论

广义的门户空间指的是城市与外界进行人流、物流、信息流交换的区域。狭义的门户空间指的是依托于城市对外交通枢纽，具有特定功能与形态特征的城市空间单元。门户空间的要素包括路径、门户区域、门户节点。门户空间体系的构成要素包括等级、结构、功能。

二、门户空间的布局

按照水域、陆域、空域的分类，依据不同层级的路径筛选门户区域与门户节点，并与城市远景发展规划进行校核，对门户空间的布局合理性进行评价，确定最终的门户空间布局。宁波市中心城共有6大门户区域，按照方位划分为东部门户区域、中部门户区域、东北门户区域、东南门户区域、西南门户区域及西北门户区域。在6大门户区域内主要形成14个门户节点，其中客运门户节点7个、货运

门户节点4个、客运货运混合门户节点3个。

三、门户空间的体系构建

等级体系：通过优序对比法建立分析模型，选取评价因子A.对接区域的性质；B.对外交通条件；C.区位发展条件；D.空间拓展可能性，形成门户空间等级结构。

结构体系：在宁波中心城门户空间布局的基础之上，结合城市整体空间结构形成门户空间"一环一带、网络化、双核、七心、多节点"的格局。

功能体系：在每个门户区域的现状分析基础之上，根据门户特点和自身发展条件制定发展战略和功能定位。

四、门户空间发展控制导引与重点门户空间概念性规划

根据大量案例研究总结影响门户空间发展的功能、空间、交通等方面的规律，并落实于门户空间发展控制导引，同时对重点门户地区进行概念性规划，对已有规划进行评估和提出调整建议。

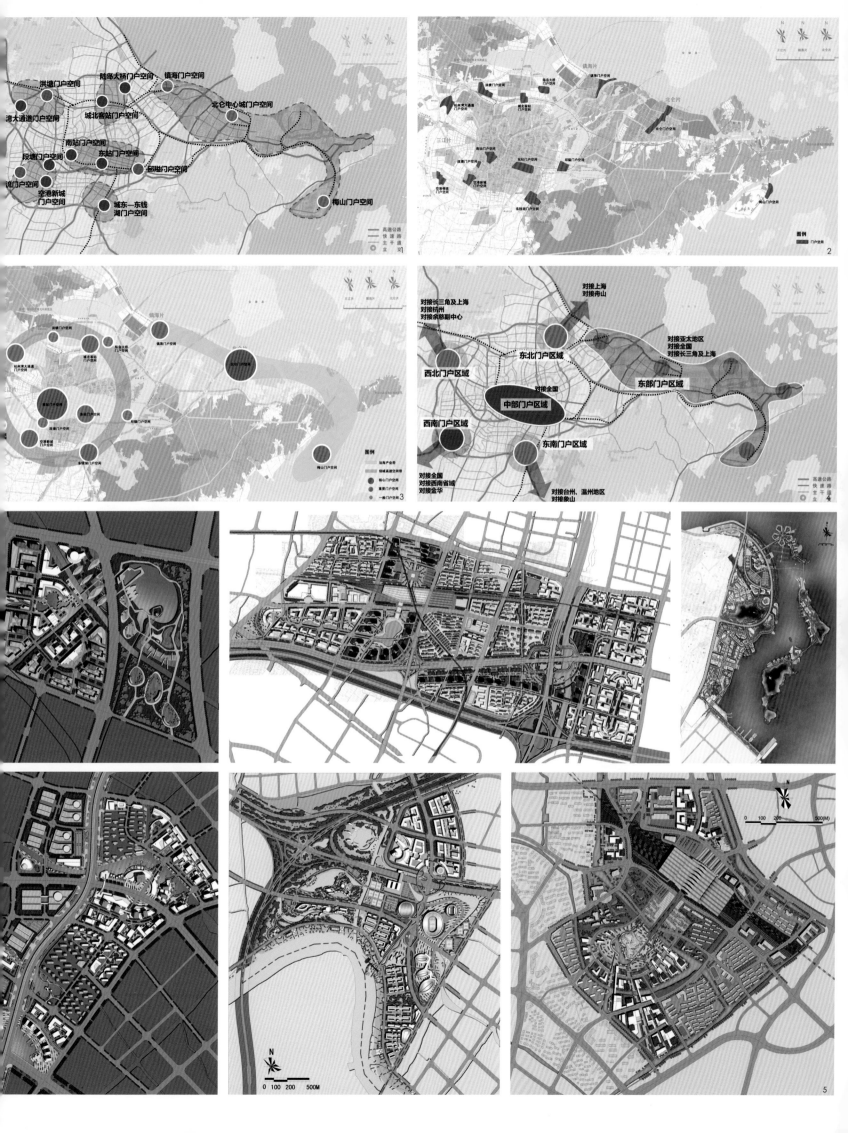

概念规划

上海同济城市规划设计研究院
SHANGHAI TONGJI URBAN PLANNING & DESIGN INSTITUTE

杭州龙坞片区暨龙坞旅游综合体概念规划

Conceptual Planning of Longwu District and Longwu Tourism Complex, Hangzhou, Zhejiang

项目负责人： 李继军 倪春
主要设计人员： 倪春 魏水芸 李健 彭澎
规划用地规模： 156hm²
完成时间： 2009年6月
获奖情况： 2009年度上海同济城市规划设计研究院院内二等奖

1.土地使用规划图
2.道路断面图
3.道路及场地竖向规划图
4.绿地功能规划图
5.植物群落规划图
6.总平面图
7.日景鸟瞰图

一、规划范围

龙坞片区位于杭州城市近郊西湖区之江地区，西湖风景名胜区西部，距杭州市中心约15km。它西起西湖区界，东靠西湖风景名胜区界，南与转塘、之江国家旅游度假区相连，北与留下镇接壤，总用地面积约48.5km²。

本次龙坞旅游综合体规划范围主要为龙坞集镇建设用地范围，即东至绕城公路，南至天平路、规划青山路，西至上城埭路、钱江国际高尔夫球场用地红线，北至梧桐路，总面积1.56km²。

二、发展定位

龙坞片区作为之江新城旅游服务次中心，是之江旅游度假区和转塘旅游基地的补充。发展定位为：旅游、度假、休闲、居住、产业等功能相结合的花园宜居片区。

龙坞综合体旅游的总体发展目标确定：杭州西部新兴的生态浪漫山居小镇，以山野茶香为特色，以健康养生为重点，集康体娱乐、度假人居、商务会议、文化创意为一体，人与自然和谐相处的之江新城旅游服务次中心。整合基地周边旅游资源、实现资源、环境、交通与市场的优化，形成小镇独具特色的游憩方式、产品内容、主题品牌及商业模式。

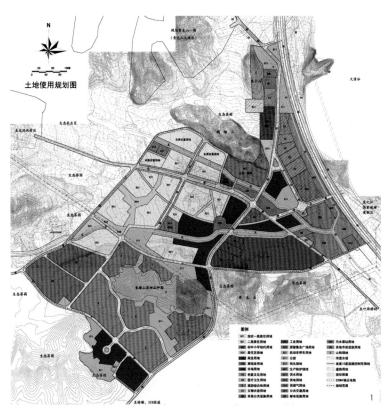

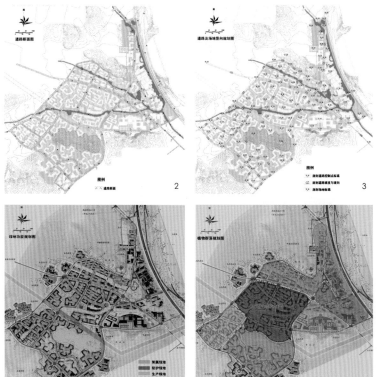

三、功能分区

一核两轴六区。

一核：旅游服务核心区；

两轴：龙潭路、长垛路十字交通景观轴；

六区：浪漫休闲区、创意工房区、居民安置区、养生产业区、银色颐养区、旅游功能区。

四、道路及绿化设计

道路规划设计了贴合旅游环境的道路交通规划体系和断面，设置专门的自行车道和步行道。

绿化景观规划通过不同层次的绿化景观构成空间绿化网络，并设置绿色开放廊道将基地周边绿化引入镇区中心。

五、开发时序

开发时序分三期开发，一期利用开阔场地，建设旅游综合体、婚庆教堂、宾馆酒店、居民安置区、玫瑰花街等各种功能服务设施，功能大体得以完善，营造浪漫旅游小镇的总体形象；

二期进一步完善旅游服务设施功能的建设，包括风情水街、茶叶主题市场、旅游服务中心等；

三期涉及现有龙潭路南侧大量居民搬迁，并建设旅游地产和龙坞博物馆，完成规划最终设想。

总平面图

上海同济城市规划设计研究院
SHANGHAI TONGJI URBAN PLANNING & DESIGN INSTITUTE

漯河经济技术产业集聚区总体发展规划

Overall Development Planning of Luohe Economic and Technological Industry Cluster

项目负责人： 夏南凯

项目总工： 张海兰

主要设计人员： 付青 温晓诣 程大鸣 丁宁 吴娟 黎慧 蔡嘉旎 许尊 陈挚

规划用地规模： 24.2km²

完成时间： 2009年12月

获奖情况： 2009年度上海同济城市规划设计研究院院内二等奖

1.漯河市区位
2.产业集聚区在漯河市的位置
3.产业集聚区规划范围
4.产业布局图
5.总规功能结构图
6.结构分析图
7.土地利用现状图
8.土地利用规划与总体规划的衔接

漯河经济技术产业集聚区为河南省确定的175个产业集聚区中之一，位于漯河市城区东南部，总规划面积24.2km²，现状产业发展基础良好，已集中了双汇、中粮、旺旺等食品产业，规划定位为：以食品生产、加工为主导产业的产业集聚区，积极发展与食品生产、加工相关的研发和高新技术产业，打造中西部地区食品产业的最密集区，继而成为世界知名的食品工业基地。

规划从城市总体发展的角度出发，重点研究了产业的发展与布局、土地的集约利用、资源的整合与节约、城乡统筹发展等，并对集聚区内产业发展、空间布局、基础设施配套以及发展时序等进行了统筹安排，以促进集聚区的发展，进而实现"企业（项目）集中布局、产业集群发展、资源集约利用、功能集合构建、城乡和谐发展"。

规划在对集聚区内不同产业分析研究的基础上，根据各个产业的特点形成不同的产业组团，综合考虑各个组团间的关系以及对生活区的影响，在空间上予以布置，同时将生活设施、公共服务设施与主城区对接，使其既服务于本区域又成为城市东部片区一个副中心，完善了城市的公共设施体系，充分体现"产城一体、产城融合"的规划理念。

规划在关注空间规划的同时，突破传统规划只注重空间规划的弊端，提出了集聚区可持续发展的建设目标，即建设紧凑复合、生态集约、资源节约型产业集聚区。规划将产业布局与循环经济建设相结合，做到资源的节约与集约利用，并对水资源、能源、土地资源的利用提出相应的控制指标和准入门槛。同时，规划与环评报告紧密衔接，严格控制各项污染物的排放，明确入住企业的环保要求。

此次规划不仅仅考虑到产业空间发展的需求，更注重社会的和谐发展。规划从城乡统筹的角度对集聚区内现存村庄进行了普查与分析，提出了逐步、就近的迁村并点方案。村庄迁并与城市已有设施结合，建设成为新型城市社区，并配置相应的公共服务设施与公共活动场所。此外，结合集聚区产业发展为失地农民提供就业机会，真正体现城乡统筹、和谐发展。

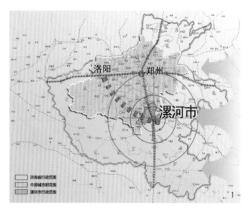

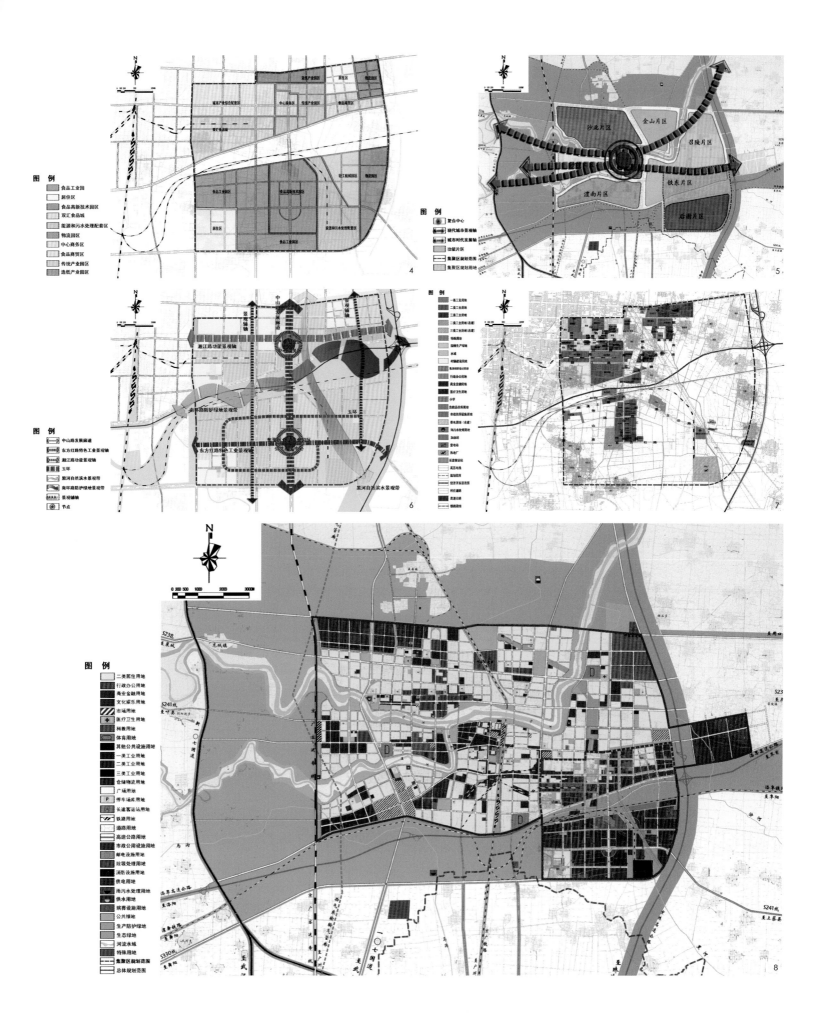

上海同济城市规划设计研究院
SHANGHAI TONGJI URBAN PLANNING & DESIGN INSTITUTE

北虹桥及周边地区产业及城市发展战略研究

A Study on Industry and the Urban Developing Strategy of the Areas around Beihongqiao

项目负责人： 李继军 宋伟
主要设计人员： 陈强 张文婧 戚常庆
规划用地规模： 研究范围范围为江桥镇行政范围，区域面积42.6km²，规划范围为江桥镇沪宁高速以南地区，面积12.96km²。
完成时间： 2010年3月
获奖情况： 2010年度上海同济城市规划设计研究院院内二等奖

1.建设动态分析图
2.近期土地管理对策分析图
3.土地使用规划图

一、规划背景

虹桥综合交通枢纽是上海市继洋山深水港、世博会后又一重大项目工程，其集航空港、高速铁路、城际铁路、磁悬浮和城市轨道交通、地面公交于一体的现代化大型综合交通枢纽。考虑到虹桥综合交通枢纽将对城市带来的重要影响，而枢纽本身集多元化内外交通体系为一体的特点，当前并无完全成熟的案例可循。为分析虹桥综合交通枢纽与周边区域之间的关系，优化和完善各区主要功能区和交通系统与枢纽的关系，形成区域综合发展最优化，特开展本规划研究。本报告承担的是北虹桥地区(嘉定江桥)的发展战略研究。本次规划研究范围为江桥镇行政范围，区域面积42.6km²。规划范围为江桥镇沪宁高速以南地区，东至西环一大道A20、南至吴淞江、西至江桥行政边界、北至A11沪宁高速，面积12.96km²。

二、影响评价分析

从广域影响来看，虹桥枢纽强调对西服务，对接江浙皖等区域，向西为"点轴式"辐射影响。江桥镇是位于焦点位置的新市镇，对于长三角之沪宁轴线，是具有承转作用的节点。从近域影响分析，虹桥周边地区应有的地区责任与机遇包括三个方面：腹地支撑，完善服务层级，储备发展可能。

三、发展策略

江桥位于临空经济区的商务服务圈层，与中心城联系便捷，处于虹桥正北、苏州上河。

产业发展——错位发展、错层发展

江桥地区的商务办公选择差异化发展模式，低强度（休闲+商务）开发模式，与CBD核心区的高强度初期开发模式错位发展；依托区位的便利，以及西北物流园的发展基础，在已形成的冷链物流基础上，大力发展与航空相关的精品快递产业；依托曹安路商贸集聚区的发展，大力发展产业综合性服务平台；抓好大型居住社区的市政公建配套，提高大型居住社区建设品质、改善市民居住质量，为大虹桥地区做好配套；植入新型功能——体育服务业，从而易于二次开发，有助于既定产业的发展、有助于培育地区活力与特色、有助于地方经济发展、不妨碍虹桥商务区以及嘉定整体发展战略。同时高品质的产业必须有高品质的生态环境支撑。江桥镇应当依托苏州河、外环绿带等自然生态环境、大力提升地区生态环境品质，以弥补由于飞机噪声带来的不利影响。

战略对策——与虹桥综合交通枢纽地区的时序配合，错时发展。

储备可能，保持后发优势；稳步发展，首先发展看得准的产业；等待时机，谋而后动；培育地区特色；整理土地，优化环境，做好充分准备。

四、性质定位

面向长三角，依托大虹桥，以总部办公、生产性服务业为主导，综合物流商贸、生态休闲、体育服务业、文化创意产业等功能的复合型新市镇。将江桥打造成为嘉定对接虹桥综合交通枢纽地区的桥头堡；"大虹桥"的重要组成部分。

五、空间布局

以现有的西郊生产性服务业集聚区为基础，继续发展总部办公和生产性服务业；依托苏州河、外环绿带生态基础，将绿化生态空间向纵深延伸，全面提升本地区的城市生态景观环境，结合苏州河沿线生态廊道发展以文化休闲为主、以家庭消费为目标的体验经济；依托江桥优越的近郊和虹桥拓展区区位优势，发展面向大众体育产业，特别是对噪声不敏感的体育项目，如篮球等，同时发展体育产品消费、健身运动、大众型运动培训等的体育衍生产业，满足上海市民越来越多的体育、运动、健身、娱乐、休闲方面的需求。

六、空间结构

四带五轴、两核八区。沿主要对外交通线形成四条城市发展带：沿A11与B5的城市产业带；沿A20的外环绿带；以及沿苏州河的创意休闲产业带。依托生活性干道次干道形成五条功能轴线。围绕轨道交通节点形成公共服务核心，分别位于曹安路、华江路交叉口以及金沙江西路、金运路交叉口。

七、地区进化策略

近期城市发展主要依托金沙江路及华江路功能轴线发展。可开发的区域主要包括"四高小区"以及生产性服务业聚集区。规划战略发展储备用地。这些用地分布于金运路、临洮路沿线，作为未来承接虹桥枢纽核心区延伸或外溢的储备用地，以应对未来的发展可能。近期保持用地的原有功能或引入对以开敞空间为主的体育服务业。远期发展到一定程度，对战略发展储备用地进行评价，以确定其发展方向及开发模式。

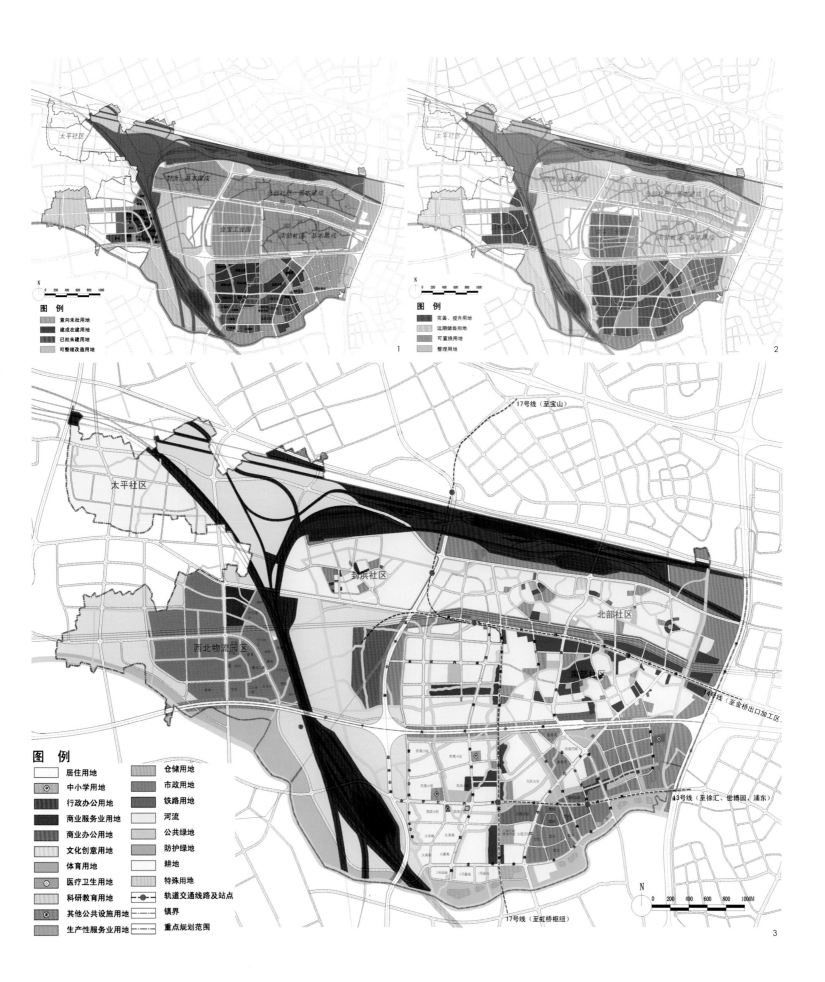

郑州高新城空间规划
Design of Zhengzhou High-New City

项目负责人： 高崎

主要设计师： 吴晓革 章琴 蔡智丹 赵玮 钱卓炜 陆地 林峻宁 韩旦晨 姜兰英 徐佳 朱学燕 于福娟

规划用地规模： 99.43km²

项目完成时间： 2011年08月16日

获奖情况： 2011年度上海同济城市规划设计研究院院内二等奖

1.城市结构分析图
2.道路交通分析图
3.日景鸟瞰图
4.鸟瞰图

一、郑州高新城空间布局的整合与发展

对高新城现有重要地块及道路沿线用地功能进行梳理与整合，打造与郑州高新城未来发展相适应的用地布局结构。

二、产业空间的提升与优化

围绕中原经济区建设，联合区域发展机遇，改变高新城原有产业发展思路，通过传统产业梳理与新兴产业提升，推动以高端产业为主，产业连接、优势互补，"产城一体化"发展格局的的形成。

三、综合交通体系的完善与发展

随着郑州高新城的城市建设拓展，原有的城市交通结构面临着重大的挑战，今后这方面的压力会越来越大。本次规划应力图在交通结构模式上以及交通战略上提出适应性的改造策略，成为未来郑州高新城良性发展的有力支撑。

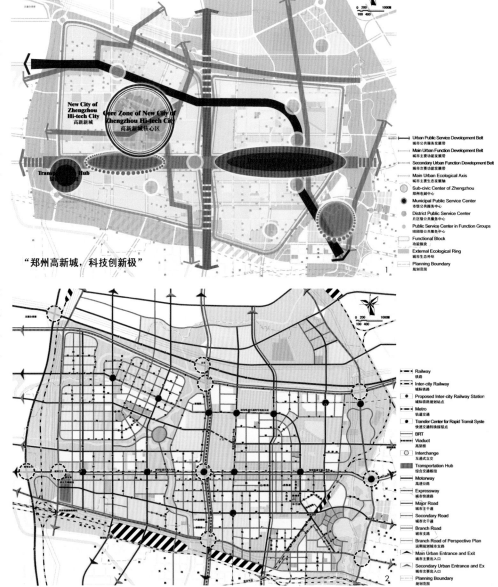

"郑州高新城，科技创新极"

New City of Zhengzhou Hi-tech City 高新城

Core Zone of New City of Zhengzhou Hi-tech City 高新城核心区

Transportation Hub

Urban Public Service Development Belt 城市公共服务发展带
Main Urban Function Development Belt 城市主要功能发展带
Secondary Urban Function Development Belt 城市次要功能发展带
Main Urban Ecological Axis 城市主要生态轴带
Sub-civic Center of Zhengzhou 郑州都会副中心
Municipal Public Service Center 市全公共服务中心
District Public Service Center 片区级公共服务中心
Public Service Center in Function Groups 组团级公共服务中心
Functional Block
External Ecological Ring 城市生态外环
Planning Boundary 规划范围

Railway 铁路
Inter-city Railway 城际铁路
Proposed Inter-city Railway Station 城际铁路规划站点
Metro 轨道交通
Transfer Center for Rapid Transit Syste 快速交通换接点
BRT
Viaduct 高架桥
Interchange 互通式立交
Transportation Hub 综合交通枢纽
Motorway 高速公路
Expressway 城市快速路
Major Road 城市主干路
Secondary Road 城市次干路
Branch Road 城市支路
Branch Road of Perspective Plan 远期规划城市支路
Main Urban Entrance and Exit 城市主要出入口
Secondary Urban Entrance and Ex 城市次要出入口
Planning Boundary 规划范围

3

4

"交通先导、生态优先、主导的高新产业支撑"

Education & Research 教育研发　**High Efficiency** 综合高效
Integration City 产城一体　**Low Carbon** 复合低碳
Safe & Ecological 安全生态　**Sustainable Development** 健康永续

8

9

常州市城市西翼地区规划策略研究

Research on Strategic Development of Western, Changzhou

项目负责人：　　　赵民

主要设计人员：　　张捷　陈晨　宋博　黄勇（常州市规划设计院）　王宗记（常州市规划设计院）

规划用地规模：　　约230km²

完成时间：　　　　2011年10月31日

获奖情况：　　　　2011年度上海同济城市规划设计研究院院内二等奖

1.用地规划图
2.城乡统筹的二元发展情景土地使用规划图
3.居住新城情景土地使用规划图
4.产业新区情景土地使用规划图
5.物流-展贸为特色的综合新区情景土地使用规划图

本项研究工作作为技术储备，是一项为高层决策服务的前瞻性课题。常州西翼地区分属三个区管辖，总用地面积约230km²，占常州市区的13%。现状空间发展呈现出"小"、"散"、"乱"的特征。长期以来，这一地区发展缓慢，缺乏明确的、统一的战略谋划。在这样的背景下，本研究引入情景规划方法，由"描绘蓝图"向"服务于决策"的思路转变。遵循情景规划的一般工作框架，主要由"问题的辨析——情景的界定——情景的评估——动态连续的决策"等步骤。

首先，甄别出常州西翼地区发展中的"3个最关键的不确定性要素"：区域管治创新、项目规模与产业活力、地区发展与区域交通基础设施关联。对3个最关键的不确定性要素进行排列组合，理论上可以生成常州西翼地区未来发展的八种情景。在此基础上，我们遴选了四种最具现实意义的发展情景和路径，即情景一：城乡统筹的二元发展情景；情景二：居住新城情景；情景三：产业新区情景；情景四：物流-展贸为特色的综合新区情景。目标是探讨常州西翼地区整合发展的潜力和机遇，构思不同发展情景下的空间策略。

本次研究通过市、区两级四次座谈会和各乡镇的实地访谈的形式，分别征求了市政府各部门、各区、各乡镇的意见，通过规划编制过程促成高层领导层面的公共参与，使得各方对常州西翼地区的发展达成了战略共识，并给出动态连续的决策建议。

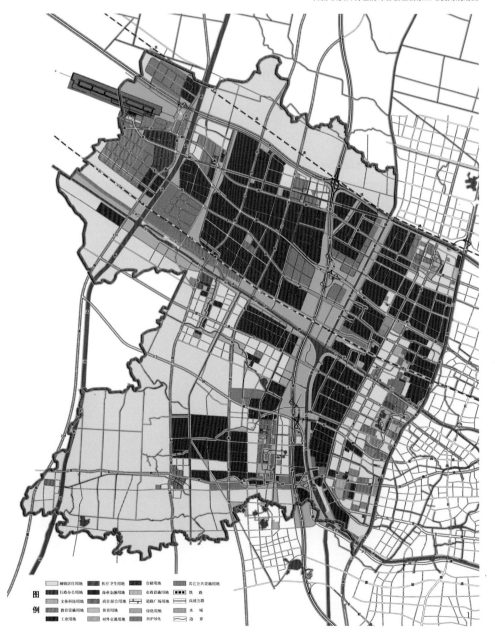

营口滨海带形城市发展战略规划

Development Strategic Planning of Yingkou Coastal Belt City

项目负责人： 夏南凯 裴新生

主要设计人员： 邵华 刘晓 张乔 陈懿慧 刘振宇 肖勤 金荻 贾旭

规划用地规模： 规划2020年，城市建设用地规模不超过300km²

完成时间： 2009年

获奖情况： 2009年度上海同济城市规划设计研究院院内三等奖

一、主要技术经济指标

2007年末，营口中心城市人口为80.9万人，城市建设用地113.4km²。

2020年，预测营口中心城市人口为166万人，城市建设用地规模不超过300km²。

基于资源环境承载能力，规划推荐营口远景城市人口规模为300万人左右，城市用地规模为500km²左右。

二、营口滨海带形城市发展战略规划面临的难点

难点1：随着辽宁沿海经济带的开发上升为国家战略，作为辽宁沿海经济带开发重点的营口市如何抓住机遇，加快发展？

解决对策1：港口牌。

完善区域交通，拓展港口腹地，打造辽中城市群的出海口，优化港口的集疏运系统，形成营口河港、鲅鱼圈港、仙人岛港三港联动的港口布局。

解决对策2：产业牌。

依托沿海港口优势，发展临港产业和先进制造业，形成钢铁、石油化工、装备制造、新材料、纺织服装、高新技术、物流商贸等产业集群。优化产业布局，分别向南北两个城区集中。

解决对策3：生态牌。

打造现代化滨海生态城市。

解决对策4：新城牌。

建设北海新城，带动南北两城区的发展。

难点2：带形城市涉及盖州市、大石桥市、沿海产业基地、鲅鱼圈港区、仙人岛能源化工区等多个组团，各个组团已编制了相关规划，如何对各个规划进行整合，特别是空间布局的整合？

解决对策1：从沿河发展向滨海发展的转变。

以建设带形滨海城市为前提，整合各个组团的用地布局，沿海布局城市服务、生活居住、生态旅游，工业用地向东部的陆域转移，体现营口从河口城市向滨海城市的转变。

解决对策2：新城居中，多心联动。

确定北海新城作为营口未来的中心和新城的战略地位，南北兼顾营口老城、产业基地和鲅鱼圈新区，形成多个城市副中心，全面提升营口作为区域性中心城市的地位，体现滨海新城的特色。

难点三：如何体现现代化滨海城市特色？

解决对策1：加强生态研究。

进行生态环境容量研究，合理利用现有盐田，增加城市建设用地供应。

合理选择填海造地的范围与规模，展现滨海城市特色。

解决对策2：整合布局，城绿相间。

整合自然资源和生态要素，利用现有水系，打造八条生态绿楔，构筑山、城、河、湖、海、岛为一体的现代化滨海生态城市格局。

三、创新与特色

（1）多专题研究（9个专题）。

（2）加强区域分析和港口交通研究。

（3）加强对已有规划的整合。

（4）加强生态规划研究。

（5）确定发展时序和各时期发展要点。

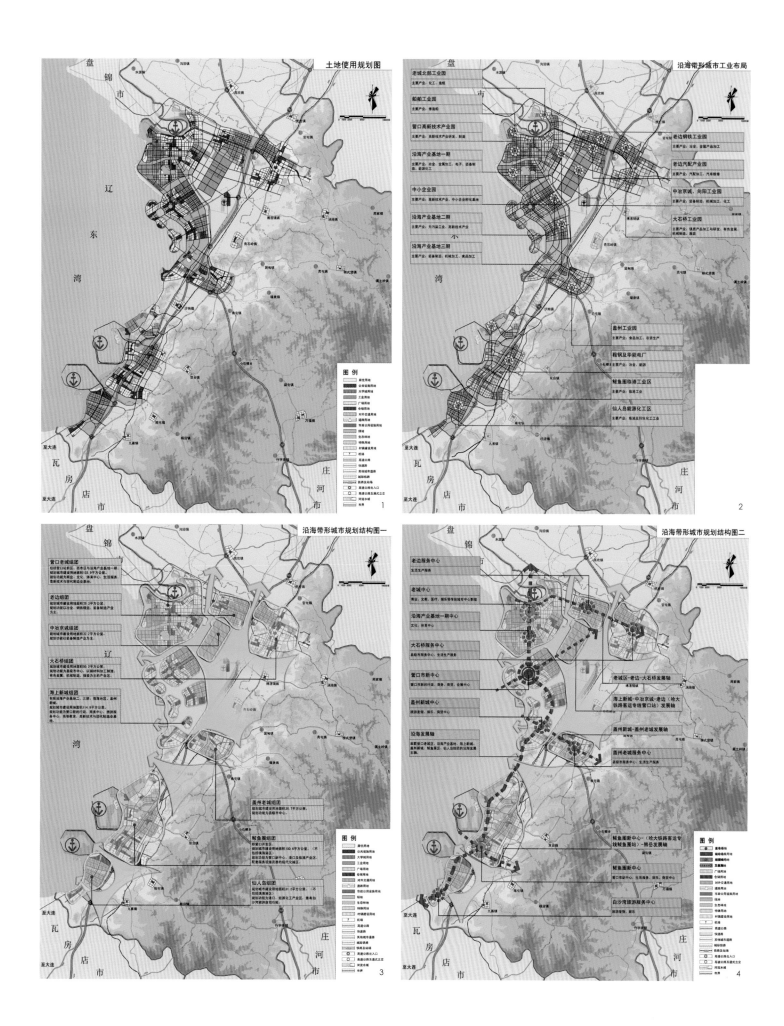

土地使用规划图

沿海带形城市工业布局

沿海带形城市规划结构图一

沿海带形城市规划结构图二

河南新乡市平原新区空间发展战略

Pingyuan New Zone Spatial Development Strategic Planning, Xinxiang, Henan

项目负责人： 赵民

主要设计人员： 王新哲 张捷 程遥 顿明明 陈晨 赵进 马健 陈燕萍

规划用地规模： 465km^2

完成时间： 2010年1月

获奖情况： 2010年度上海同济城市规划设计研究院院内三等奖

1.平原新区用地图
2.新郑城镇带产业发展空间布局图
3.新郑城镇带土地利用概念性总体规划图
4.新郑城镇带重大基础设施布局图
5.平原新区核心区平面图

"平原新区"位于黄河北岸新乡市境内，黄河大堤以北，与郑州中心城区隔河相望。本次"河南省新乡市平原新区空间发展战略规划"以黄河公路大桥北岸至新乡市区间465km^{2}的区域为研究范围；以黄河大坝以北，107国道原线以东，230省道以南，京港澳高速南北贯穿区域东侧，约188km^{2}的范围为规划范围。并根据规划确定新区核心区为城市设计范围。

规划立足中原城市群，依托平原新区自身特色，综合郑州、新乡共同发展的需求，顺应现代产业发展趋势，提出关于平原新区的发展定位与战略，区域组织模式、产业发展模式、空间布局模式、城镇化模式和环境建设模式。

内容框架分为四个部分：主体包括"规划背景"、"发展战略"、"发展模式"三部分，分别就平原新区总体概况，发展定位与战略，区域组织、产业发展、空间布局、环境建设四个领域的发展模式与思路提出规划。

其中，发展战略中提出平原新区作为"郑州都市圈核心区北部的重要节点，新乡市域南部新兴的副中心城市和产业基地；豫北重要的农副产品加工制造基地和研发培训中心，以及河南省绿色生态示范城市"的战略定位；以及"融入'大郑州'、打造'大农业'、培育'新科技'、建设'低碳城'、营造'休闲之都'"五个战略目标。

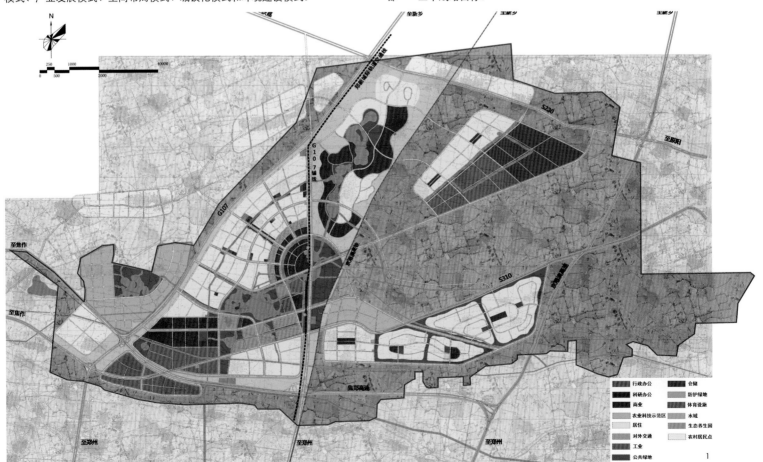

临溪河——寿卧路示范线总体规划暨实施规划

Master Planning and Implementary Planning of Linxi River—Shouwo Road Demonstration Line

项目负责人： 肖达 黄震

主要设计人员： 范江 吴伟国 吴丹翔 郑耀

规划用地规模： 总体规划范围：东至成雅高速公路、西至318国道，北至大五面山山体、南至小五面山山体；规划总用地面积为133.10km²。区内由东向西包含5大城镇组团，分别为：寿安镇、西来镇、复兴乡、大塘镇及甘溪镇

实施规划范围：东至成雅高速公路、西至318国道复兴路口，北至大五面山山体、南至小五面山山体，即为临溪河流域总体规划范围的寿卧路段

完成时间： 2010年7月

获奖情况： 2010年度上海同济城市规划设计研究院院内三等奖

1.平原新区用地图
2.新郑城镇带产业发展空间布局图
3.新郑城镇带土地利用概念性总体规划图
4.新郑城镇带重大基础设施布局图
5.平原新区核心区平面图

成都市为树立典型示范、带动全市"世界现代田园城市"建设，在市域范围内确定11条示范线路，寿卧路为其中一段（龙门山沿线示范线中南端一段）。

临溪河—寿卧路示范线总体规划以"林盘谷"原型为空间导向，以"一镇一品、资源整合和区域联动"为发展战略，提升流域发展定位，创响流域整体品牌；实施规划分别从道路河道整治、景观节点打造、社区林盘改造以及产业项目经营方面对寿卧路进行重新塑造，并在此基础上强化从规划到实施的可操作性与可持续性，明确了以"临溪之窗"、"猕猴桃庄园"等一批沿寿卧路的"典型示范"项目，预计到2020年可全部实施完毕。

一、项目理念

"龙隐临溪、仙（闲）居林谷"。

二、发展定位

以"林盘谷"为核心空间发展资源，按照建设"世界现代田园城市"的要求引导临溪河流域品牌化、高端化发展，以示范线建设为先导，把临溪河流域建设成为："具有国际影响力的河谷型田园城镇示范区"。

三、项目特色

（1）本次规划是介于城市总体规划和镇总体规划之间的区域性规划——从流域整体出发考虑，力求流域内各场镇联动合作、资源共享；

（2）本次规划是包括策划、规划、方案设计三位一体的统筹性规划——从流域整体品牌策划、整体用地布局到具体项目建设指引、公共设施配套做出统筹配置；

（3）本次规划是灵活多变的非法定规划——大胆跳出法定规划固定模式，引入生态控制和"聚城、控镇"理念，综合布局流域用地，提高可操作性；

（4）本次规划是紧扣示范线建设要求重点突出的实施性规划——通过具体产业项目的详细设计（选址、规划及实施）以落实示范线建设，增强可实施性。

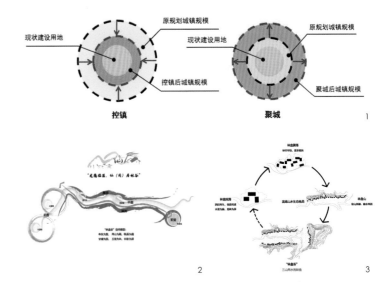

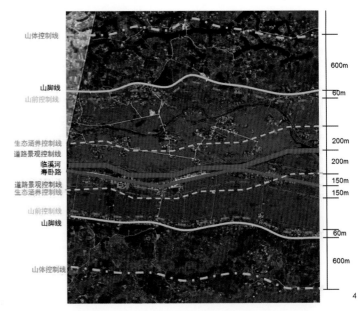

千頃蒹葭十里洲
溪居宜月更宜秋
鶡冠披水高僧舍
鸚鵡巢雲名士樓
蒼葡葉分飛鷺羽
荻崖花散釣魚舟
黃橙紅柿紫菱角
不羨人間萬戶侯

上海同济城市规划设计研究院
SHANGHAI TONGJI URBAN PLANNING & DESIGN INSTITUTE

武汉市南岸嘴及龟北地区规划前期策划及概念咨询方案

Conceptual Planning and Consulting Solutions for Nan'an zui and Guibei District, Wuhan

项目负责人： 李继军 宋伟

主要设计人员： 张文婧 苑剑英 于晨 汪新野 蔡文悦

规划用地规模： 策划研究17.88km²

完成时间： 2010年5月

获奖情况： 国际方案征集第一名，2010年度上海同济城市规划设计研究院院内三等奖

1.策划范围-总平面示意图
2.功能递进分析图
3.景观结构分析图
4.跨江交通分析图
5.功能结构分析图

一、规划背景

南岸嘴是长江与汉水在武汉交汇所自然形成的半岛,该地区东临长江、北依汉水、南枕龟山、西接月湖,自然景观独特,人文历史悠久,历届"武汉市城市总体规划"都将该地区确定为具有独特地域特征的城市标志性区域。为充分利用良好的区位条件,进一步提升武汉城市形象,市委市政府将启动南岸嘴地区相关建设工作,力图塑造武汉市新时期的城市中心标志区域。本规划主要包括两个阶段,整体策划阶段、城市设计阶段概念设计阶段。

二、区位现状分析

策划范围从区域、城市、交通干线、政策等多维层面分析均处于中心位置,地位极为重要。南岸嘴具有以下特点:潜在聚集性强;对外联络度高;是国内联络的最优节点;是可以代表武汉城市的区域;是城市实现再次跨越的支点。现状被长江、汉江分为三大板块,其中汉口重商、武昌宜居、汉阳可塑。作为城市的核心区应当是一个交流中心,构建信息平台、交流平台、思想平台。

三、发展定位

在武汉核心区建设"中央思想区"（Central Thinking District），CTD。CTD所包含的核心功能如下:智慧商务、活力社区、个性场所、文化包容。其核心表现应当是创新能力,表现在五个方面:关联、质疑并重组、观察、实验、网络。从而演化成五大功能:发生器、路径、收集器、整理器、支撑面。

对应CTD的五种能力,需要有相应的空间支撑:发生器——混合社区在不同类型、不同阶层的人群日常行为中,思想碰撞,产生灵感;路径——思想产生效应或效益,需要特定的路径:展示、宣讲、发布、论坛、中介、培训;收集器——文化类设施,包括官方组织、民间组织、盈利机构、非盈利组织;整理器——需要打造一处产业集群,具有足够的凝聚力与吸引力,抢先发展思想产业,核心是进行思想交易的"思想MALL";支撑面——城市基本功能,居住、商业服务、文化娱乐、医疗卫生等。

规划愿景:将南岸嘴打造成一个以"学术会议为平台、以咨询策划为产品、

以知识产权交易为核心、以城市文化为底蕴"的知识埠。其主导业态及功能有:创意设计产业、媒体产业、研发产业、咨询策划产业;版权、知识产权点子交易产业;学术会议、展览功能、学术论坛场所,知识产权交易场所。配套业态及功能有:居住、消费性服务业以及为主导业态及功能配套的产业。

四、空间策略

基于CTD的空间策略。策划范围形成一种"轴带"型的功能结构。沿道路形成不同的城市发展轴线,同时依附于轴线形成带状功能区。汉江北岸依托汉正街商贸圈,继续发展"物物交易";汉江南岸依托汉思想MALL,发展"思想交易"。

空间肌理策略。现状主要分为三类肌理:里份型,主巷、支巷、牌楼、行列式低层住宅的组合;公建型,包括底商、办公、沿街商业;一般型,多栋不同形式的低层住宅、复合院落以及围墙。在现状三类肌理的基础上重新整理,延续里份肌理、鼓励步行空间;保护街巷尺度,改善道路交通,整合无序组织,嵌入新空间;增加有效围合,提升空间品质。

五、交通策略

重点解决跨江交通、街巷系统、公交接驳三个方面。在现有跨江道路的基础上加强长江水上交通的便捷性优势,以弥补滨江联系的弱势。完善街巷等级道路,充分发挥微循环道路作用。建立交通接驳系统。

六、实施策略

通过一系列文化设施的建造,持续推动CTD的发展。通过制造标志性区域,促进城市发展的策略。可以快速的提升城市形象、促进城市发展;通过提供不同的人性化场所,增强城市活力。思想MALL的建设,可以增加城市标志点。而汉口的街巷可以成为经典人文空间,承载丰富的城市活动。通过承接大型事件,带动城市发展。举办一系列与思想有关的国际性事件:专业论坛、博览会、艺术节、版权交易会等。以CTD中的文化建筑作为城市触媒,催化城市功能的提升。

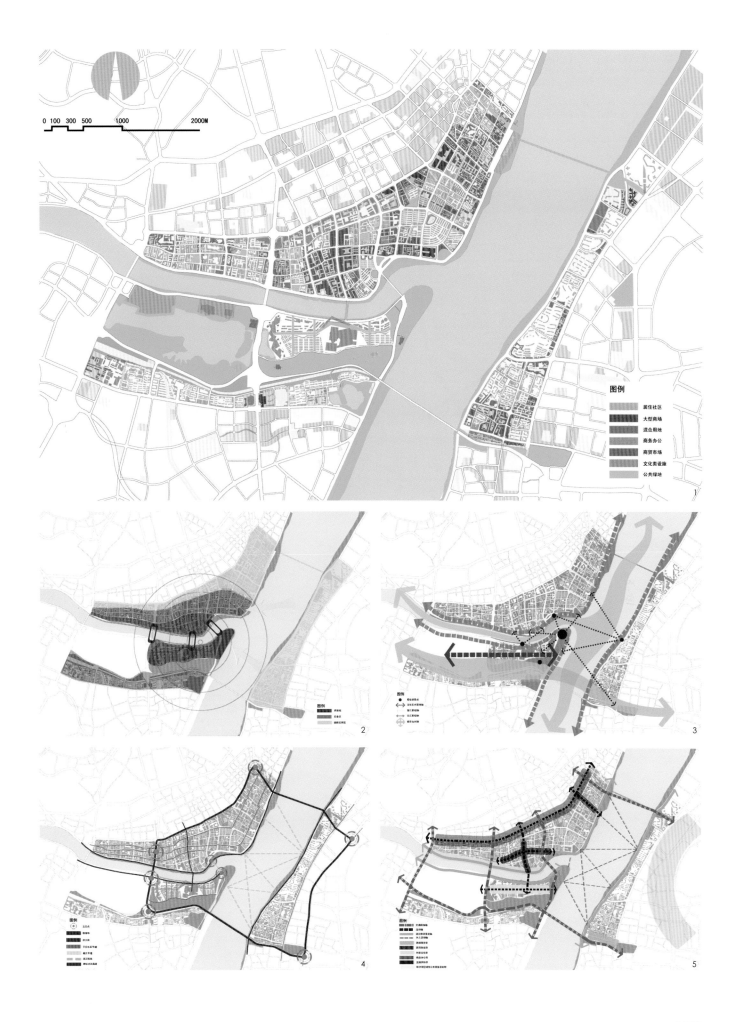

图例

居住社区
大型商场
混合用地
商务办公
商贸市场
文化类设施
公共绿地

图例

图例

图例

1

2

3

4

5

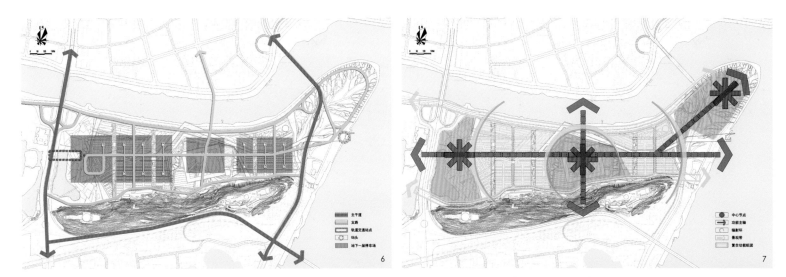

9

10

11

12

广州南沙新区总体概念规划国际咨询

Conceptual and Master Planning of Nansha New District, Guangzhou

项目负责人　　　周俭
主要设计人员：　孙施文　张尚武　俞静　顾玄渊　陆天赞　罗黎勇　张庭伟　栾峰　王兰　尤捷　徐愉凯　贺飞
委托单位：　　　广州市规划局
合作单位：　　　美国伊利诺伊大学（芝加哥）大都会研究院亚洲和中国研究中心
规划用地规模：　803km²
结束时间：　　　2011年
获奖情况：　　　2011年度上海同济城市规划设计研究院院内三等奖

广州南沙作为建设新广州的突破口，拥有优越的港口发展资源、优良的空间开发条件、优越的生态景观环境和优良的空间交通区位。未来珠三角城市群的发展中南沙应承担相应的职能，成为三大都市区的中心，成为推动珠三角成为世界级城市群的第三级。规划将南沙定位为"新一代世界级城市群中心城市的创新整合示范区"，并提出"区域对接、交通门户、产业跨界、政策前沿"四大发展战略。规划形成2主7副，3区6板块的结构体系，以水为设计主题，充分体现岭南水乡特色，通过山水筑道四个方面，实现以"生态优先"、"幸福生活""精明增长"为总体纲领的"从容发展模式"。

1.南沙新区节点总平面图
2.南沙新区用地图
3.南沙新区效果图

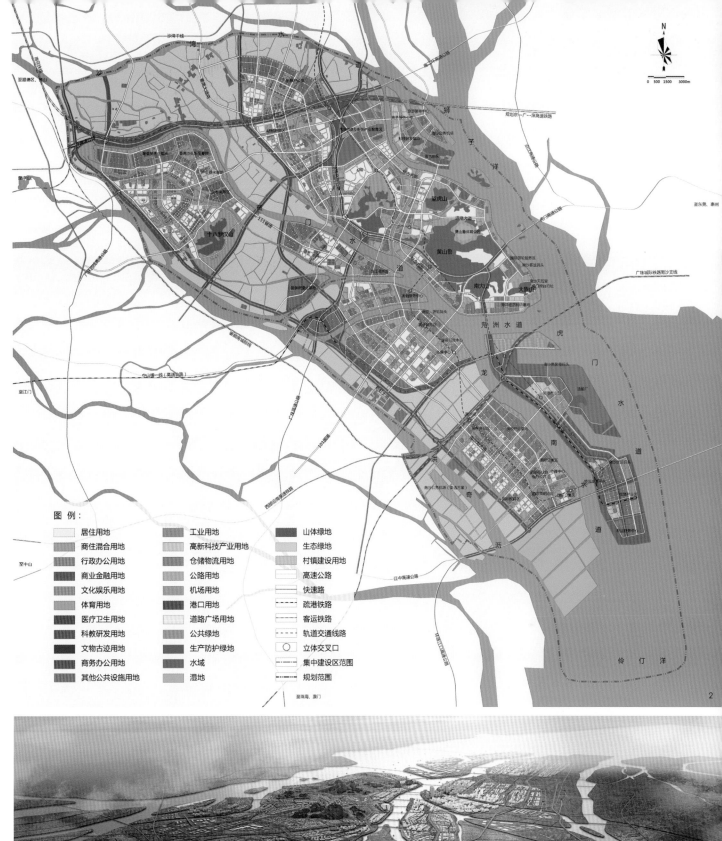

图例:

居住用地	工业用地	山体绿地
商住混合用地	高新科技产业用地	生态绿地
行政办公用地	仓储物流用地	村镇建设用地
商业金融用地	公路用地	高速公路
文化娱乐用地	机场用地	快速路
体育用地	港口用地	疏港铁路
医疗卫生用地	道路广场用地	客运铁路
科教研发用地	公共绿地	轨道交通线路
文物古迹用地	生产防护绿地	立体交叉口
商务办公用地	水域	集中建设区范围
其他公共设施用地	湿地	规划范围

风景区规划

武汉东湖风景名胜区总体规划[2011-2025]
五大连池风景名胜区总体规划修编[2007-2025]
勐仑国际精品旅游小镇发展战略规划
安徽省太平湖风景区总体规划[2008-2025]
西樵山风景名胜区总体规划[2012-2025]
安徽浮山风景旅游区概念规划

上海同济城市规划设计研究院
SHANGHAI TONGJI URBAN PLANNING & DESIGN INSTITUTE

武汉东湖风景名胜区总体规划[2011—2025]

Master Planning of East Lake Scenic Area, Wuhan[2011-2025]

项目负责人： 高崎 夏南凯
主要设计人员： 吴晓革 钱卓炜 陆地 姜兰英 袁炜 蔡智丹 章琴 赵玮 林峻宁
合作单位： 武汉市城市规划设计研究院
项目规模： 61.86km²
完成时间： 2010年11月
获奖情况： 2011年度上海市优秀城乡规划设计二等奖，2009年度上海同济城市规划设计研究院院内一等奖

一、规划构思

本规划以武汉市新一轮的城市总体规划提出的大东湖风景名胜区的构建为目标，以及东湖向东拓展，与严东湖、严西湖形成整体发展的区域一体化格局趋势，调整发展思路，坚持"科学规划、统一管理、严格保护、永续利用"的风景名胜区工作方针，在协调资源保护和开发利用的基础上促进风景名胜区与城市共同发展，打造中国最大的城中生态湖泊型风景名胜区，"两型城市"的试验展示中心，并对东湖风景名胜区的指导思想、性质、目标以及空间布局与功能分区等重大纲领性问题进行修编调整，指导东湖风景名胜区的长远发展。规划尤其要着重把握风景名胜区在空间、交通、生态等方面的主要矛盾，提出针对性的解决方式，以利风景区的健康发展。

二、规划理念

1. 生态修复

清淤退塘，驳岸整治，截污控源，引江济湖。

风景名胜区对水面的利用率严重不足，湖中长堤（沿湖大道）的存在也使得水面整体受到割裂，东湖的优势没有得到很好的发挥。另一方面，周边日益增多的鱼塘虾池蚕食东湖水面，湖域面积进一步缩小。修编规划为再现东湖"大、野"的特质，取缔部分违规占湖养殖的鱼塘，还予东湖，同时改造湖中堤，通过增加涵洞、架设桥梁等手段，打开空间界面。

规划首先要疏浚湖底高度营养化的淤泥，并利用清出的淤泥堆积在湖岸边，形成坡状的生态堤，堤上种植喜水性植物，构筑起一道湖滨生态绿廊，恢复湖滨的生态系统，净化水质，阻止土砂或脏物的流入，又可促进有机物的分解净化，降低湖水的富营养度。

针对点源污染，规划对沿湖的污染源进行监测控制，整改、关闭违法排污企业；规定环湖不得新增排污口，原有的排污口通过景区污水管网建设和外围城市污水配套收集处理系统的进一步完善逐步关闭，景区新建设施的污水必须接入污水管网，通过城市集中截污和分散截污处理相结合的方式，实现"清水入湖"。此外，针对面源污染，可建立完善的污水收集处理系统，靠近城市的地区实现雨污分离；建设污水处理站，处理后水质应达到回用水标准。

要从根本上解决东湖水污染，还需要恢复东湖水体的生态循环，纳入到武汉市"大东湖"生态水网建设中，促进东湖与长江及周边湖泊的水体交换。

2. 开放一体，还湖于民

东湖环湖绿地少，湖岸形式以直驳岸居多，这种"一层皮"的驳岸形态导致游人可驻足的亲水空间及环湖公共休闲空间严重缺乏。规划结合堤岸改造、沿湖道路及滨水道路改造，实施"环湖绿带"工程，在环湖构筑宽度40-150m绿化带，完善栈道、亲水观景台等设施，并在局部较开阔的驳岸空间内适量设置观景、休憩性质的公共设施，增加休闲停留的空间。

3. 区域衔接与互动——突出景区与周边城市交通、城市功能区、公共休闲服务设施的协调

（1）交通衔接方面——湖底隧道、入口换乘、水陆并举

现状许多社会车辆选择走捷径，十余米宽的湖中堤上常常挤满了社会车辆、公共交通、摩托车、自行车及行人，拥堵、争先的混乱局面给风景区带来严重的安全隐患。规划建议，远期可在东湖湖底建设一条隧道，从西北侧徐东路下穿东湖，与风景区东南方向的鲁磨路相接，并延伸至鲁巷城市副中心，全长约7.01km。可将城市交通从风景名胜区中剥离，有效解决南北过境交通给风景区带来的一系列生态环境与交通安全问题。隧道建成后，湖中堤将作为景区内部道路，仅供行人及景区内部游览车辆通行。

在内外交通的衔接方面，我们建议完善外围交通路网，运营往返于东湖风景区及城市热点地区的班车，增加景区的可达性；景区内实施有限制的交通准入措施，入口处设置停车换乘中心，游客可换乘景区游览专线车进入游园。景区内部交通方面，则提倡大力发展无污染的景区旅游专线车、观光巴士，开辟自行车游览线路以及步行游览系统，形成风景区独立的慢行综合交通体系。并充分挖掘东湖水上资源，开发以清洁能源为动力的水上交通工具，形成独具特色的水陆接驳交通体系。

（2）与城市功能衔接方面——城景互动

城市的不断扩张将东湖由城郊型湖泊转变为城中湖，与城市联系更为密切，东湖风景名胜区由此附加了城市公共游憩活动空间的功能，充实完善各类公共服务设施，发挥"城中型风景区"的服务性。

过去以静态观赏为主的景点设置与游赏体系也将不再适应风景区新的角色定位。规划风景区的功能设置要充分与周边优势资源相结合，增加参与性、体验性内容与项目，使风景承担一部分城市公园的特征，城景互动，服务城市。

东湖风景名胜区与国内其他湖泊型旅游目的地相比，核心优势是其广阔的水面、丰富的水体景观和以水为主题的各种旅游资源。因此规划提出东湖应当花大

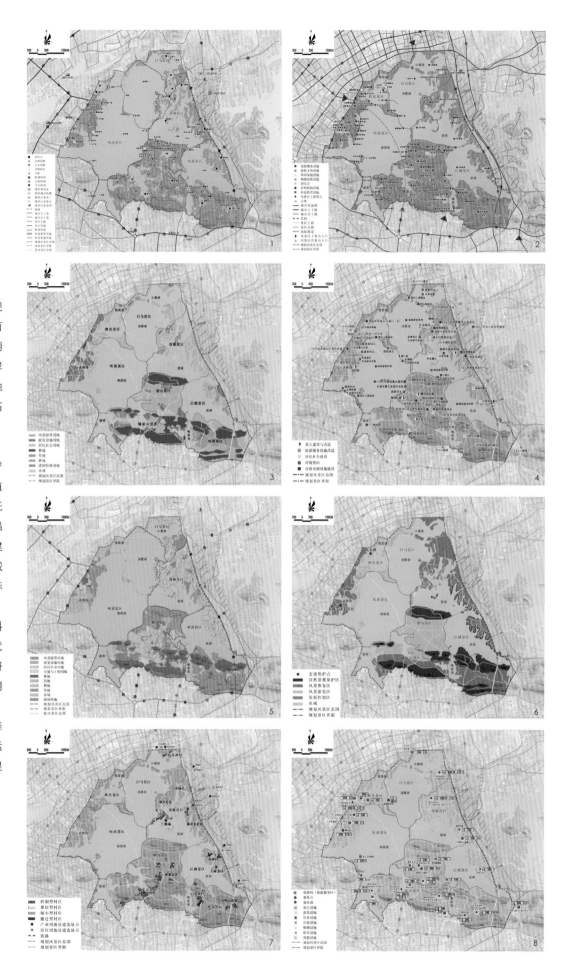

1.综合现状图
2.规划总平面图
3.土地利用协调规划图
4.近期规划图
5.土地利用现状图
6.保护培育规划—分类保护规划
7.居民社会调控图
8.旅游服务设施规划图

力气继续做"水"的文章。在保证滨湖风景观
光、休闲游憩传统项目质量的基础上,以湖面
为景观主体、水上活动为重点旅游产品、滨湖
区为休闲娱乐主要场所,向水面、水下和水岸
进行游赏空间的三维扩展。让湖泊资源切实地
引导和提升游客与居民的休闲娱乐需求,提高
城市居民的满意度与幸福感。

东湖风景名胜区植被丰富,种类多样,
且为中国梅花和荷花研究中心所在地。规划严
格保护景区内的植物物种资源,打造"世界植
物基因库"和"特色名花展示天地",并依托
现状武汉植物园和各专类园进行资源整合,强
化中国乃至世界梅花、荷花种类基因库的建
设,提高栽培技术和研究水平,在该专业领域
获得较高认知度,提高东湖风景名胜区的国际
地位。

充分利用周边高度密集的大学院校、科
研机构资源,以湖北省博物馆、武汉大学、武
汉体育学院、中国地质大学、中科院水生物研
究所等为载体,将文化教育、现代科技与东湖
的自然风光、花林文化、游乐文化互为补充,
结合设置诸如户外展示博览园、文化艺术舞
台、市民信息中心、科考实践基地、水上运
动基地等,促进东湖风景名胜区文化品位的提
升,增强东湖地区的旅游吸引力。

五大连池风景名胜区总体规划修编[2007—2025]

Revised Master Planning for Wudalianchi National Park[2007-2025]

项目负责人： 严国泰
主要设计人员： 林昱 赵书彬 袁婷婷 谢伟民 撒莹 梅安新 林轶南 矫愚 曲士刚 刘洪彬
规划用地面积： 1060km²
完成时间： 2009年2月
获奖情况： 2011年度上海市优秀城乡规划设计二等奖 2010年度院内优秀规划设计实施奖

一、风景区概况

五大连池风景名胜区位于黑龙江省黑河市，是我国第一批国家级风景名胜区，同时也是国家级自然保护区和世界地质公园，面积为1060km²，以奇异壮美的火山地貌、自然秀丽的湖泊风光和珍稀奇特的矿泉资源为特色，是集科普教育、游览观光、休闲度假、保健疗养为一体的综合型国家级风景名胜区。

二、主要规划策略

1.合理规划布局

使风景区保护分区与自然保护区功能区划相一致，在此基础上划分风景区的功能分区，设定了风景观光、游览、科学考察、休闲度假、运动体验等多种功能，划定了火山博览区、药泉休闲区、水上游憩区、天池游赏区、冰洞探奇区、湿地观光区、石寨探险区、火山控制区、森林保育区和生态农业区等十大功能区域，从而建立了风景区的游赏发展体系。

在风景游赏方面，除了传统的观光游赏之外，规划还引入了休闲度假产品，利用五大连池特有的高品质冷矿泉开展休闲疗养活动，使五大连池不仅成为游览观光胜地，同时也是国际性的休闲疗养胜地。此外，规划中还策划了一年四季的特色风景游赏产品，兼顾不同季节的游览，延伸冬季旅游项目，使淡季不淡。

2.严格分级保护

规划坚持以保护为前提和基础，因此在风景区内设立了极其完善和严格的保护体系。规划以分级保护为主要的规划和管理方法，依靠卫星遥感影像分析和地理信息分析技术，结合五大连池风景名胜区风景资源实地踏勘而获得的具体情况，将风景保护的等级分为特级、一级、二级、三级和外围影响区。

3.恢复大地肌理

根据遥感影像判读和现场踏勘调查，发现风景区部分区域的自然环境现状破坏较为严重，其中包括原始森林中间被砍伐掏空开辟成耕地、核心景区内的石龙台地被炸平进行水泥厂的建设等，因此恢复这些区域的自然状态、形成资源保护的环境是迫在眉梢的事情。

4.完善配套设施

完备的旅游服务配套设施是风景区发展的必要基础条件，然而五大连池风景区在当时除了各省直单位的疗养院外，几乎没有体系化的旅游服务设施，难以适应发展的需求，因此规划中为风景区构建了完善的配套设施体系，包括服务接待设施、各级游览道路、集中供暖锅炉、给排水工程、电力电信工程、广播电视工程等。

5.分步实施整治

风景区的建设是一个长期和循序渐进的过程，因此规划为五大连池风景区设定了近、中、远三期的发展期限，遵循"近期整治、中期推进、远期完善"的建设方针，争取在20年左右的期限内达成规划设定的最终目标，即将五大连池打造成为具有一定国际知名度的观光游赏休闲胜地。

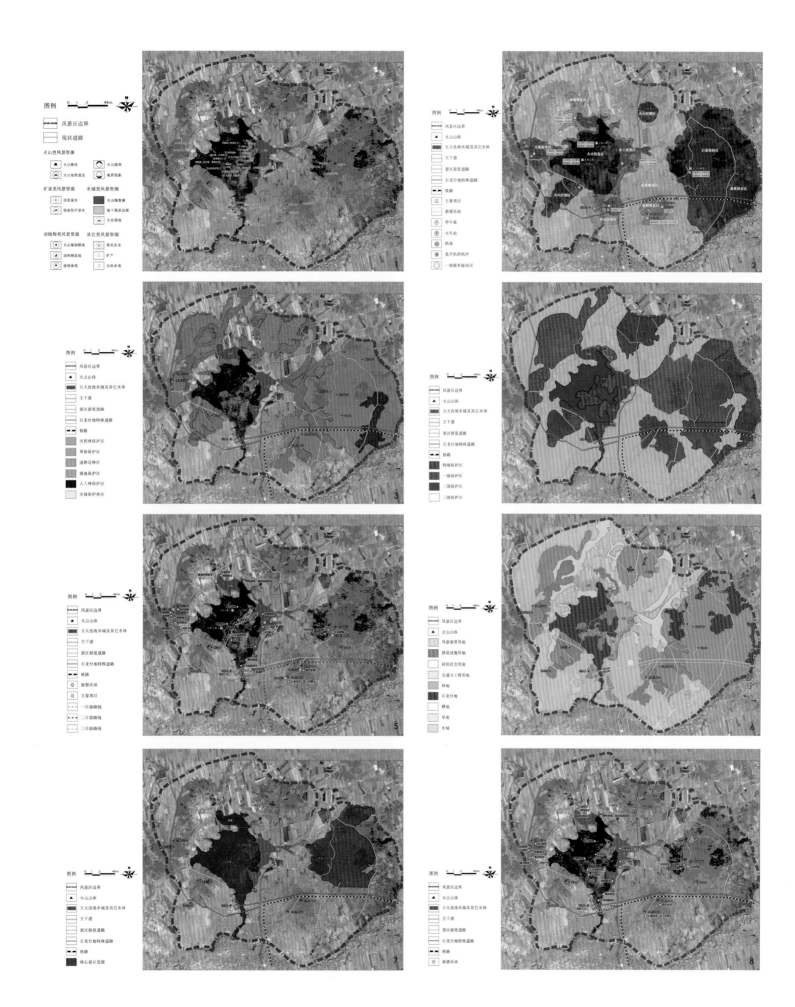

勐仑国际精品旅游小镇发展战略规划

Strategic Planning of the Development of Menglun International High-end Tourist Town

项目负责人： 金云峰

主要设计人员： 罗贤吉 周晓霞 王霆 徐婕 俞庆生 边际 张海金 李彦方 周聪惠 张彧 李文敏 张松 项淑萍 李甜 金敏丽

规划用地规模： 22.8km²

完成时间： 2006年10月

获奖情况： 2011年度第一届中国风景园林学会优秀风景园林规划设计三等奖

西双版纳傣族自治州辖一市两县——景洪市、勐腊县和勐海县。勐腊县是中国云南省最南端的一个边境县，东、南、西南部与老挝接壤，西边与缅甸隔江相望。勐仑镇隶属于勐腊县，位于勐腊县县城西北部，素有勐腊北大门之称。镇内居住着以傣族、哈尼族、汉族为主的十四余种民族。

本次规划以傣族村落特色为规划的立足点，将傣族传统的村寨格局模式借鉴到城镇空间布局中，以小组团式发展作为傣族小镇的基本模式。在充分研究傣式村落的基本规模特征的基础上，合理确定勐仑小镇的各个组团空间规模。同时利用天然的自然屏障作为各个小组团的隔离带，有效地保持城镇空间风貌的傣式特色，防止小组团的无序扩张，为民族地区的传统风貌保护提供了一个新的思路。

规划以傣族文化为挖掘点，将傣族佛教植物中的"五树六花"的象征意义与各个组团的发展主题结合起来，赋予各组团以特殊的文化内涵，将傣族文化的传承落实到空间发展中。

规划将保护的基本概念渗透到小镇的空间布局中，除了注重对现状历史文化资源的单体保护外，同时将傣族村寨周围水系、丘陵和山地统一纳入保护范围，以维持傣寨"寨前渔，寨后猎，依山傍水把寨立"的特色居住模式，将民族特色风貌保护提升到空间战略的层面。

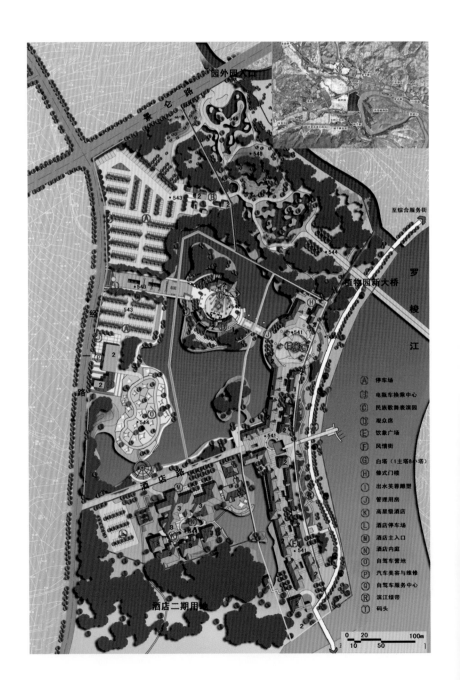

图例
一类住宅用地
二类住宅用地
公园绿地
街旁绿地
行政办公用地
商业金融用地
旅游接待

旅游发展用地
广场用地
医疗卫生用地
文化娱乐用地
对外交通用地
仓储工业用地
水域

至勐养
旅游度假组团2
旅游度假组团
曼仑寨
南仑河
综合组团
老镇区
居住组团
旅游服务组团
曼炸寨
吊桥
曼边寨
曼俄寨
园外园
213国道
至勐腊
南哈河
热带植物园
罗梭江
城子寨金塔
至景洪
五树六花园
城子寨
昆曼高速公路出口

0 200 800M
100 400

1.重点地段详细设计平面图
2.土地利用规划图
3.重点地段详细设计效果图

安徽省太平湖风景区总体规划[2008—2025]

Master Planning of Taiping Lake Scenery Area,Anhui[2008-2025]

项目负责人： 严国泰

主要设计人员： 林昱 梅安新 洪屈园 赵书彬

规划用地规模： 312.9km²

完成时间： 2008年3月

获奖情况： 2010年度上海同济城市规划设计研究院院内二等奖

1.规划结构分析
2.规划总图
3.功能分区分析图
4.保护分区分析图
5.核心景区分析图
6.景观体系规划分析图
7.居民社会调控分析图
8.用地现状
9.用地协调

一、风景区概况简述

太平湖风景区是安徽省"两山一湖"旅游区域的重要组成部分，是以湖光山色为资源特点、自然生态环境为主要背景，以观光、游览、休闲、会议、体育运动、乡村体验和科普教育为主要功能的省级风景名胜区。

其资源主要以湖泊山体为主基调，山水空间组合较好、品质较高、保护条件尚可，有一定的开发潜力，其整体资源价值大于个体资源价值，经合理规划整合后，可望成为理想的风景游赏产品。

二、主要规划策略

1. 严格保护、整治与恢复风景环境

坚持保护为主，按照保护级别进行严格控制和梳理。依据风景资源价值和级别特征、生态敏感度分析成果，对生态环境全面保护并对湖面及岸线进行全面整治，严格划分一级、二级、三级和外围控制四个等级的保护区和核心景区。

2. 合理功能布局

在"三轴一核五节点"的总体格局统领下，按照管理功能，将风景区划分为湿地保护区、旅游城镇区、山水游赏区、岛屿观光区、休闲度假区、乡村体验区、生态保育区、历史风貌区和外围控制区等九个功能区域。

按照游憩功能，将风景区划分为中心湖区、乌石湿地、太平史韵、黄金群岛和平湖三峡等五个景区。除了太平史韵以展现徽州地区的历史文化以外，其它四个景区都是以不同类型自然景观的游赏为切入点进行规划。

3. 控制污水排放

建设分区域的污水管网体系，采用多种方式处理污水排放问题。太平湖水域面积辽阔，潜在污染源很多，因此在排污工作中，一定要坚持达标排放。规划在太平湖的两个集中的休闲度假区域建设污水处理厂，保证旅游服务接待产生的污水经过处理达标后才排放到湖中。

4. 按保护和恢复生态的需要协调土地利用

根据生态敏感度分析评价的结果，结合土地利用的现状，区分开需严格保护、控制和准许较大力度建设的用地。

5. 通过多种方式解决居民转产问题

在产业引导方面，规划确立了"优化一产、限制二产、发展三产"的思路。以风景资源的保护为前提，优化农业产业结构，限制污染型工业发展，大力发展以旅游业为龙头的第三产业，带动风景区社会经济的全面发展。

依据此产业发展思路，规划提出了发展个体农庄、企业与农户合作和企业、农户和社区合伙入股等多种风景区经营模式；同时，结合风景区的产业发展现状，预测规划期限内的产业就业需求，以此需求预测的结果来进行劳动力的引导和分配。

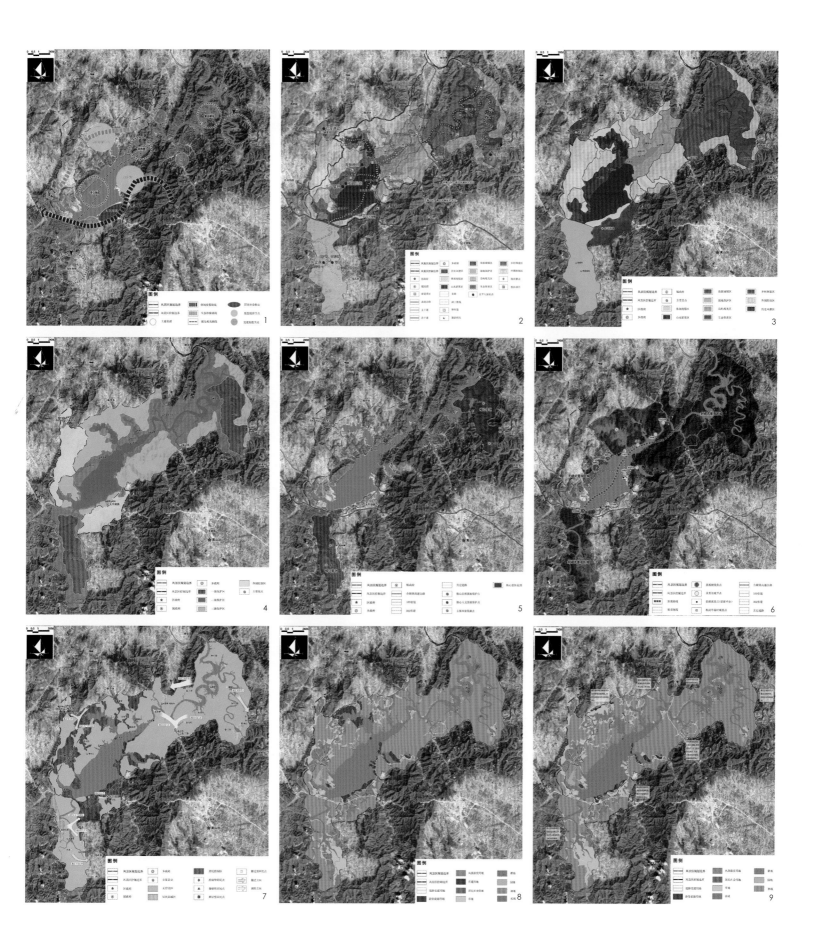

上海同济城市规划设计研究院
SHANGHAI TONGJI URBAN PLANNING & DESIGN INSTITUTE

西樵山风景名胜区总体规划[2012—2025]

Master Planning of Xiqiao Mountain Landscape and Famous Scenery[2012-2025]

项目负责人： 金云峰

主要设计人员： 周晓霞 黄玫 吴亮 罗贤吉 徐婕 黄竹 周聪惠 项淑萍 简圣贤 范炜 李晨 周煦 王连 陈光

规划用地规模： 13.03km²

完成时间： 2011年11月

获奖情况： 2011年度上海同济城市规划设计研究院院内二等奖

1.视线敏感性分析
2.总体布局图
3.外围保护地带分析图
4.土地利用协调规划图

西樵山风景名胜区位于佛山市南海区西南部，是我国首批国家级风景名胜区之一。西樵山内环境钟灵毓秀，绿树成林，流泉飞瀑终年不绝，素有"南粤理学名山"的美誉。本次规划立足于自然资源保护，深入挖掘理学文化、宗教文化内涵，突出其在文化遗产传承中的重要地位。

本次规划将风景区自然生态保护与人居环境建设相结合。通过风景区外围保护地带的划定，结合西樵镇总体规划，对其外围保护范围内各项建设进行控制性规定。使城镇建设和风景区整体环境有机融合。在对景区的选择和判定中，除了考虑资源价值、生态敏感度等一般常规性的因素外，引入"视线敏感度"这一因素，辅助GIS分析技术，从空间三维角度对资源进行认知，提高资源识别的科学性。在景区边界的确定上，区别于以半径范围作为平面边界的一般性划定方法，本规划考虑到其作为山地型风景区地形地貌的特殊性，在边界的确定上综合考虑等高线、山脊线、山谷线等的自然要素，从三维空间上进行边界划定。同时考虑到核心景区界桩设立的可实操作性，以及维护管理的方便性等问题，在景区的边界界定中参考了现有道路这一参照物，综合确定各片核心景区的边界。

规划考虑到西樵山风景名胜区本身的规模较小，在景区的划分中充分考虑生态系统的完整性需求，有意识地将临近的不同类型的景区进行空间缝合，以利于发挥风景名胜区的整体生态效益。

规划将景区划定与土地利用协调规划进行衔接，使得景区的管理与风景区土地分类管理能进行充分的衔接，在管理上遵循边界唯一的原则，避免管理上的混乱。

基于对西樵山风景名胜区管理的长期统筹协调，构建可持续发展的风景名胜区。2006年起，开始编制西樵山风景名胜区核心景区划定与保护规划。通过长达5年的时间，与镇的城市规划、国土规划不断进行协调。在规划编制过程中，通过多种形式的公众参与包括媒体记者报导，让当地居民融入到规划编制的各个阶段，提高当地居民对西樵山资源价值的认识，激发当地居民的资源保护意识，提高当地居民对搬迁安置的配合度，为规划实施提供保障。

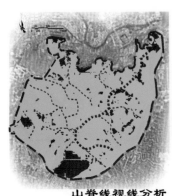

山脊线视线分析　　山顶视线分析

山谷线视线分析　　规划边界线视线分析

可视范围
不可视范围
规划边界

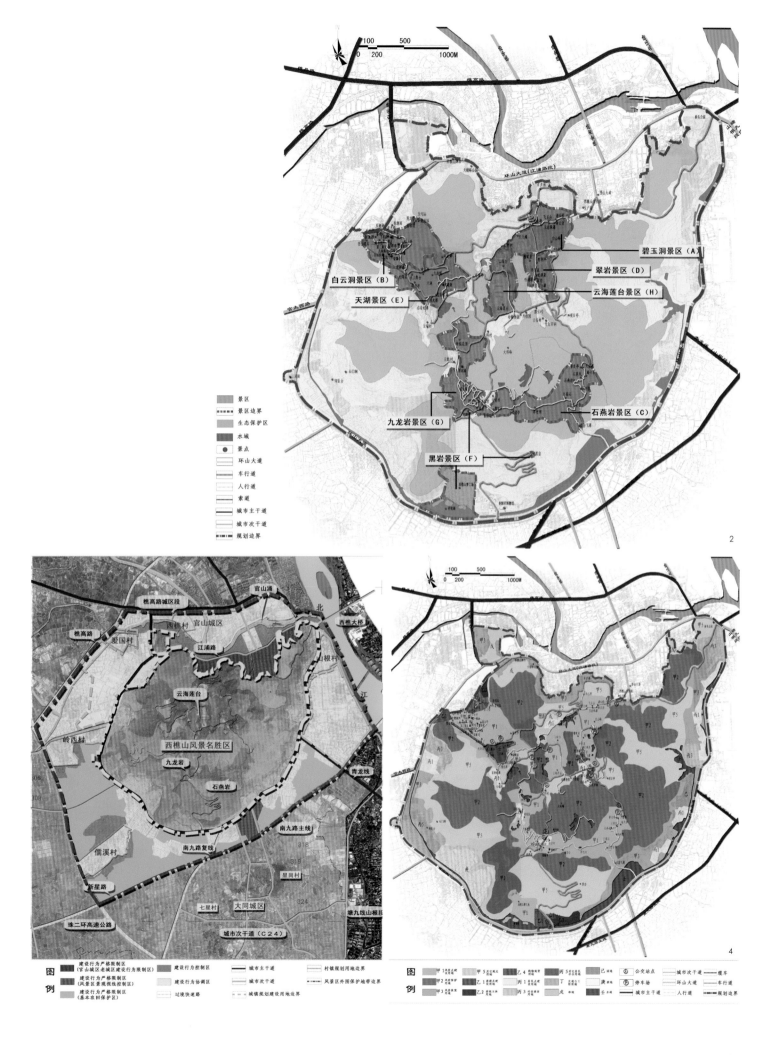

碧玉洞景区（A）

翠岩景区（D）

白云洞景区（B）

云海莲台景区（H）

天湖景区（E）

九龙岩景区（G）

石燕岩景区（C）

黑岩景区（F）

景区
景区边界
生态保护区
水城
景点
环山大道
车行道
人行道
索道
城市主干道
城市次干道
规划边界

樵高路城区段
官山涌
西樵大桥
樵高路
西樵村
官山城区
爱国村
江浦路
山根村
云海莲台
西樵山风景名胜区
九龙岩
岭西村
青龙线
石燕岩
儒溪村
南九路主线
南九路复线
新星路
318
319
星岗村
七星村
大同城区
珠二环高速公路
城市次干道（C24）
塘九线山根段

图例

建设行为严格限制区
（官山城区老城区建设行为限制区）
建设行为控制区
城市主干道
村镇规划用地边界
建设行为严格限制区
（风景区景观规线控制区）
建设行为协调区
城市次干道
城镇规划建设用地边界
建设行为严格限制区
（基本农田保护区）
过境快速路
风景区外围保护地带边界

图例

甲1
甲5
乙4
乙
公交站点
城市次干道
缆车
甲2
丙4
乙5
丁
停车场
环山大道
甲3
乙1
丙1
戊
车行道
乙2
丙3
庚
人行道
乙3
壬
城市主干道
规划边界

安徽浮山风景旅游区概念规划

Conceptual Planning for Fu Mountain Scenic Spot, Anhui

项目负责人： 金云峰

主要设计人员： 罗贤吉 朱隽歆 杨丹 俞为妍 郝帅 周天闻 沈高洁 高宁 张凌 周晓霞 项淑萍 周聪慧 王越 陈光

规划用地规模： 440hm²

完成时间： 2010年5月31日

获奖情况： 2010年度上海同济城市规划设计研究院院内三等奖

1.规划理念图
2.设计总平面图
3."火山"主题节点详细设计
4."情山"主题节点详细设计
5."佛山"主题节点详细设计
6."文山"主题节点详细设计

浮山位于安徽省安庆市枞阳县，与黄山、九华山、天柱山、齐云山、琅琊山并列为安徽省六大名山。本次规划的规划范围以浮山风景名胜区的主游览区内约440hm²用地为主，还包括了新开发建设的旅游接待地。

浮山风景资源丰富，历史上已经形成了"山浮水面水浮山"的山水格局，具有一定的独特性，火山遗迹与历史人文景观使得浮山极具可游性。本次规划以火山遗迹的自然资源、石刻岩寺的人文资源为基础，结合历史故事发展游憩项目，将这些故事的发生点赋予新的游赏活力。以"火山"、"文山"、"佛山"为基础，整合突出"情山"新主题，由单一观光揽胜向文化休闲度假体验全方位拓展。

"情山"通过甄选动人情节的历史故事并将其赋予在特定的地理位置，根据故事的主干线索，以景观的表达手法，创造新颖的情感体验产品。本次规划结合陆游与唐琬的爱情、史可法与左光斗的师生恩情、秋瑾与吴芝瑛的友情、孟郊与母亲的亲情等故事，打造人间真情区，突出"真情"主题，给游客一个心灵之旅。同时，结合情人节、母亲节、教师节等节庆活动，进一步扩大社会影响力，

做足"真情"文章。

"火山"通过对重要的火山遗迹景点的识别与评价，提出保护单"点"、串联游"线"、整合片区"面"的概念，对地质博物馆片区进行整合开发设计，引导科普性游览，提升拓展火山的科教功能及影响力。

"文山"突出摩崖石刻等人文景观资源，多角度挖掘枞阳文化，强调文化体验景观。

"佛山"通过重建历史上浮山第一寺——华严寺，同时对山上的重要岩寺提出保护导则，重塑宗教氛围，倡导禅宗之旅，引领"慢节奏"旅游市场。

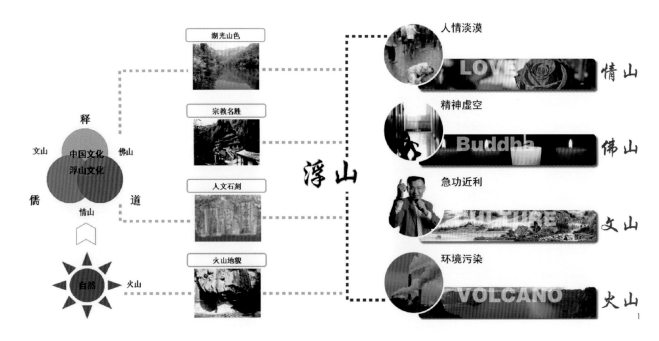

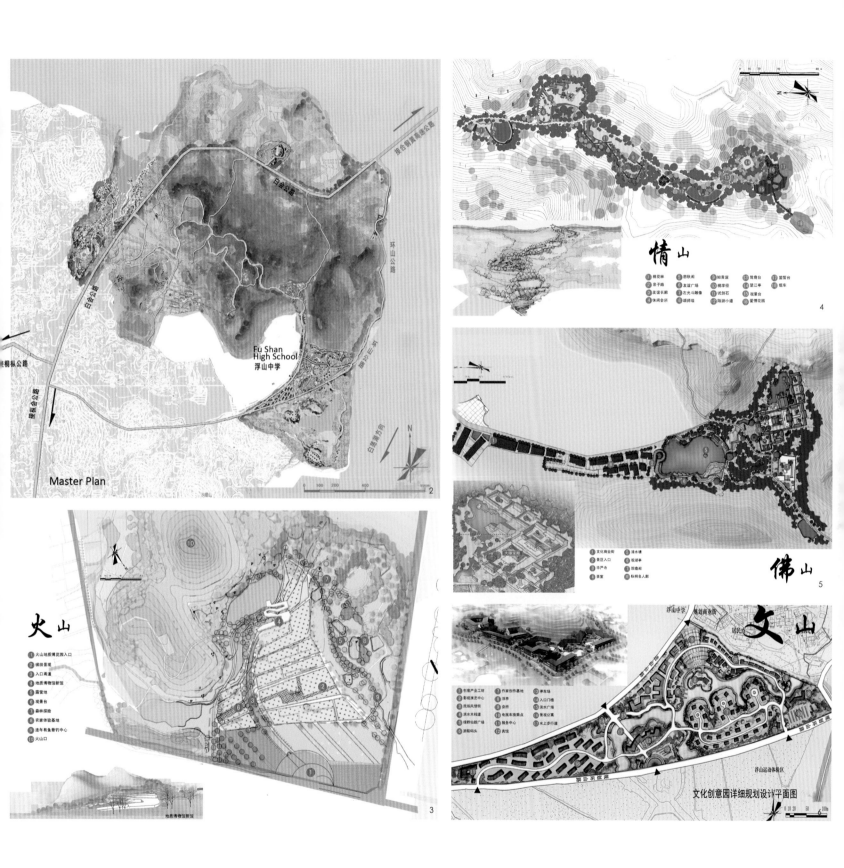

情山

① 桃花林　⑤ 憩秋阁　⑨ 如真屋　⑬ 筑香台　⑰ 缆车
② 亲子路　⑥ 友谊长廊　⑩ 桃李径　⑭ 望江亭
③ 休闲会所　⑦ 万光光雕像　⑪ 试剑石　⑮ 故菱台
④ 露师塔　⑧ 濯师塔　⑫ 陆游小道　⑯ 爱情花园　4

佛山

① 文化商会园　⑤ 清水塘
② 景区入口　⑥ 观水亭
③ 华严寺　⑦ 双绳廊
④ 茶室　⑧ 标榜名人廊　5

火山

① 火山地质博览园入口
② 桃田景观
③ 入口甬道
④ 地质博物馆新馆
⑤ 露营地
⑥ 观景台
⑦ 森林探险
⑧ 农家体验基地
⑨ 连车有鱼垂钓中心
⑩ 火山口　3

文山

① 创意产业工坊　⑦ 作家创作基地　⑬ 停车场
② 影视演艺中心　⑧ 浮亭　⑭ 入口门楼
③ 民俗风情街　⑨ 溪水栈道　⑮ 溪水广场
④ 淡水木栈道　⑩ 电瓶车接驳点　⑯ 景观公寓
⑤ 绿野仙踪广场　⑪ 综合服务中心　⑰ 水上步行道
⑥ 游船码头　⑫ 集雨

文化创意园详细规划设计平面图

云留寺

檀园

(西大街)

101 97 89

寺前街

民

历史保护规划

南通历史文化名城保护规划

Conservation Planning of Nantong Historical City

项目负责人： 邵甬

主要设计人员： 胡力骏 赵洁 邹图明 冯怡 应薇华

完成时间： 2009年

获奖情况： 2011年度上海市优秀城乡规划设计三等奖，2009年度上海同济城市规划设计研究院院内二等奖

历史上，南通是中国古代府州县城市的典型案例，在近代张謇经营南通时，成为当时的"模范"城市，其"一城三镇"的城市格局开创了中国城市功能分区的先河。

1980年代开始，南通成为全国14个对外开放的沿海城市之一，社会、经济得到快速发展。同时，历史建筑作为落后的、衰败的象征在"旧城改造"的口号中，被夷为平地。社会进一步发展，历史遗存越来越少。

随着经济进一步发展，在国家因素的指引下，历史文化的保护和发扬得到了全社会关注。

本规划的亮点在于打破了之前保护规划局限于对历史文化名城物质层面的保护，而将保护内容扩展到对城市遗产的保护。梳理和归纳了独具特色的非历史文化遗产，并对历史遗存和非物质文化遗产提出保护措施和利用方式。

本规划坚持保护历史真实载体、保护历史环境和合理利用、永续利用的原则，通过对南通历史文化遗产的调查梳理，系统地对南通城市在明清和近代的发展进行研究，明确了发展脉络的同时，也明确了保护的目标。规划确定了南通历史文化保护的内容和框架，从历史文化名城、历史文化街区和文物保护单位三个层次，物质文化遗产和非物质文化遗产两个方面进行保护。

在历史文化名城保护层面，提出从整体上保持"一城三片"、"城河相依"的城市格局和传统风貌，主城区功能调整上强调环境品质的提升和历史文化特色的体现。有序疏散人口，有效疏解功能，逐步置换区内的工业企业，逐步由单纯的"退二进三"向"退二进绿"转变，控制开发强度，缓减交通压力，改造基础设施。对城市天际轮廓、重要景观视线通廊和历史城区周边交通组织、道路设施提出要求。

在历史文化街区保护层面，在通过对历史遗产的普查的基础上划定了4个历史文化街区、2个历史地段。历史文化街区功能调整上尽量保持地段的原有的居住和商业功能；部分恢复地段在历史上的功能；发展商业、旅游和文化产业；搬迁地段中的工业企业，改变其用地性质；增加绿化用地和公共空间；考虑混合功能利用。对交通调整、建设空间调整提出具体要求。

在文物保护单位保护层面，贯彻国家"保护为主，抢救第一，合理利用，加强管理"的方针，以社会效益为第一准则。规划补充了部分文物保护单位的保护范围，并将一部分历史建筑推荐为优秀历史建筑，已得到南通市人民政府认可并发文。

对重要水系、古树名木、桥梁、码头、埠头、古井等历史环境要素进行梳理，明确保护对象。通过普查在册、城市设计控制以及空间营造等手法进行保护。

在保护物质遗产的同时，规划还明确了非物质文化遗产保护的内容和将非物质文化遗产与物质遗产保护相结合的建议。

对历史文化资源的再利用分为6个层面：

1.相关产业、事业发展。主要发展文化产业如博物馆业、展览业、出版业、创意产业、旅游产业和教育事业。

2.历史文化街区的功能调整。通过对历史文化街区整体功能的调整，使城市历史文化遗产重新焕发活力，真正融入到城市发展框架和城市现代生活方式中去。

3.文物保护单位与优秀历史建筑的再利用。再利用方式应与更好地恢复文物保护单位、优秀历史建筑和历史文化街区的生命力相结合。

4.产业遗产保护与利用。结合现存产业遗产的特点和社会需求进行合理利用。

5.旅游规划。规划形成水路、陆路两种游览路线，两种路线既独立，又相互交织形成"网络"。

6.历史恢复。有选择地复建部分历史建筑，利于提升城市形象，完善城市功能也可以使城市的记忆得到延续。

规划成果基本完成后，南通于2009年被公布为国家历史文化名城，本规划也获得南通市人民政府通过实行。

1.历史城区保护框架
2.主城区历史文化遗产分布
3.主城区高度控制规划
4.主城区功能结构调整

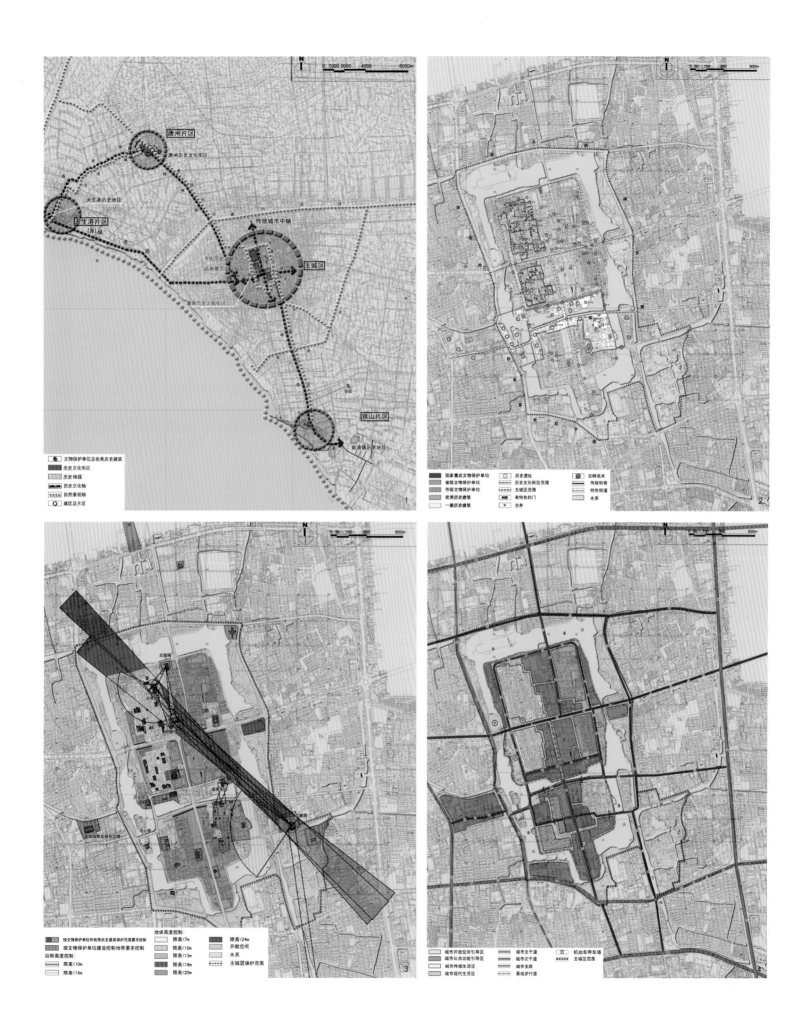

南翔老街保护整治工程设计

Protection Rehabilitation Project of the Nanxiang Old Street, Shanghai

项目负责人：　　　周俭

主要设计人员：　　陈飞 张恺 许昌和 陈文彬 于莉 张龙飞 李伟 王兆聪 潘勋 陈绮萍 文晓枫 刘娜

规划用地规模：　　2.79hm²

完成时间：　　　　2011年10月

获奖情况：　　　　2011年度上海市优秀城乡规划设计三等奖

1.节点平面
2.节点透视图
3.土地使用规划图
4.建筑保护与更新类别规划图
5.规划总平面图

一、规划构思

南翔曾是近代战争的主战场，存留下来的历史建筑较少，且年代也并非久远。对于这样一处历史文化街区，历史建筑的保护与修缮已经不是重点，重要的是如何整合零散的空间结构和织补现已支零破碎的传统肌理，充实文化内涵，恢复街区活力。

二、规划特点与内容

1.空间主轴的重塑

南翔因寺成镇，双塔本是南翔寺山门前的砖塔，与寺庙的主轴一体，由于后来复建的寺庙主轴西移，导致整个历史街区空间格局的错位。规划通过多种环境整治手法着力重塑了古镇的传统空间主轴的意向。

2.重要河街空间的整治

对横沥河和走马塘进行了重要河街空间和拱桥节点整治，强化水乡风貌特色和特色入口空间景观。

3.街区肌理的保护与再生

针对不同街区和街巷特点，采取不同手段进行街区肌理的保护和再生。

4.历史氛围的营造

通过对传统老字号的恢复、创造地方文化的展示空间、环境细部的刻画、夜景照明的处理，共同营造古镇氛围。

三、实施情况

到2011年10月，已完成前三期保护和改造工程，实施面积2.79hm²，主要包括：

一期，报济桥改造，双塔空间节点环境整治，人民街、共和街、南华街建筑立面整治和道路铺装及环境整治，八字桥空间节点整治，以及河街空间的夜景照明工程；

二期，共和街西侧院落群整治，梅墅复建，生产街廊棚建设；

三期，檀园复建、游客服务中心、书场、名人展示馆等项目建设。

全面埋设近十种管线，所有管线全部入地。

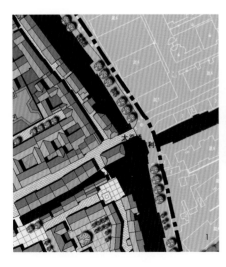

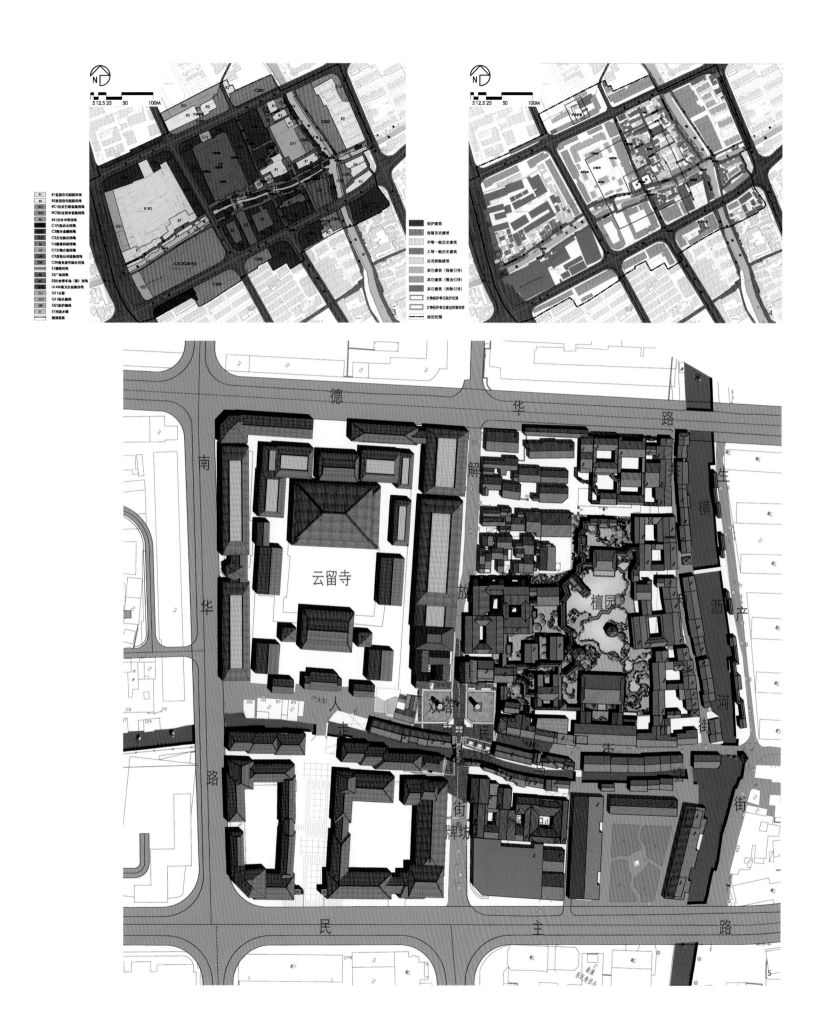

上海同济城市规划设计研究院
SHANGHAI TONGJI URBAN PLANNING & DESIGN INSTITUTE

平遥古城保护控制性详细规划
Regulatory Planning of Pingyao Ancient City

项目负责人： 邵甬
主要设计人员： 胡力骏 顿明明 陈欢 赵洁 邹图明 李雄 范燕群 应薇华
完成时间： 2009年
获奖情况： 2009年度上海同济城市规划设计研究院院内一等奖

平遥古城位于中国北部山西省的中部，是保存完整的历史名城，也是中国古代城市的原型。1997年平遥古城被联合国教科文组织列入《世界遗产名录》。尽管平遥的名声越来越大，但是平遥的保护工作仅仅是有宏观的保护方针，对于具体的保护对象在以往编制的各种规划中却语焉不详。同时因平遥的荣誉而集聚的各种商业活动与古城内尚未得到改善的居民生活之间的差异却在加大，各种隐性破坏活动蠢蠢欲动。

考虑到原有规划的不足，本规划本着"保护文化遗产，改善人居环境，促进社会发展"的原则与目标，保护历史文化遗产，指导古城可持续发展，统筹安排遗产保护与各项建设，提供规划和建设管理的技术依据。

在规划工作展开之前，我们进行了历史文化价值研究，城市建设现状研究，发展战略研究以及重点地段保护与整治规划研究四个专题研究，作为规划的支撑。从宏观的保护规划工作开始进行，再结合建设发展需要进行规划控制，树立了拓展性的规划结构，将规划控制要求由地块落实至院落、建筑、环境要素等多个微观层面。为了能够有效指导规划管理，除了制定详尽的图则外，特地编制了管理规划为建立一个合理的管理体制提出指导，并编制了建设导则作为修缮实施指引。

保护规划层面，通过对历史、现状的深入研究，并对古城区内传统院落、历史建筑的逐一调查梳理，划定了平遥古城历史文化街区的保护范围和建设控制地带。落实保护院落，并对保护院落进行分级，通过图表两个方式对保护对象进行登录。弥补了保护管理上的严重不足。通过对平遥古城历史价值和特性的研究，提出古城区保护框架，即：

保护"堡寨相错，龟城稳固"防御型制特色；

保护"布局对称，县制完整"功能布局特色；

保护"街巷有序，坊里井然"街巷格局特色；

保护"合院严正，楼阁巍峨"建筑空间特色；

保护"砖瓦青灰，琉璃绚烂"整体色彩特色。

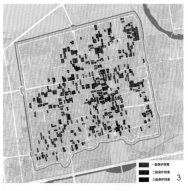
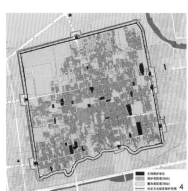

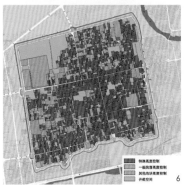

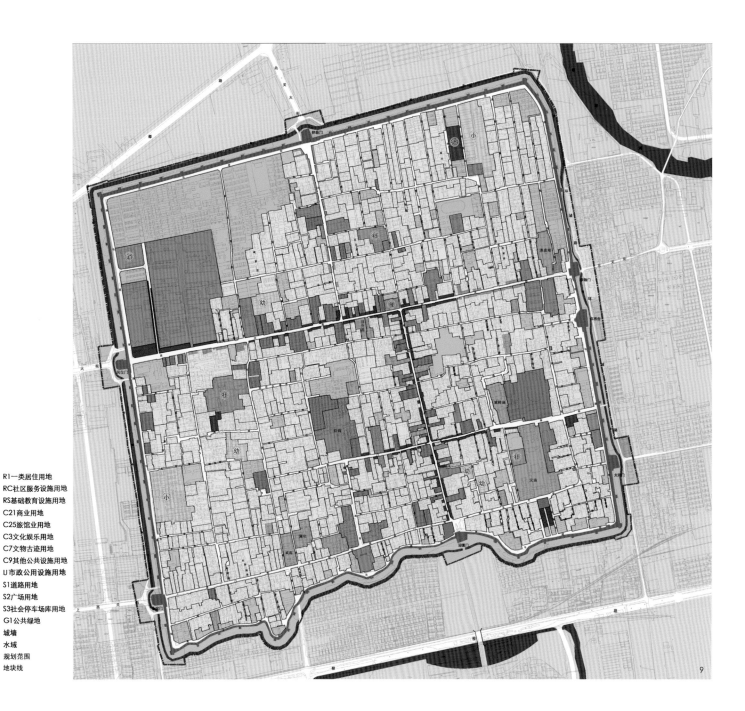

图例：
- R1一类居住用地
- RC社区服务设施用地
- RS基础教育设施用地
- C21商业用地
- C25旅馆业用地
- C3文化娱乐用地
- C7文物古迹用地
- C9其他公共设施用地
- U市政公用设施用地
- S1道路用地
- S2广场用地
- S3社会停车场库用地
- G1公共绿地
- 城墙
- 水域
- 规划范围
- 地块线

规划控制层面，在明确保护内容的基础上，提出"核心强化、轴向拓展、肋向联系"的发展结构，通过调整不合理用地，增加古城的文化和开放空间功能；提出疏散人口的策略；提出古城内交通组织以电瓶车为主的模式，并组织了电瓶车线路；拓展旅游发展空间和品质；引入必需的市政设施，提高古城生活品质。

基于平遥古城的构成特点，规划通过地块控制和院落控制相结合的控制手段，明确每一个院落和建筑的保护与整治要求，并根据院落可能的建设方案确定控制指标。控制体系包括院落与建筑高度控制，地块适宜建设范围，地块建筑退线与间距控制，地块内

通道与绿化控制，院落边界与规模引导、院落朝向与出入口引导，建设强度控制，以及院落和建筑的保护与整治模式引导等内容。同时，为了解决现状对牌坊、照壁、门头等历史构筑的忽视，规划在图则中一一注明这些保护元素。

建筑与环境修缮与设计导则，为平遥古城物质空间层面上日常保护与建设管理，以及古城内建筑与环境修缮与设计提供指导。规划分为通则和分则两个部分，主要针对建筑平面、立面、尺度与比例、装饰、材料、色彩，地面铺装，以及城墙、马道、护城河、户外店招、绿化、街巷铺砌与设施等空间环境方面提出引导原则与要求。

规划实施层面，管理规划为建立一个合理的管理体制提出指导，希望通过管理体系的架构来达到管理能力的提高和外部环境的保障，明确管理主体，简化管理程序，增强管理效率。涉及遗产地的保护与开发行动、政策、战略、实施目标以及建议等多个方面。具体内容包括基本情况介绍、管理专项规划，管理实施计划三个部分。

澳门历史性城市景观保护专题研究

The Report on Conservation for Historical Urban Landscapes in Macao

项目负责人： 张松

主要设计人员： 张松 镇雪锋 陈鹏 单峰

规划用地规模： 29.5km²

完成时间： 2010年12月

获奖情况： 2011年度上海同济城市规划设计研究院院内一等奖

1. 世界文化遗产澳门历史城区的构成
2. 东望洋灯塔
3. 大三巴标志景观
4. 历史地区保护范围规划图
5. 世界文化遗产保护范围图

1990年代以来，越来越多的世界遗产城区的历史性城市景观（Historic Urban Landscapes）面临着开发破坏的威胁。2008年，由于澳门历史城区的重要性和遭受到巨大的开发压力，世界遗产委员会要求特区政府采取相应措施，以确保澳门历史城区保护的原真性和完整性。2009年，澳门特区政府运输工务司委托中国城市规划学会负责的《澳门总体城市设计研究》我院承担的"澳门历史性城市景观保护专题研究"为其中的重要专项课题。

本专题研究在梳理澳门特区的历史性景观资源以及保护所面临挑战的基础上，重点围绕2005年列入《世界遗产名录》的澳门历史城区展开。借鉴历史性城市景观保护的国际前沿理念，探讨如何合理引导历史城区现代化发展的需求，通过制定全面系统的保护规划，确保澳门的世界文化遗产得到切实有效的保护。

《维也纳备忘录》中指出：历史性城市景观植根于当代和历史上在这个场所出现的各种社会表现形式和发展过程。历史性城市景观的保护/保存，既包括保护区内的文物古迹，也包括建筑群及其与历史地貌和地形之间在功能、视觉、物质和联想等方面的重要关联。城市是持续进化中的有机体，历史性城市景观保护理念强调自然环境和人工建成环境之间的相互作用，这种整体性的方法可以为澳门历史城区提供一个更好的保护框架，对地区历史文化的保护和传承有着积极的意义。

专题研究中针对澳门面临的高强度开发建设现状，从世界文化遗产与其周边更广阔城市范围之间的视觉联系入手，研究提出历史城区整体风貌控制、建设高度控制、眺望景观保护等历史景观的设计管理策略。针对澳门半岛、氹仔和路环三个地区的特点分别制定相应的策略措施。澳门半岛地区应以"保护重整"为发展策略，重点保护世界文化遗产、已评文化遗产和其他有价值的历史建筑及价值突出的成片历史地区；氹仔地区采用"精明发展"的策略，保护文化遗产和自然环境，提供富有地方特色多样的公共空间，促进地区的环境景观品质；路环地区需考虑"保育保全"的策略措施，保育山体、水体和自然植被，保护文化遗产及其与自然环境所构成的整体空间关系。

研究报告建议，澳门历史性城市景观保护，需要通过视觉景观控制引导规划对新建的开发项目实施有效的规划引导管理。历史上利用地形建设形成的澳门城市完整防御体系的东望洋炮台、西望洋炮台和大炮台等，现已成为澳门重要的地标景观和眺望点。保护规划根据历史地标性建筑物与山体、大海等之间的视觉景观关系，制定相应的保护控制策略。保护制高点的眺望景观，对现存较好的视域范围进行高度控制，维持大炮台、东望洋山灯塔、主教山、望厦炮台、马交石炮台相互之间视线通廊关系，以及这些标志性景观与大海、山体之间视线通廊控制。强调保护位于主要活动路线上重要旅游景点、标志性眺望景观和重要的背景景观环境。

在澳门历史性城市景观的制度建设方面，建议建立景观影响评价、优美景观奖励等景观管理制度，以维护澳门历史性城市景观的特征，确实保障在快速发展背景下世界文化遗产突出的普遍价值的保护。同时针对世界文化遗产及整个具有历史价值的城区提出相应的保护管理策略，充分考虑到澳门居民的生活环境质量、旅游发展与遗产保护等现实问题，在文化旅游、创意产业等方面提出了综合性促进策略。针对产业建筑遗产分布集中的内港区，通过历史建筑修缮和城区环境整治，转变地区的功能发展文化创意产业，并为增加澳门历史城区的旅游容量创造条件。

主要建筑物建造年代

15世纪	01 妈阁庙
16世纪	04 圣老楞佐教堂 08 圣奥斯定教堂 09 民政总署大楼 11 仁慈堂大楼 14 玫瑰堂 15 大三巴牌坊 19 圣安多尼教堂
17世纪	12 大堂（主教座堂） 17 旧城墙遗址 18 大炮台 22 东望洋炮台
18世纪	05 圣若瑟修院及圣堂 10 三街会馆（关帝庙）
19世纪	02 港务局大楼 03 郑家大屋 06 岗顶剧院 07 何东图书馆 13 卢家大屋 16 哪吒庙 20 东方基金会会址 21 基督教坟场

1

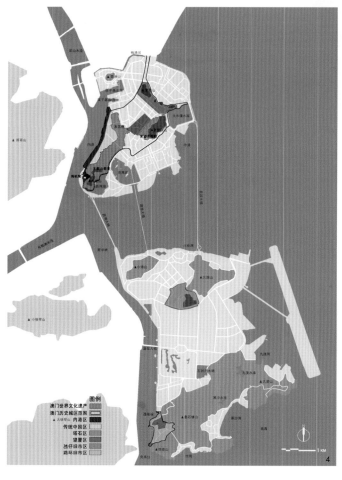

4

5

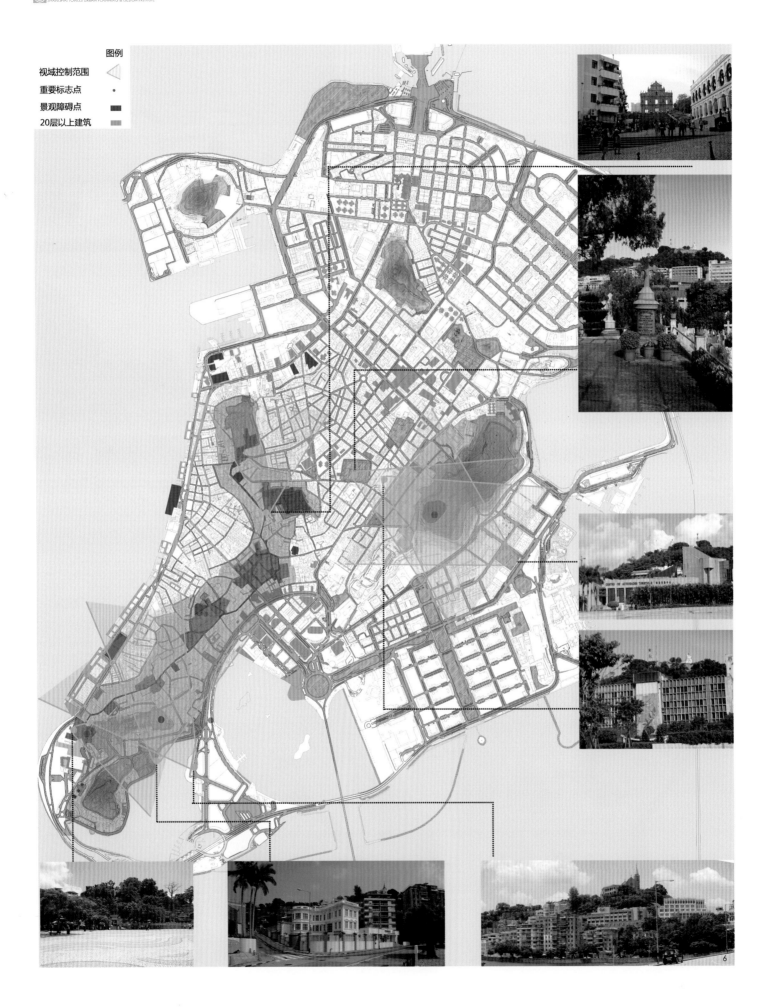

图例

视域控制范围
重要标志点
景观障碍点
20层以上建筑

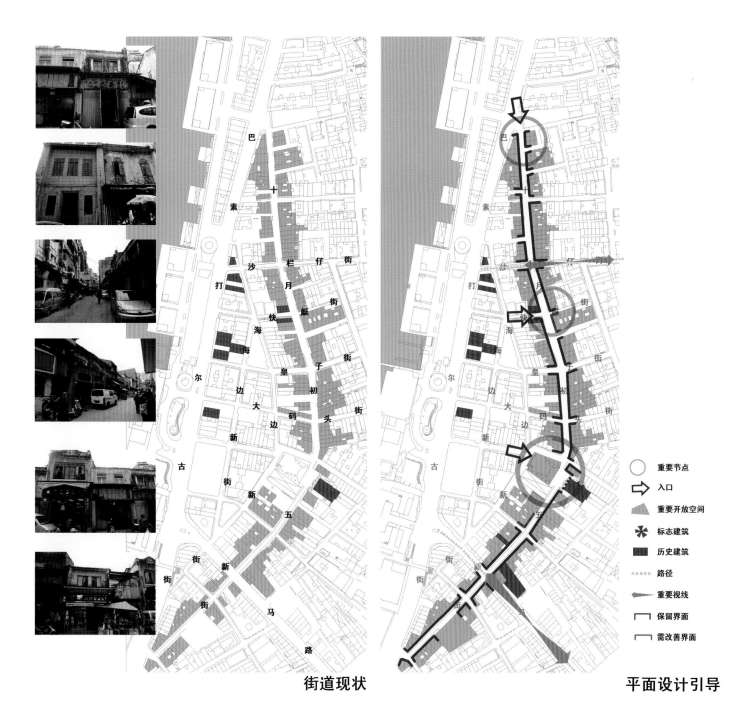

街道现状

平面设计引导

- ◯ 重要节点
- ⇨ 入口
- ▨ 重要开放空间
- ✳ 标志建筑
- ▮ 历史建筑
- ⋯⋯ 路径
- ⬌ 重要视线
- ⊏⊐ 保留界面
- ⌐¬ 需改善界面

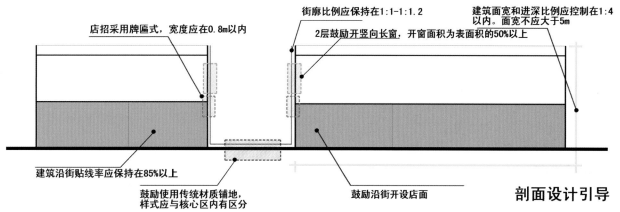

店招采用牌匾式，宽度应在0.8m以内

街廓比例应保持在1:1-1:1.2

建筑面宽和进深比例应控制在1:4以内。面宽不应大于5m

2层鼓励开竖向长窗，开窗面积为表面积的50%以上

建筑沿街贴线率应保持在85%以上

鼓励使用传统材质铺地，样式应与核心区内有区分

鼓励沿街开设店面

剖面设计引导

6.标志性眺望景观控制范围图
7.十月初五街设计引导图

雷州国家历史文化名城保护规划

Conservation Planning of National Historic City, Leizhou

项目负责人： 阮仪三

主要设计人员： 袁菲 张艳华 顾晓伟 葛亮 李涛 李玉琳 邢振华

规划用地规模： 418hm²

完成时间： 2009年12月

获奖情况： 2011年度上海市优秀城乡规划设计一等奖，2009年度上海同济城市规划设计研究院院内二等奖

一、规划背景

雷州，又名海康，始于先秦军事卫城，自汉代起逐步发展为我国南部重要的航运和对外贸易城市。雷州古城文物古迹丰富、传统格局鲜明、骑楼街市绵长、民间信仰兴盛，有"天南重地、海北名邦"之美誉。1994年由国务院公布为第三批国家历史文化名城。

二、名城特色与价值评述

名城特色不仅包含城市的外貌、文物古迹的形态，还包括城市的文化传统、历史渊源等精神方面的内容。就外延来说，雷州古城是一处风景秀丽、古迹众多、民风淳朴、颇具吸引力的"旅游地"；就本体而言，雷州古城是一个气候宜人、物产丰富、生活闲适、令居民倍感亲切的"家园"。就内涵而言，雷州古城是一座历史悠久、文化发达、内涵丰富的"历史文化名城"。结合雷州古城的历史发展，城市的历史文化特色可归纳为8个方面：

"天南重地"中心城、"海上丝路"海港城

"十贤留声"文教城、"多元信仰"文化城

"楚越遗风"民俗城、"湖山辉映"生态城

"南珠夏葛"工艺城、"贤才辈出"名人城

综合分析研究雷州古城历史文化、现状遗存、社会经济条件、发展趋势等，本次规划确定雷州古城应当以"国家历史文化名城"作为城市发展的突出特色，积极保护历史环境、传承地方文化。努力建设成为：

（1）以弘扬历史文化为基础的文化产业、旅游观光、商业服务相结合的国家历史文化名城；

（2）我国大陆最南端的滨海特色旅游和生态宜居城市；

（3）雷州半岛商贸、文化中心城市。

三、古城保护框架

本次雷州古城历史文化保护的主要内容为：物质性文化遗产保护和非物质文化遗产保护。其中物质性文化遗产的保护，分别从"点（文物古迹）•区（历史街区/地段）•面（整体格局）"三个方面展开，根据雷州古城格局特征和历史遗存分布状况，确定历史文化遗产保护的"人"字型保护轴和环绕古城的河湖水系、城防堤坝等自然与人工环境保护，包括：

1. "十字街～曲街"主线保护

保护历代州府县治形成的典型"方城十字街"和因商港贸易形成的"城外延厢"格局；保护留存至今的明清传统民居街坊，以及遍布街区中的历代文物古迹、历史建构筑物和历史环境要素；保护以"曲街、南亭街、镇中街、广朝街、龙舌街、马草桥街"为主的近代南洋骑楼街；保护蕴涵其中的丰富的民间信仰、生活习俗、地方曲艺、传统工艺等非物质文化遗产。

2. "二桥街～雷祖祠"西线保护

保护二桥地段随商贸繁盛而形成的"街河垂直、双桥一线"的历史街市格局；保护沿"十三行街～二桥街"一线尚未建设性破坏的近代骑楼街市；保护重要文化遗存雷祖祠，及其相应的雷文化、雷祖文化、雷神崇拜等非物质文化；保护姑娘歌发源地麻扶歌台。

3. "关部街～天后宫"南线保护

保护关部地段沿夏江河水运而逐渐形成的"前街后巷、街河平行"的历史街河格局；保护并适当恢复沿"夏江河/关部街"一线的近代水运街市；保护重要文化遗存天后宫、雷州口部税馆等，及其相应的妈祖文化、海港商市、近代关税建制等非物质文化。

4. "西湖～南湖～夏江河"历史水系保护

严格保护历史水面的形状、范围、走向，改善水体环境；严格限制环湖、沿河区域的新建建筑，逐步增加绿化种植和开放空间。

5. "青年运河～城东大堤"生态绿化保护

加强沿环城东路城基遗址绿化，延续古城历史上的台地地貌特征；严格控制环城东路与城东大堤之间的建设活动，维护古城台地与大海之间的远眺视野；城东大堤以东绝对禁止建设，加强堤防林带种植和洋田景观维护。

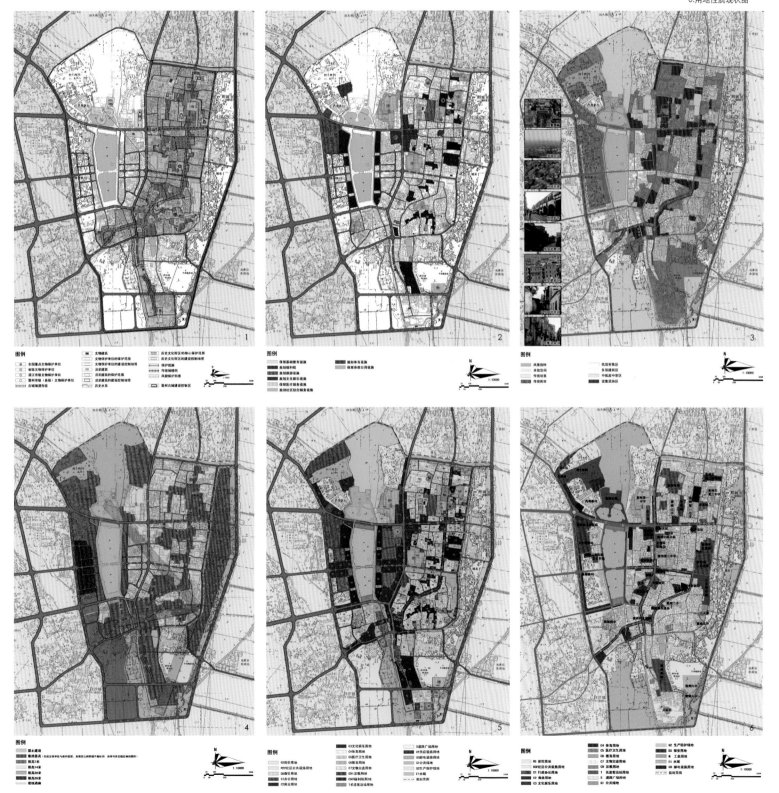

吴江市汾湖历史文化名镇保护规划

Conservation Planning of Fenghu Historical and Cultural Town, Wujiang

项目负责人： 周俭

主要设计人员： 张恺 于莉 范文群 许昌和 陈文彬 李伟 王兆聪 潘勋 陈绮萍

规划用地规模： 约258km²

完成时间： 2010年5月

获奖情况： 2010年度江苏省城乡建设系统优秀勘察设计三等奖，2010年度上海同济城市规划设计研究院院内二等奖

1.镇域历史文化遗产保护图
2.保护范围规划图
3.历史文化遗产分布图
4.保护范围规划图
5.建筑保护与更新规划图
6.用地规划图

一、项目概况

吴江汾湖历史文化名镇保护规划为总体规划层面的专项保护规划，批复后指导正在编制的街区保护规划（修建性详细层面），并指导黎里历史文化街区古镇风貌保护整治工作。规划定位为：典型河湖水乡之国，江南水乡明清城镇，诗人柳亚子的故乡，中国吴歌的发源地之一。

二、规划构思

汾湖历史文化名镇有两大特点：一、处于较发达地区，二、名镇范围大（用地总面积约258km²）。针对其特点，采用整体保护与重点突出的策略，梳理镇域层面保护要素；突出保护为主、合理利用，物质与非物质文化遗产并重的主线。

重点问题：

（1）大区域的历史文化名镇保护

针对258km²历史文化名镇的保护，区域内历史资源特色的梳理和整体环境保护是其核心问题。针对汾湖镇的特点，建立镇域、历史镇区、历史文化街区和各类物质、非物质文化遗产四个层面的保护层次和体系。加强镇域层面的保护控制,主要包括整体自然生态景观的保护、各古镇保护、外围各类物质与非物质文化遗产点状保护、梳理与名镇保护相关的道路交通等。

（2）古镇间的差异与错位发展

汾湖镇包括黎里、芦墟两个历史古镇和莘塔历史片区，规划从历史、规模、空间形态、物质遗存、风貌、文化方面深入研究，了解其共性、差异，确定为2处历史文化街区和1处历史建筑群，进行错位和联动发展，共同形成以吴文化为

纽带，以水乡观光、人居休闲、民俗体验为吸引力的苏南民俗文化旅游区。

三、创新点

（1）较发达地区的保护规划应了解需求，建立保护体系，突出重点，更好地推进保护更新工作。

（2）大区域内的保护规划，应更侧重镇域层面的保护控制，并将保护与利用相结合；古镇间采用错位和联动发展策略，共同营造区域特色。

天津海河历史文化街区保护规划

Conservation Planning of Haihe River Historical and Cultural District, Tianjin

项目负责人：　　邵甬　胡力骏
主要设计人员：　赵洁　应薇华　罗宾(加)　布兰卡(法)　王丽丽
完成时间：　　　2011年
获奖情况：　　　2011年度上海同济城市规划设计研究院院内三等奖

1.历史发展演变图
2.功能结构分析图
3.旅游规划分析图
4.用地规划图

在天津划定的14个历史文化街区中，海河街区是最特殊的一个。尽管海河的历史文化价值重大，但由于两岸历史建筑集中区域已经划定了一系列历史文化街区，一河两岸的线性空间中历史留存甚少，规划面对着为什么保护和保护什么的问题，同时由于海河两岸区位价值显著，开发压力过大，如何保护也是需要解决的问题。

针对这个特殊的街区，本保护规划也有许多特别之处。

第一，由于天津海河的历史发展过程在相当程度上就是天津城市的发展过程，因此规划用城市的视野来研究海河，研究范围大为拓展。

第二，规划用发展的眼光看待历史。由于海河不仅是一条历史的河流，也是天津未来发展的重要平台。海河两岸的功能、空间、交通方式和活动都发生了变化，它由一条生产交通带正转变为一条景观生活带，海河两岸的氛围和形态必然与历史特征有所差异。

第三，鉴于海河的地位和两岸品质提升还存在很大余地，规划通过城市设计方法，用经典的标准来优化海河品质。

通过对海河两岸功能演变的特点、以及桥梁、驳岸、河街关系、植被特点、历史建筑、特色道路、非物质文化的研究，我们多样性是海河两岸最突出的特点。但是常规的、通过划分河段的方式来引导海河的特色不能充分体现海河两岸特征的多样性，而按原租界界线的划分又混淆了空间和风格上的特点。基于历史形成和现状特点，我们对海河两岸进行了特色组团划分，并以此作为规划控制和特色引导的基础。

对海河历史文化街区的价值总结为：

一、海河是天津的母亲河。

二、海河历史文化街区是天津历史文化的联系纽带。

三、海河历史文化街区是天津城市生活的展示平台。

通过对海河价值的重新认识和提升，明确保护的意义。

在保护内容上，除了要保护文物保护单位、历史建筑、风貌保护道路、重要的视线和环境特色要素外，还应当重点保护海河母亲河的人文精神，为天津文化展示提供平台。并保护与延续历史功能意向，采用意向标识的方式将历史脉络与新的城市功能相融合，加强各特色组团的历史信息风貌特色的识别性，增加新功能的历史文化内涵。

通过历史文化街区核心保护范围和建设控制地带的划定，文物保护单位和历史建筑的明确，确立刚性的保护要求，以达到保护文物本体的目的，并为控制海河两岸景观环境确定法律基础。

规划以促进海河活力、延续与彰显天津文化、塑造高品质的滨水景观为目的，确定了街区的功能定位为：以休闲、文化、旅游为特色，商务办公、公共服务和居住为主要功能，最有天津特色的活力景观带。

街区功能和特色营造充分利用海河这条功能轴、景观轴和活动轴的组织功能，通过7个重要节点的改善和沿河两岸11个特色组团功能调整、建筑风格引导、活动策划还原海河文化的多样特点。

建筑风格方面，对沿河建筑风格的引导没有必要一定将沿河建筑风格恢复成历史原状，但是需要注重体现沿河各区段风格特色，还原海河历史上沿河建筑风格的多样性，同时兼顾现状已建成情况。

对于历史建筑集中、风格特色明显的区段，应注重还原历史风格，塑造沿河连续的特色风格界面。

对于以现代主义风格建筑为主的区段，应在现代主义风格中根据所处各区段不同的历史特色，增加可识别的特色元素。如：河北新区与三条石地段，建筑风格应在现代主义的基础上增加近代民族元素；六纬路原俄租界地段，建筑风格可采用体现厚重感的苏联式的现代主义风格等等。

面对海河两岸开发压力很大，许多高强度开发项目已经得到落实，不可能进行大规模调整的现实。规划要求严格控制前景，保护历史建筑的周边环境和开放空间的景观品质。而对中景和背景区域，规划提出"错落有致、虚实相隔、相得益彰"的控制思路，通过重点河段两岸关系分析、河段断面分析对沿河天际轮廓线进行调整。仅对少量规划建筑高度进行改变，优化了海河两岸的整体天际轮廓线。

在滨水开放空间步行系统组织上，对现状桥梁和滨河步道逐段进行分析，指出现状问题，提出解决方式。规划还设计了天津海河环游线，意图更好的展示海河两岸历史文化遗产、发挥海河的纽带作用。

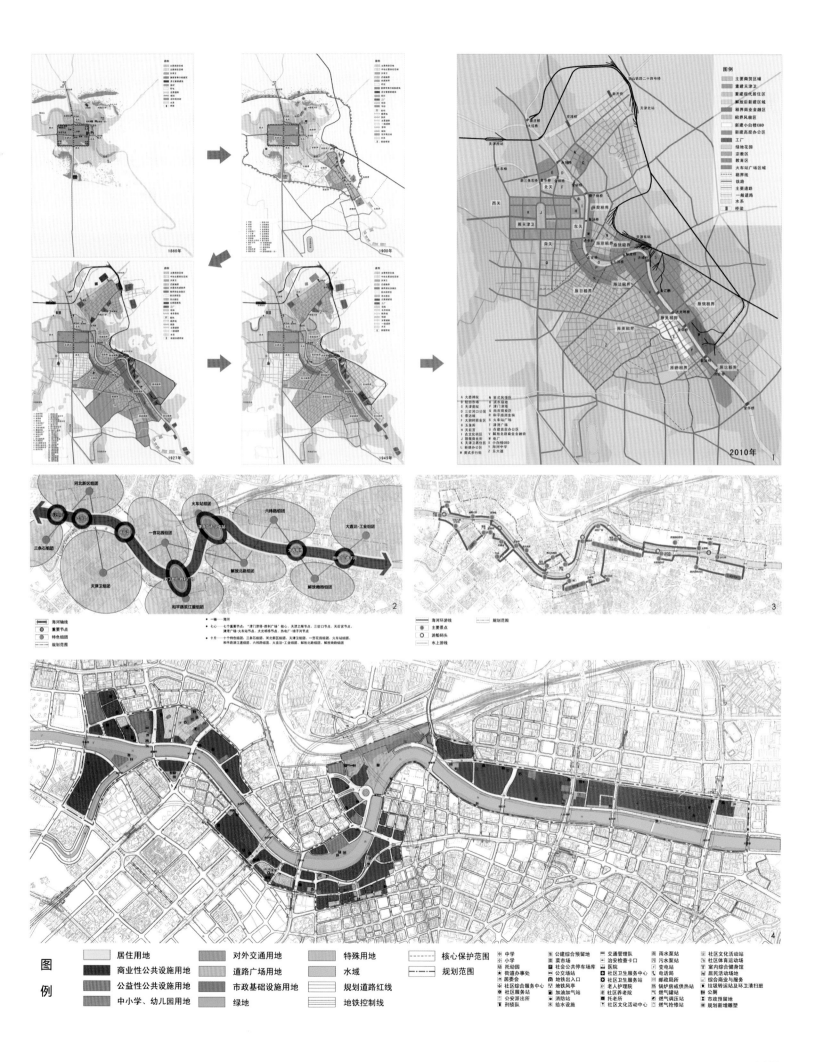

图例

居住用地　　　　　　　对外交通用地　　　　特殊用地　　　　　　核心保护范围
商业性公共设施用地　　道路广场用地　　　　水域　　　　　　　　规划范围
公益性公共设施用地　　市政基础设施用地　　规划道路红线
中小学、幼儿园用地　　绿地　　　　　　　　地铁控制线

中学　　　　　公建综合预留地　　交通管理队　　　雨水泵站　　　社区文化活动站
小学　　　　　菜市场　　　　　　治安检查卡口　　污水泵站　　　社区体育运动场
托幼园　　　　社会公共停车场库　医院　　　　　　变电站　　　　居民活动场地
街道办事处　　公交场站　　　　　社区卫生服务中心　电话局　　　室内综合健身房
居委会　　　　地铁出入口　　　　社区卫生服务站　　邮政所　　　综合商业与服务
社区综合服务中心　地铁风亭　　　老人护理院　　　锅炉房或供热站　公厕
社区服务站　　加油加气站　　　　社区养老院　　　燃气罐站　　　垃圾转运站及环卫清扫班
公安派出所　　消防站　　　　　　托老所　　　　　燃气调压站　　市政预留地
刑侦队　　　　给水设施　　　　　社区文化活动中心　燃气抢修站　　规划新增别墅

吴江市同里历史文化名镇保护规划[2011—2030]

Consevation Planning of Tongli Historical and Cultural Town, Wujiang[2011-2030]

项目负责人： 周俭
主要设计人员： 黄宏智 张恺 于莉 范燕群 陈一 余妙 王煜 陈鑫 白雪莹 庞慧冉
规划用地规模： 历史镇区面积54.0hm²
完成时间： 2011年12月

1.镇域历史文化遗产保护图
2.镇区周边自然生态格局保护图
3.用地规划图
4.历史文化遗产分布图
5.历史镇区范围划定图
6.建筑保护与更新规划图
7.非物质遗产保护规划图

一、项目背景和编制过程

1999年同里镇编制完成"吴江市同里历史文化名镇保护规划（1999-2020）"，以此为主要依据，同里镇政府在历史镇区内进行了三线下地、河道整治、建筑整修等一系列的保护工程以促进地区旅游发展。2010年后，随着国家对世界遗产、名城名镇、文物、风景名胜区管理要求的提高，以及同里在发展经济、改善民生过程中的问题增多，同里镇政府于2011年6月委托上海同济城市规划设计研究院编制"吴江市同里历史文化名镇保护规划（2011-2030）"，2012年2月江苏省政府批准了该规划。

二、规划特点

本规划是在高价值遗产已得到较好保护基础上，探索如何扩大保护受益范围，以及通过保护实现社会、经济、环境可持续发展的一个规划。

三、规划内容

（1）规划目标：保护同里历史文化名镇的文化遗产和其依存的田园自然环境，促进同里名镇社会文化经济的可持续发展。

（2）保护定位：世界遗产地；河湖之镇；以明清居住建筑风貌为特色的江南水乡城镇。

（3）保护规划原则：历史建筑与历史环境要素保护的真实性原则；历史镇区与历史文化街区保护的整体性原则；新建与改建工程的协调性原则；社会经济发展与文化遗产利用的可持续性原则。

（4）保护层次：建立镇域、历史镇区、历史文化街区、各类物质与非物质文化遗产四个层面的保护体系。

（5）保护重点：镇域的河湖水网及田园风光；历史镇区（同里）与历史文化街区（三桥）的空间格局、城镇肌理、整体空间尺度、街巷与河道的空间尺度、空间界面以及传统风貌；各类历史文化遗存，包括各级文保单位、文控单位、历史建筑、历史环境要素；保持历史镇区的生活性和多样性。

镇区周边自然生态格局保护图

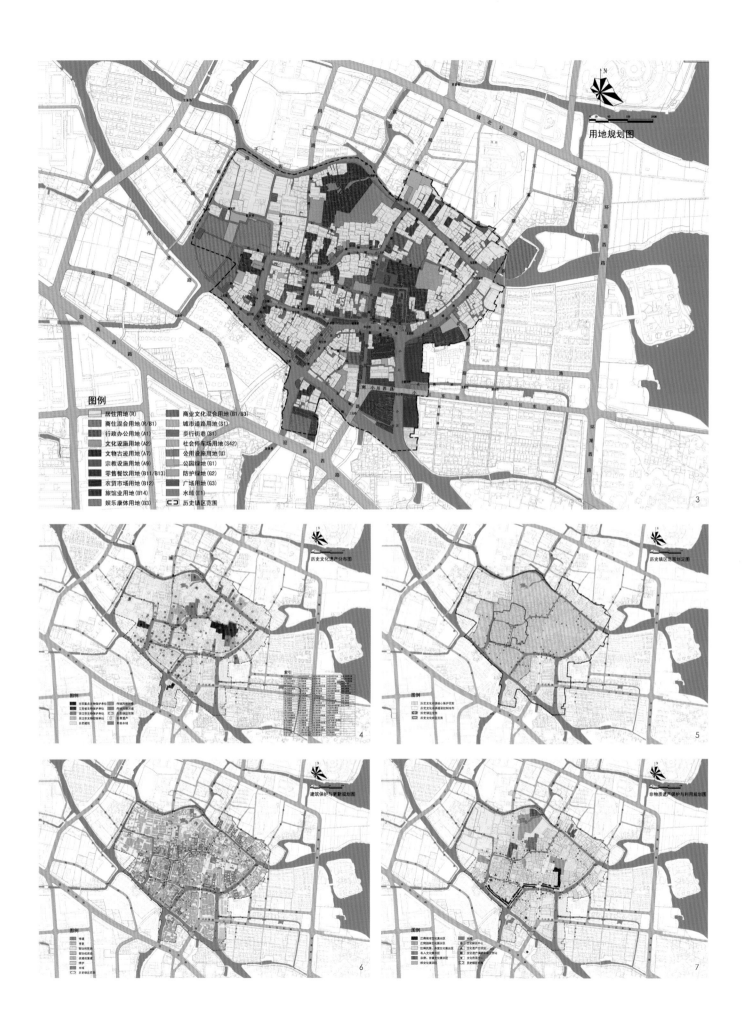

用地规划图

图例
居住用地(R)
商住混合用地(R/B1)
行政办公用地(A1)
文化设施用地(A2)
文物古迹用地(A7)
宗教设施用地(A9)
零售餐饮用地(B11/B13)
农贸市场用地(B12)
旅馆业用地(B14)
娱乐康体用地(B3)

商业文化混合用地(B1/B3)
城市道路用地(S1)
步行街巷用地(S1)
社会停车场用地(S42)
公用设施用地(U)
公园绿地(G1)
防护绿地(G2)
广场用地(G3)
水域(E1)
历史镇区范围

历史文化遗产分布图

历史镇区范围划定图

建筑保护与更新规划图

非物质遗产保护与利用规划图

京杭大运河沿线历史城镇调研

The Research of the Cities and Towns along the Beijing-Hangzhou Grand Canal

项目负责人：　　　阮仪三　朱晓明　王建波
主要设计师：　　　张波　李红艳　范利　李文墨　付文君　丁援　张学敏　姚子刚　张晨杰　钟经纬
项目完成时间：　　2006年—2008年
获奖情况：　　　　2008年第44届世界规划师大会杰出成就奖

1.窑湾镇总平面图
2.平望空间格局分析图

　　由同济大学国家历史文化名城研究中心组织和上海阮仪三城市遗产保护基金会资助的京杭大运河沿线历史城镇调查项目，自2006年8月启动，至2008年9月，先后组织了7个调研小组，由同济大学、复旦大学、华东师范大学、上海大学、华中科技大学的总计33名师生组成，利用暑期时间对长达1794km的京杭大运河沿线进行了大规模普查与重点调研相结合的运河历史文化遗产调研工作，涉及21座城市、83座村镇、10处运河水利枢纽节点。并针对鲁运河济宁段、聊城段、里运河、中运河、南运河、北运河、通运河、江南运河等不同的运河段落撰写了八册调查研究报告，同时提交给国家文物局，在大运河申遗的过程中起到了预先普查和推动作用。

　　调查项目按照文化线路遗产的交通交往孔道、价值部分之和整体等标准，重点调查了运河古村镇和城市历史街区的商业交往空间、体现文化交流的生活空间以及宗教信仰传播空间等内容。调查发现不同运河城镇和街区的这些物质空间之间有着紧密的内在联系，并且与运河有着休戚与共的兴衰历史，基本得出运河沿线历史城镇及街区的上述空间加上交通运输空间是京杭大运河作文化线路核心组成部分的结论。

　　通过调查，了解到京杭大运河文化遗产虽然等级很高、类型繁多，但存世量相较而言已经非常稀少，并且正处于保护开发和自然损毁的双重破坏的危险境地。

　　在2006—2008年之间，同济大学国家历史文化名城中心还对码头古镇、台儿庄古城、南阳古镇、德州四座历史城镇进行了保护与发展规划，使一批运河城镇的珍贵遗产得到了保护。

1. 玄庙
2. 山西会馆
3. 西典当
4. 庄家大院
5. 绿豆烧酒厂
6. 徐家大院
7. 复泰永布庄
8. 赵信隆酱园店
9. 邮政局
10. 昌记布庄
11. 天顺民信局
12. 永茂钱庄
13. 东典当
14. 江西会馆
15. 陆举人宅

1

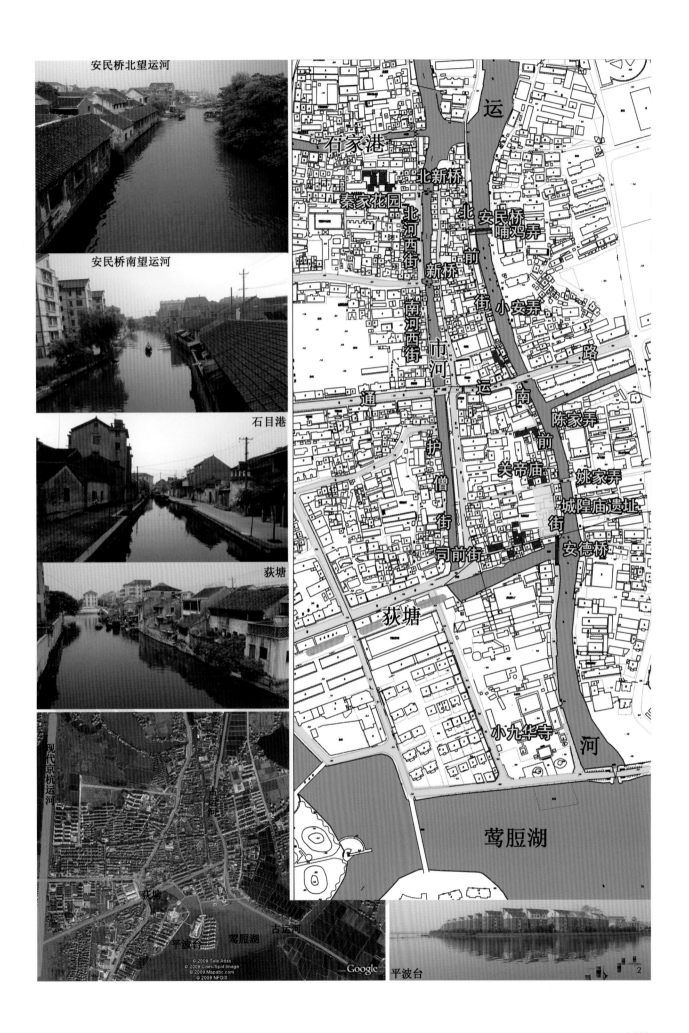

安民桥北望运河

安民桥南望运河

石目港

荻塘

现代京杭运河

古运河

荻塘

平波台

鸢脰湖

运

石家港

北新桥

秦家花园

北河西街

北

安民桥

哺鸡弄

新桥

前

南河西街

街

小安弄

市

河

路

通

运

护

僧

街

南

前

陈家弄

关帝庙

街

姚家弄

城隍庙遗址

司前街

安德桥

荻塘

小九华寺

河

鸢脰湖

平波台

上海市中心城历史文化风貌区扩展调研报告
The Center of Shanghai City Historic District to Extend the Research Report

项目负责人： 阮仪三

苏州河南岸项目组成人员： 张雪敏 张杰 陈飞 张晨杰 陆卫理 范利 付文军 姚子刚 李昕 林维航

苏州河北岸项目组成人员： 陈飞 袁菲 张杰 付文军 林林 范利 王建波 张晨杰 丁枫 刘鸽 陆卫理

委托单位： 上海市规划和国土资源管理局

调研单位： 同济大学国家历史文化名城研究中心 阮仪三城市遗产保护基金会

1.南岸调研范围
2.南岸扩大与新增示意图
3.北岸调查范围
4.北岸扩大与新增示意图

上海是一座有着丰富历史文化遗产的城市。自1843年开埠以来，逐步形成了多姿多彩的城市风貌与大量保存完好的历史建筑，其中，上海里弄是上海历史文化精髓的集中体现，它不仅镌刻着城市建筑发展的肌理，是一种建筑艺术的体现；而且承载着城市文化发展的记忆，是中西文化交融的美好片断。为了保护这些历史遗存，2007年7月，上海颁布了《上海市历史文化风貌区和优秀历史建筑保护条例》，对历史文化风貌区和优秀历史建筑实施了最严格的保护政策。上海里弄遗产得到了更多市民及各级政府的普遍关注，大量里弄得到了较好的保护与合理的利用。

与此同时，2008年北京举办奥运会的成功，北京的一大批城市文化遗产，如四合院、胡同在迎接奥运中得到了进一步的保护与再利用，并在奥运会期间成为了外国游客最热衷的地方。北京城市文化遗产的保护与再利用极大的促进了地方旅游业的发展，改善了城市形象。

随着上海举办2010年世界博览会的临近，上海里弄将面临怎样的命运——是在迎接世博会中被大规模的拆旧建新而"死亡"，还是得到保护与利用而"再生"？世博会对于里弄是一道通向"复兴"之"门"，还是致使其"泯灭"的"槛"？上海应该拿怎样的里弄向世界来客展示？这些问题值得我们研究人员、管理人员思考。

对此，我们认为应该从北京迎接奥运中得到启发，上海应该接过从"奥运会"到"世博会"这面旗帜，让上海的里弄文化大放异彩！其次，我们认为促使里弄"死亡"的根源在于：把"旧城改造"当作城市发展的驱动力，认为"拆旧建新"、"一刀切"、"全盘拆除"是城市发展的最佳方式。而这种"旧城改造"的思想实质上否定了城市发展是个过程，否定了城市的历史与文化。据此，我们认为在上海的新一轮发展中应该摈弃这样的方式与思维模式，应在加速发展的步伐中，保护上海的里弄肌理，保留上海的特色，从"旧城改造"向"旧城更新"的发展思路转变。对此，近期应加强旧城更新的学术和政策研究，选择一些老里弄进行试点，获取一些新经验，在解决居住等基本民生问题的同时，保护居民长期形成的社会网络，促进社会的和谐与稳定。

鉴于此，我们向上海市委提出了"保护上海里弄，拿最能体现上海人文精神的里弄去笑迎来宾"的观点。上海里弄是上海近百年来城市发展的缩影，是具有世界优秀文化遗产的价值，急待挖掘保护。该观点很快得到了上海市委市政府领导的重视，市委书记俞正声即刻做出回应，认为上海的里弄应该得到有效的保护

和合理的利用，而且这些不应该是"建几个花瓶"，而应为上海世博会的举办及其上海城市发展做出贡献。并请市委秘书长专程与我们交流。在这样的背景下，我们开展了历史文化风貌区范围的扩展课题的调研。

经与市规土局、房地局沟通讨论，明确了调研重点，于去年十月份开始，组织14位博士、硕士和教师为骨干，带领172名有一定专业知识的志愿者，进行了3个多月的深入调研，对苏州河以南的近万幢建筑、近千条里弄、四百多个地块进行了摸底排查，并对苏州河以北也进行了面上的调研。通过查资料、访老人、看现场，整理出表格812份，拍摄资料照片上万幅。现初步认为，可以新增的历史文化风貌区4个，面积共2.49km²即：金陵路历史文化风貌区、静安寺历史文化风貌区、陕西北路历史文化风貌区、南苏州路—成都北路历史文化风貌区、可以扩大的历史文化风貌区有5处，共1.12km²即：衡山路—复兴路历史文化风貌区，新增地块：太平桥地块、合肥路地块、巨鹿路地块；人民广场历史文化风貌区，新增地块：宁波路地块；南京西路历史文化风貌区，新增地块：石门一路地块等。有需要保护、保留、有价值的里弄104处。

针对我们的研究报告，市规土局于2009年2月4日组织召开了由城市规划、城市历史、房屋管理、文物保护等方面专家的评审会，并获得通过。

2009年4月份开始，阮仪三教授又带领10位博士和教师，组织同济大学城规学院06级50多位同学，对苏州河以北的闸北、普陀、虹口、杨浦四个区的旧式里弄及历史建筑进行了普查，初步提出需要扩大和新增风貌保护的建议意见，新增"风貌区"4个，共7.16km²；扩大风貌区范围3处，共0.98km²；推荐保护的里弄82处。

2011年12月上海人民美术出版社编辑出版阮仪三主编的《上海石库门》英文版向国内外发行。

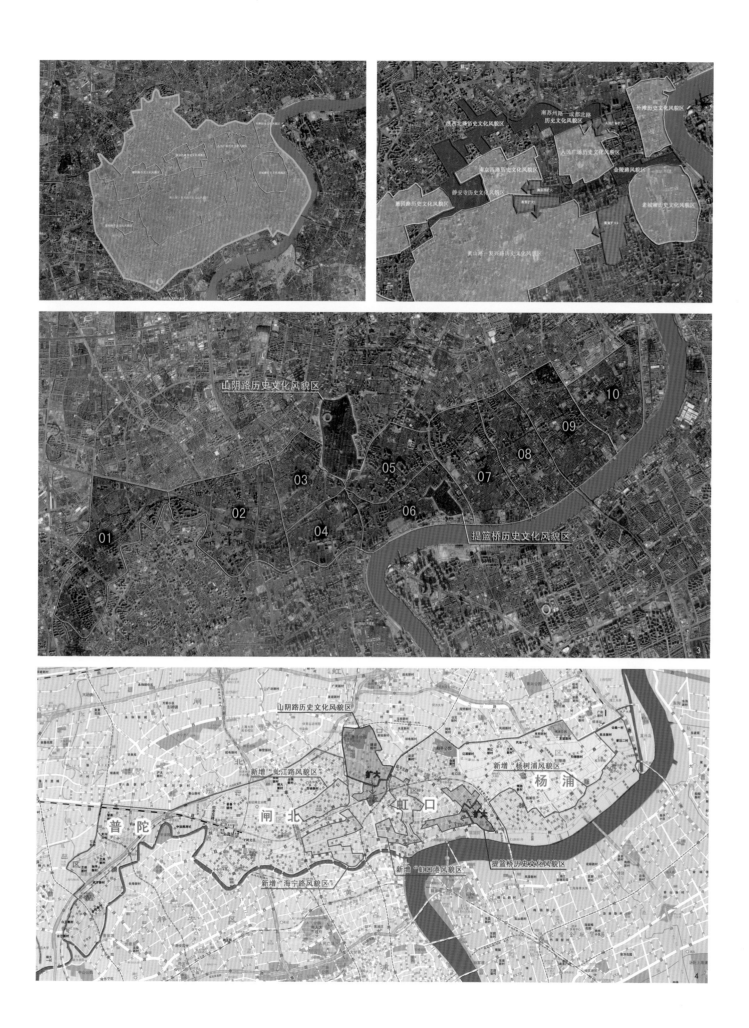

遗珠拾粹——福建邵武和平古镇

Protection and Renewal—The Planning of Heping Town in Shaowu City, Fujian

项目负责人： 阮仪三
参与调查人员： 李舒 朱子龙 肖飞宇 谢璇

一、"闽北古堡"和平

和平地处福建省北部，邵武市西南，属低山丘陵地带，农耕历史悠久，素有"闽北粮仓"之称。

和平古堡建于明万历十六年（1588），以防患匪寇。城堡周长360丈，辟8门，东西南北4个主城门上建谯楼。现存东、北、西三座城门和东、北两座谯楼。谯楼均木构，东门谯楼为三檐歇山式顶，北门谯楼为重檐歇山式顶，因面对武阳峰，故又称"武阳楼"。城堡内古镇区面积约9hm²。

和平古堡为民间自发集资建造，城墙墙体就地取用河卵石砌筑，与官方所建郡县城池用特别烧制的城墙砖筑造迥然不同，故又称土堡。

二、街巷格局

古镇区主街为南北向的和平街和东西向的东门街，两街丁字相交于古镇中心。另有数十条纵横交错呈网络状的古卵石巷道从主街延伸发散，形成较为完整的古街巷体系。

和平街连接南北城门，形成于唐天成初（926），长约600余m，宽6～8m，街中心以青石板铺筑，两侧铺河卵石。临街建筑多为前店后住。地形北高南低，随形就势形成"九曲十三弯"的走势，宛如一条腾起欲飞的青龙；而古镇区东北隅和西北隅各有一眼水井，恰如青龙的双眼。东门街连接东门与和平街，双排青石板铺就，长约200m，宽约2～4m。是交通性道路。

主街两侧的大小巷道，呈现出"高墙窄巷"的形态。这些巷道长的数百米，短的仅十几米，宽者可过轿车，最窄者仅容一人通行，纵横交错，曲折迂迴，且时有过街楼、巷门等间隔，行走其间，犹如迷宫。

三、公共建筑

和平古镇区内现遗存的公共建筑有和平书院、县丞署、谢氏庄仓、"旧市三宫"、旧市义仓、歧山公祠等。

和平书院：和平书院开宗族办学之先河，是闽北历史上最早的一座书院，系后唐工部侍郎黄峭（871—953年）弃官归隐时创建。现存建筑为清乾隆三十四年（1769年）复建，位于古镇区西北隅，四合天井式建筑，马头墙，单进厅，穿斗式构架。天井两侧建廊楼，堂房地面高出天井和廊楼地面约1.6m，天井正中筑十三级石阶达堂房大厅。堂房五开间，中间厅堂，两侧教室。

县丞署：清乾隆三十四年（1769年）设和平分县，置"县丞署"和"把总署"，隶属邵武府治，委派武官，驻兵防守。位于古镇区东南隅，坐西朝东，两进厅，五开间，构架以抬梁式与穿斗式结合，用材硕大，有明代建筑遗风。署衙前大片空坪，为驻防官兵训练演武之所，称为"校场"。

旧市三宫：和平古镇有天后宫、万寿宫、三仙宫，俗称"旧市三宫"。天后宫：建于清咸丰八年（1858年），奉祀妈祖娘娘，兼作"福州会馆"，现仅存封火山墙。万寿宫：清中期江西商人建，有上下两殿，供奉许真君塑像，又为"江西会馆"。三仙宫：又名"灵仙观"，在东门内东北侧，现存为民国初建筑。

四、传统民居

和平古镇有明清民居建筑百余幢，其中仅"大夫第"就有5座，还有司马第、郎官第、"恩魁"宅、"贡元"宅等。均为四合天井院落布局，以斗砖封火墙围合，以二进厅的中型合院为多见，亦有纵向数进和横向护厝相结合的大型合院。屋面均采用四面坡向天井的"四水归一"做法，以便"肥水不流外人田"。

当地传统聚族而居，故多座院落连环组合成院落群。合院间有公共通道并辟小门（当地俗称"孝顺门"）以相互沟通。高大的封火山多为阶梯状三山或五山式"马头墙"，低起伏，纵横交错，青砖黑瓦，加之弧线起翘，极富层次韵律感。

和平的古民居建筑砖木雕饰丰富，技艺精湛，且多以隐喻的形式体现道、佛、儒的哲理，展示出浓重的群体文化心态。

五、地方习俗与民间艺术

古镇民风淳朴，加之自然环境、社会制度和宗教习俗的影响，形成特有的地方风俗习惯。

和平镇有傩舞"跳幡僧"和"跳弥勒"，以中乾庙为中心举行傩祭，是由古人在岁末迎神以驱逐疫鬼，去除邪气的仪式演变成的文艺活动。和平还有农家自酿米酒的传统，多在冬至日酿造，俗称"水酒"，甘甜香醇。和平素有种植苎麻织造夏布的传统，宋代已十分兴盛。其织机俗称"腰机"，故其布又称"腰机布"。至今和平仍有农妇以"腰机"织造苎布。

六、价值评述与保护建议

和平古镇是闽北邵武市属的山村小镇，城堡式古镇格局完整，地域特征鲜明；群山围抱，和平溪、罗前溪两河环绕左右；历史文化底蕴深厚，以建筑文化、宗教文化、耕读文化、饮食文化、民俗文化为核心，成为闽北地区丰富多彩的文化的缩影，具有及其难得的历史文化艺术价值。对和平古镇应当实行最严格的整体保护，再现闽北地区社会文化的"活化石"。

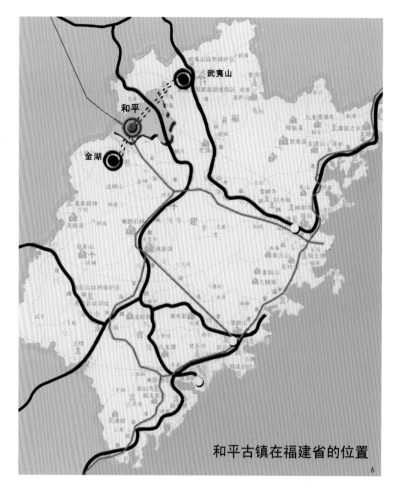

和平古镇在福建省的位置

6

7

8

专项规划

济南南部山区（西片区）保护与发展规划

Conservation and Development Planning of the South of Mountain (West Area), Jinan

项目负责人：	吴承照 俞静
主要设计人员：	段慧云 覃盟琳 洪佳文 张莺 李雄 詹立 冯学智 程俐骢 任相海
规划用地规模：	924.6km²
完成时间：	2009年10月
获奖情况：	2011年度上海市优秀规划设计二等奖

1.西片区用地现状图
2.西片区规划结构图
3.西片区管制规划图

一、规划背景

济南素以"泉城"知名，而南部山区是济南泉城的主要水源补给区与生态保护区，也是泰山北麓景观保护区。

本项目是济南市规划局面向国内招标的中标项目，立项于2006年7月，规划面积924.6km²。2006年规划区内居住人口31.9万，6镇1乡，京沪高铁线、高速公路线从此区域穿过。

二、规划思路

规划从大济南、大泰山、大趋势的角度，立足于现代人居环境的可持续发展思路，探讨济南南部山区发展绿色低碳经济与生态化建设的途径与对策，提出生态优先、重点保护、区别对待、协调发展、区域共赢等五大思路。

三、规划主要内容

1. 内容框架

规划由4大部分组成：专题研究、区域人居环境规划、乡镇发展规划、专项规划。

2. 四项战略：生态化、风景化、差异化、立体化

生态化战略提出建立生态廊道系统与绿色基础设施、生态化市政设施，保障生态与文化遗产安全，发展生态经济，优化土地利用结构；

风景化战略主要包括划定风景名胜区及各类保护区、休闲游憩区边界范围，建立不同等级的风景体系保护框架，实现大地风景化；

差异化战略立足绿色低碳经济的区域协调，对5镇1乡功能与特色进行差异化定位，强调优势互补；

立体化战略对生态保护、产业发展、人居环境建设与相关利益者的综合协调提出了立体化解决方案。

3. 规划目标

近期2015年城镇化率21.7%，远期2030年50%以上；西片区城镇建设用地18.51km²，城镇人均建设用地119.9m²/人。西片建设用地总面积64.03km²，占总面积的6.9%。

4. 总体布局与规划结构

三心二带
四廊八区

5. 九个专项规划

资源保护培育规划包括水资源保护体系规划；景观遗产资源保护体系规划；空间管制分区规划；道路交通综合规划；生态旅游发展规划；村镇体系与流域规划；公共设施规划；生态化基础设施规划；土地利用规划；可持续发展政策与管理。

四、四大创新点

1. 规划类型创新

本项目在目前法定城市规划体系中找不到对应的规划类型，在陆大道院士主持的评审会上，唐凯司长及有关评审专家一致认为本项目的特征与问题在国内具有一定的代表性，是一种值得探讨的规划类型。

以此次规划成果为基础，2008年申报住建部科技决策咨询课题《济南市新世纪科学发展城市规划集成研究》并获批准。在2009年12月住建部组织的成果评审会上9位专家一致认为"规划研究成果具有创新性和可操作性，达到国内领先水平，具有较大的推广应用价值，对济南市和全国其他同类城市科学发展具有重要指导作用"。

本项目是将统筹城乡发展、调控村镇建设与产业结构、保护自然文化遗产与生态环境资源等复杂问题在区域层面上面向可持续发展的创新性规划实践。是优化人口—产业—资源—环境复合生态经济系统空间结构的城乡人居环境一体化规划，为城市可持续发展与生态城市规划研究提供了一个全新的重要课题。

2. 规划理念创新

以绿色基础设施规划为先导，突破原有以镇域行政边界为单位的传统规划方式，采取跨行政边界的分流域规划，使得规划成果贴合不同流域的实际状况，分主次地综合考虑了生态系统的相对独立性。

3. 技术路线创新

路线包括7项核心技术8个专题研究，多学科专家组开展联合专题研究，为规划提供了重要支撑，形成了一条具有极强可操作性、科学研究与空间规划有机结合的规划技术路线和平台。成果既获得了相关学科的充分认同，又充分体现了规划学科的独特优势。

4. 规划方法与技术创新

（1）现代信息技术与生态学分析方法的综合应用

基于3S技术的水土流失与生态稳定性评价、基于国际生态村评估方案的自然村落生态评价、基于土地适宜性评价与综合影响因素分析的空间发展潜力评价，确定地域适宜发展的产业及其规模，为区域空间管制与村镇体系布局提供了科学的依据。

（2）基于社会发展目标的生态承载力计算与应用

分流域沟谷系统计算生态承载力，依据社会发展目标进行修正，针对修正后的目标制定不同的规划策略。为保护区、控制区居民点"是走是留"这一规划上比较困惑的问题提供了一条比较科学的解决办法。

（3）基于生态安全的土地适宜性评价

规划基于泉水保护、地质灾害防护、洪水防护、区域生态功能及格局保护等多项生态安全议题进行了土地适宜性评价；并将这些评价结果转化为一系列基于开发及保护政策的备选方案，为区域土地规划管理提供了系统的决策依据。

（4）基于生态政治学的生态安全管制规划方法

从生态安全、遗产安全与利益协调的角度，规划提出了禁建区、限建区、适建区的划分方法，从控制层面上保障了区域发展的可持续性；同时提出了生态安全管制的政策保障及其运行机制，建议建立流域保护的企业准入制度、保护农民利益的三农政策、强制性与引导性相结合的环境政策；建立生态服务企业化运作与流域管理的市场化模式、社区共管模式等；并试图推行实时动态监控的智慧流域管理模式。

五、实施情况

南部山区保护与发展规划自2009年评审通过、修改完善后，对济南市实施南控发展战略、统筹协调城乡发展起到重要作用，成为南部山区各项法定规划的重要规划依据。

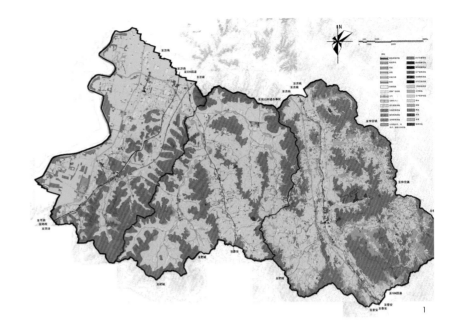

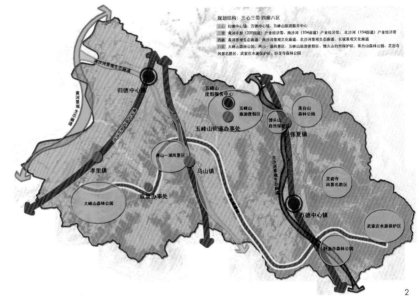

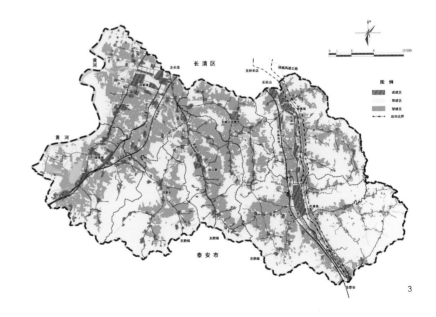

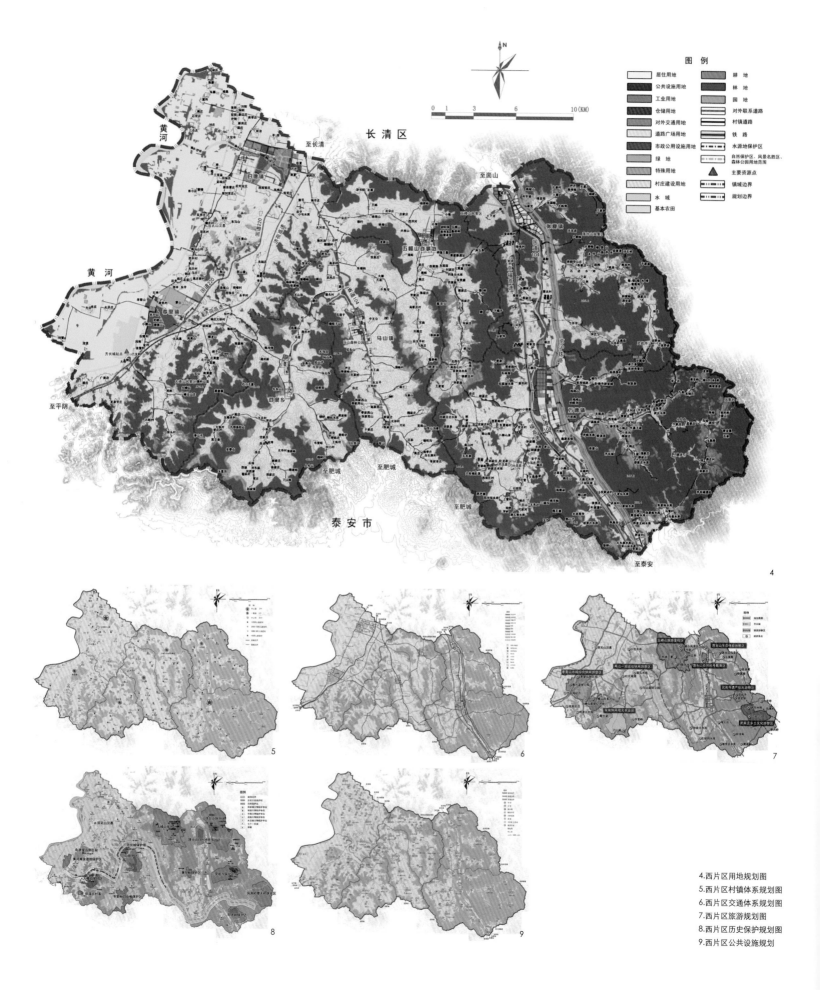

4.西片区用地规划图

5.西片区村镇体系规划图

6.西片区交通体系规划图

7.西片区旅游规划图

8.西片区历史保护规划图

9.西片区公共设施规划

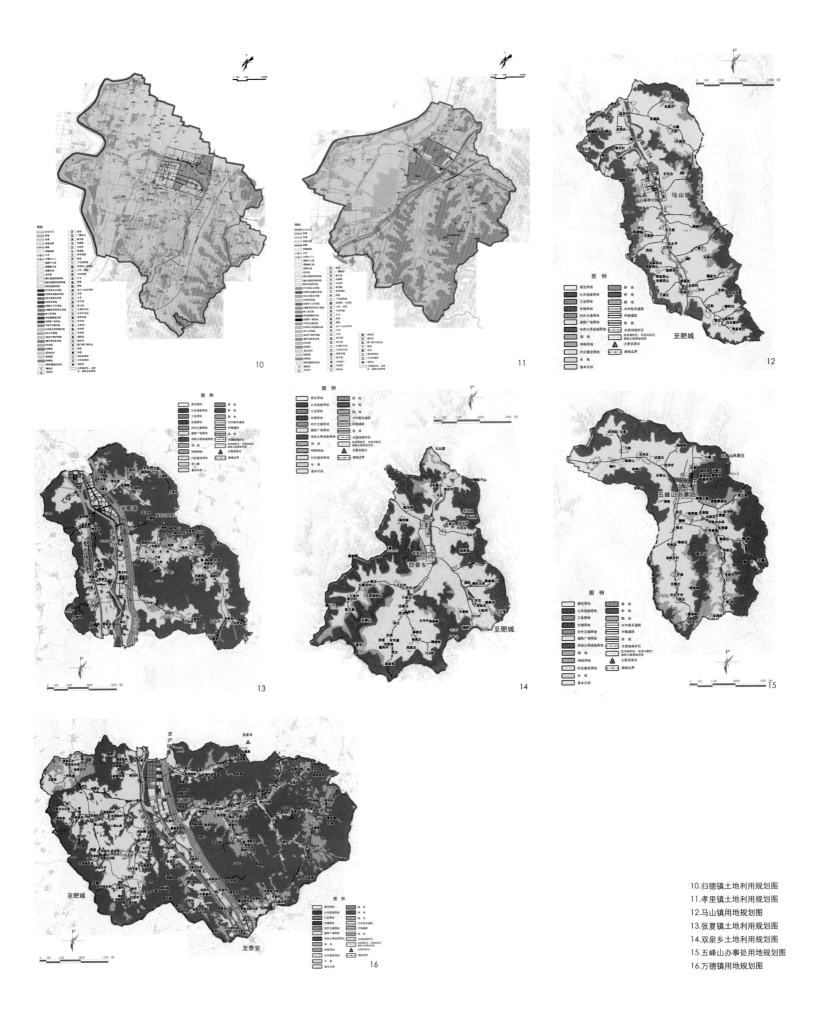

10.归德镇土地利用规划图
11.孝里镇土地利用规划图
12.马山镇用地规划图
13.张夏镇土地利用规划图
14.双泉乡土地利用规划图
15.五峰山办事处用地规划图
16.万德镇用地规划图

上海嘉定城北地区行动规划[2010—2015]

Action Planning of Jiading North City, Shanghai[2010-2015]

项目负责人： 周俭 阎树鑫

主要设计人员： 卓健 俞静 周建斌 邓文芳 张莺 钱锋 陆天赞 郝丹 李茁

规划用地规模： 23.1km²

完成时间： 2010年

获奖情况： 2011年度上海市二等奖，2010年度上海同济城市规划设计研究院院内一等奖

本次行动规划研究范围：北至昌徐路、祁迁河，南至A30公路、嘉戬公路，西至胜辛路、沪嘉浏高速公路，东至嘉行公路、新成路、倪家浜、横沥河。用地范围面积23.1km²。包括四个社区，九个控规编制单元。

行动规划本着"大处着眼，小处着手"、"空间统筹，项目落实"、"政府引导，市场跟进"的基本原则，重点关注嘉定老城迫切需求改善的矛盾，集中

力量解决民生问题，城市局部更新为主，兼顾城市统一发展；整合资源、强化操作，对城市系统性的整合改造，落实项目的实施主体和实施步骤；实施方式上，政府鼓励和引导，嘉定五大国有公司先行，带动社会资本投入。

规划关注全局的"新老联动"，以关注民生的规划出发点，突出近期发展的规划任务，同时，结合市场需求提出行动纲领、行动策略和一系列的行动规则。

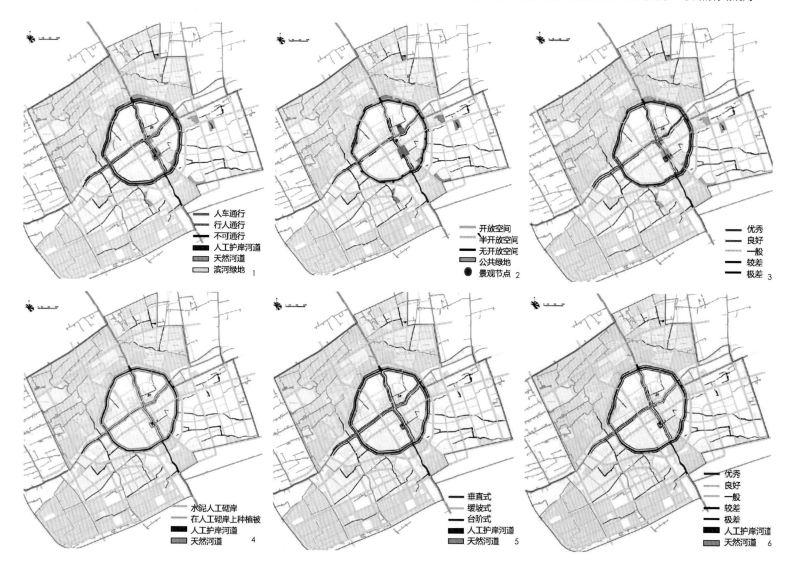

1.现状通行能力评价
2.现状开放空间评价
3.现状滨海景观质量评价
4.现状河岸形式分析
5.现状河岸亲水处理类型分析
6.现状滨河区域可达性评价
7.地块功能业态示意图
8.河道风貌特征示意图
9.近期建设公共绿地示意图
10.土地利用规划图

富拉尔基城市风貌研究
Urban Style Research Of Fulaerji

项目负责人： 周玉斌

主要设计人员： 方豪杰 王婷 柯勇兵 鄢儒 刘小凯

规划用地规模： 60km²

完成时间： 2011年5月20日

获奖情况： 2011年度黑龙江省优秀城乡规划二等奖，2011年度上海同济城市规划设计研究院院内一等奖

1.红岸大街北段空间示意图
2.土地利用规划图
3.功能分区图
4.规划结构图
5.模型图

一、设计理念

在新时代的背景下，通过感知"水"、"绿"、"文"、"城"，挖掘富拉尔基的自身资源特点，抓住时代机遇、恢复特色景观体系，重新建立城市与自然、时空及文化的联结，构建全新的城市风貌体系。

二、规划内容

（1）塑造城市层面的感知体系，以此实现城市形象的创造，解决抽象政策和原则落实为具体的设计指导的可操作性问题。

（2）从片区、街坊的层面提出控制框架，对重要设计要素提出控制要求，整合与优化城市环境及各个系统，强化城市的形态结构和形象特征。

（3）选取重要节点、街区、道路进行指导性方案设计，阐述各系统设计要求在微观尺度下如何落实在具体地段。

（4）编制富拉尔基近期项目建设表。制定项目计划，并提出项目实施开展建议，以指导下层次规划设计为目的，为富拉尔基的规划设计管理提出工作建议。

三、特色与创新

本次规划突破传统风貌规划的做法，另辟蹊径，探索了新的规划思路，具体表现为：

（1）纲举目张，多层次规划的对接与延续，从宏观研究到中观控制直至微观管理，通过系统规划——分片区风貌导则——分街坊设计指引保证规划的可操作性。

（2）突破传统思路，以人的感知作为风貌研究的切入点，构建风貌感知系统。通过对现状资源的挖掘，从自然和人文多方面提炼"水"、"绿"、"文"、"城"的风貌研究元素。

（3）借鉴控规图则手法，引入导则、指引图则等规划设计手法，实现技术与管理两套体系的有效衔接，强化规划的针对性及科学性。

（4）字典式的风貌特征管理，便于检索使用。通过对道路分段、道路界面、道路断面、建筑色彩等方面的指引，构建风貌特征管理的研究体系。

（5）体现"落实"的风貌控制体系。在对近期建设的项目、区域、工作重点的科学把控下，将风貌控制体系层层落实，有效地控制城市风貌的有序发展。

本次风貌研究，涵盖内容广泛，通过以空间为载体，整合城市中的自然、历史、人文要素，有效弥补了现状法定规划体系在保护和强化城市个性特色方面的不足，达到强化城市特色、塑造城市个性的目的。

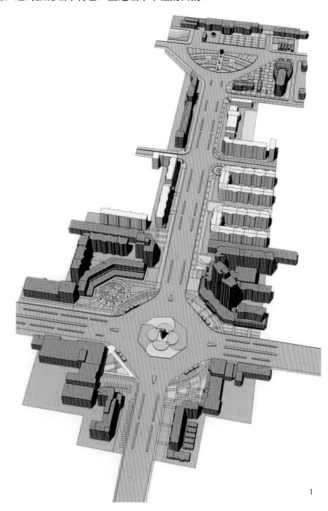

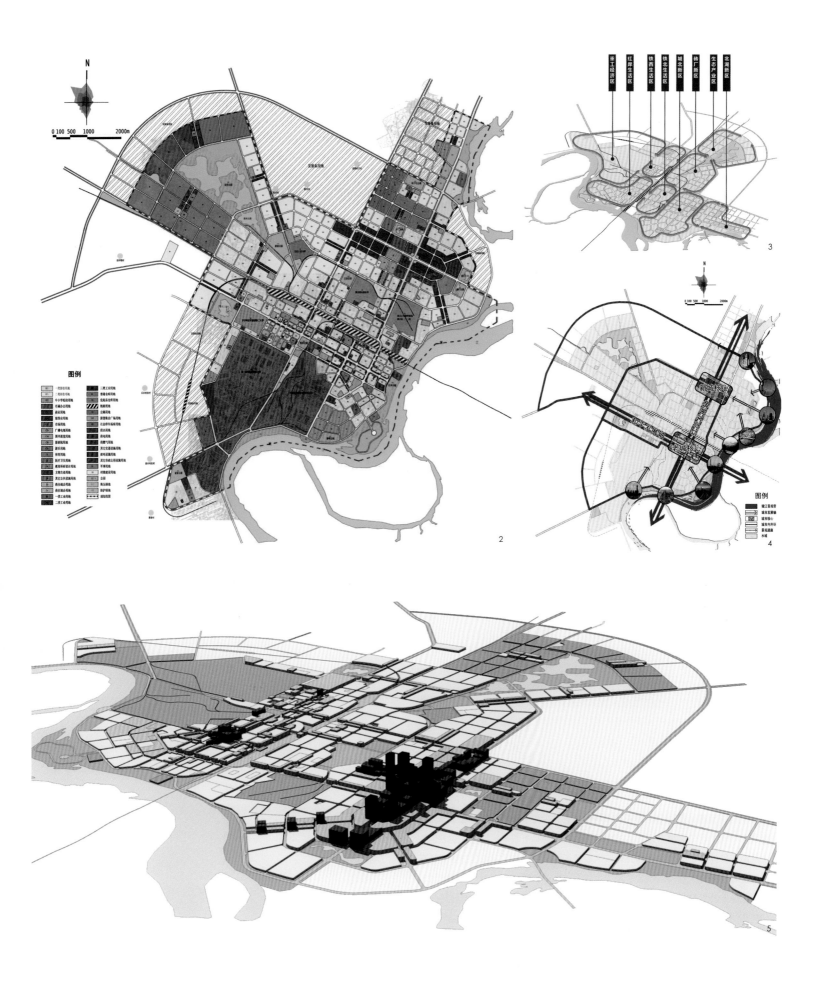

漳州城市建设整体风貌特色规划
Urban Feature Planning of Zhangzhou

项目负责人： 戴慎志

主要设计人员： 孙康 曹阳 刘晓星 林惠来 郑荣泉 高晓昱 俞海星 林兴德 陶勇 詹鹭声 郑玲 陈燕 黄向荣

项目规模： 漳州市中心城区总体规划建设面积58km²

编制时间： 2008年3月—2008年12月

获奖情况： 2009年度全国优秀城乡规划设计奖三等奖，2009年度福建省二等奖

1.步行系统规划图
2.道路分类图
3.视线通廊示意图
4.景观意向图
5.土地使用规划图

一、 规划研究背景

漳州是闽南文化的重要代表城市，历史悠久，风景宜人。城区依九龙江而建，四面青山环抱，现状人口40万，辖芗城、龙文两区，行政中心位于城西芝山大院。近年来随着九龙大道的建设和夏深铁路的规划，城市开始向东、向南跨越发展，城市文化和特色在现代化的建设中面临严重冲击，城市规划管理系统对城市风貌的控制，提出了新的要求。本规划立足于漳州所处的文化地理环境，对影响城市风貌特色的综合要素系统进行了统筹，是城市设计思想运用于总体规划层面的创新。

二、 漳州整体特色定位

漳州整体风貌特色定位为中国闽南文化的重要组成部分，在具体的经济导向、城市建设和地方风俗特产等方面存在自身的特征。

三、 研究内容构成

规划范围为漳州市中心城区，其规划要素由宏观、中观、微观三个层面构成。规划成果包括总报告和《漳州城市现状风貌专题研究》、《漳州城市色彩环境专题研究》、《漳州历史建筑专题研究》等三个专题研究。

四、 主要创新点

本规划是福建省第一个统筹城市风貌特色的综合性系统规划。立足于漳州地处闽南文化圈的区位环境，通过扎实的现状调查和对漳州城市已编相关规划的整理，从城市整体建设的角度对漳州城市风貌特色的构建提出了系统的规划设计思想。其主要创新特色包括：探索了城市风貌系统研究的模式规划提出了漳州城市风貌特色建设的目标体系；结合城市总体规划，将城区划分为七大各具特色的风貌分区；提出了城市景观意向、视线通廊、高度控制等要求；并进行了城市山水系统、绿地系统、滨水景观、道路景观等专项系统的研究规划。

基于广泛的公众意向调查，引导城市色彩管理。本规划通过公众意向调查和专家咨询，充实规划设计依据，提出了漳州城市主调色和色彩搭配的主要方式；并落实到各分区，形成了分区选色系列，便于各分区实施控制。

对漳州建筑特色提出了继承和创新的思路本规划深入研究漳州传统建筑特色，提出了"模仿、简化、拼贴、重构、抽象"五种新漳州建筑设计手法，整理出便于操作的建筑特色构建图库，并选取城市中六处具有代表性的节点进行设计示意，便于直观理解和掌握新漳州建筑设计思想。

结合城市设计进行风貌控制规划将风貌控制理念和城市设计方法充分结合，通过一江两岸的天际线设计引导沿江景观界面；通过十条街道的标准段设计引导街景控制，并对街头绿地和街道家具进行了概念型设计；通过六处节点的详细设计落实新漳州建筑的实施。

制定了便于实施的控制导则本规划为有利于普遍指导和实施控制，编制了《漳州城市建筑形态与风貌控制导则》、《漳州城市建筑色彩控制导则》和《特色建筑构件汇总表》，简明扼要，便于操作。

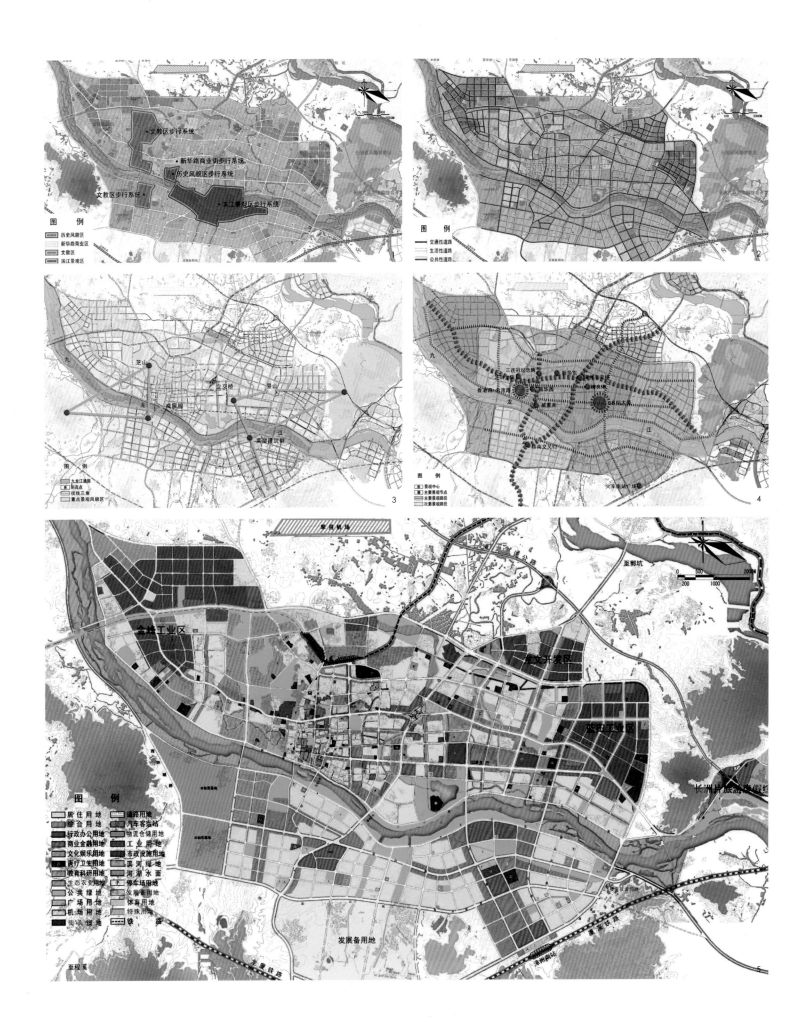

威海市公共交通专项规划[2009—2020]
Urban Public Transport Planning, Weihai[2009-2020]

项目负责人： 刘冰

主要设计人员： 张涵双 周玉斌 何继平 王志玮 刘力铭 刘旷 应盛 本·西格斯

规划用地规模： 769km²

完成时间： 2010年9月

获奖情况： 2010年度上海同济城市规划设计研究院院内一等奖

本规划顺应低碳城市的国际发展趋势，从"生态宜居城市"和"世界旅游精品城市"的视角，提出了"民生、精品、绿色"的公交发展目标，进一步细化具体衡量指标，以加强"战略-实施"两大层面的对接。

本规划结合近远期城市土地使用，提出了与带形组团城市结构相适应的绿色公交走廊发展模式，进一步制定了公交优先、一体化、品牌化、公交导向开发、机制体制创新、智能化的规划战略。

本规划以服务为导向，确定了"以快速公交走廊为主体、以常规公交为基础、以旅游健康线为特色"多层次干支衔接的公交线网结构，以及"分区组织、多级衔接、功能互补、覆盖城乡"的公交一体化网络布局方案，并从车辆、场站、资金和运营机制等方面提出具体的实施指引和保障措施，以有效改善公交的可达性和服务水平。

1.远期快速公交线网规划图
2.公交线网结构规划图
3.公交线路客流分布现状图
4.站点上下客流现状图
5.远期常规公交线网规划图—北片区
6.远期常规公交线网规划图—中片区

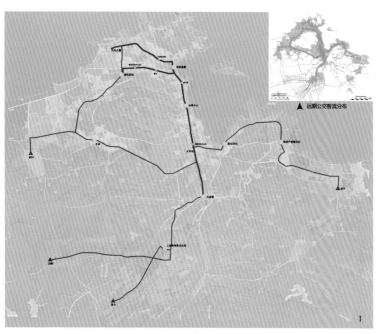

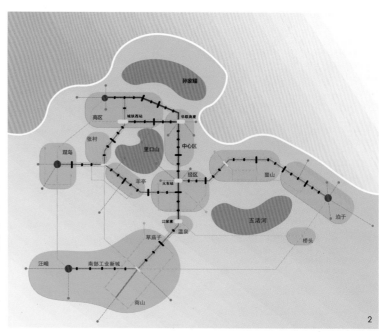

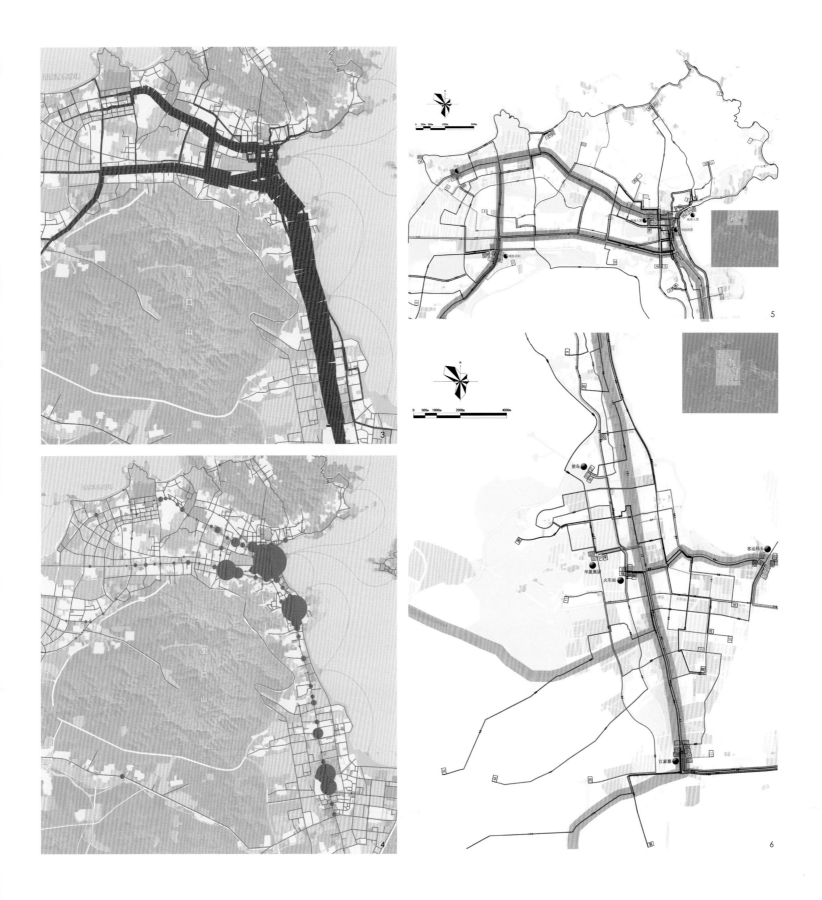

凯里市城市综合交通规划[2009—2025]

Urban Transportation Planning for Kaili[2009-2025]

项目负责人： 潘海啸

主要设计人员： 潘海啸 张涵双 李光一 施澄 汤諹 刘魏巍

规划用地规模： 全市辖10个乡镇，国土总面积1035.9km²，总人口47.14万，其中城市（镇）人口26.87万

完成时间： 2011年6月

获奖情况： 2011年度上海同济城市规划设计研究院院内二等奖

1.凯里市市域交通网络规划图
2.城区片区道路网络规划图
3.凯里市中心城区步行交通网络系统示意图
4.凯里道路网络规划
5.凯里片区联系通道
6.公交网络分布图
7.战略方案流量分配图

一、基本思路

凯里市是黔东南苗族侗族自治州首府所在地，位于贵州省东部、自治州西部，清水江上游，苗岭东北麓。至2008年末，全市辖10个乡镇，国土总面积1035.9km²，总人口47.14万，其中城市（镇）人口26.87万，占总人口的57%。居住着苗、侗、土家等多个少数民族。2008年4月项目组在凯里市政府的牵头领导下，组织实施了大规模的相关交通调查，并于5月份完成所有数据录入工作，7月份完成现状交通调查分析报告。本次综合交通规划的基准年是2008年，与凯里市总体规划的规划年限相适应，规划期限（远期）为2025年，人口60万人，其中：近期建设规划为2015年，人口40万人；2025年以后为远景规划，考虑人口100万人

技术路线：依据凯里市总体规划，以实现凯里市发展目标为导向，以宏观定性、微观定量分析为手段，在吸取国内外大中城市交通发展经验教训的基础上，针对现状综合交通系统存在问题：

（1）开展交通调查，构建交通规划模型；

（2）制定城市交通发展战略，并在方案分析评价和汇报讨论的基础上，提出推荐战略方案；

（3）完成城市综合交通系统专项规划方案；

（4）提出近期可操作的方案。

二、主要规划内容

（1）在现状交通调查和分析的基础上，研究城市交通的特征，找出产生问题的原因；

（2）研究城市交通建设与城市用地发展的相互关系，确定规划评价目标，提出相应的交通发展战略；

（3）根据城市总体规划和土地使用规划，预测规划期末城市客运交通结构；

（4）确定城市道路网络和交通网络系统的基本格局，城市对外交通与市内交通各种设施的用地规模和选址；

（5）规划城市公共交通网络系统，确定公交车辆数及车型、公交换乘枢纽及场站的分布和用地规模；

（6）根据城市总体规划，确定未来城市的物流中心选址、用地结构及物流线路的组织；

（7）预测停车总量，确定停车场地的布局，并对停车设施建设及停车管理政策提出相关建议；

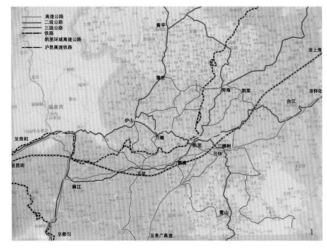

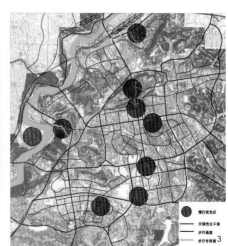

（8）对规划方案作技术经济评价和方案比选，并提出近期道路交通建设项目的实施计划；

（9）提出有关城市交通发展、交通需求管理方面的政策性建议。

三、创新点

对现状城市交通存在的主要问题，通过"对外交通"、"城市交通（包括路网级配、片区路网布局、整体路网布局、土地使用与交通）"和"公共交通"等几方面进行研究和分析。

依据现状社区和村镇边界，参考了总体规划用地布局等资料将凯里市划分为50个交通小区，并根据各小区人口数据对规划年内的小区人口进行了数量预测和岗位分配，使用"回归分析法和交叉分类法"对各小区内出行率进行了分析，综合预测到2015年凯里居民日出行率为2.11次/日（常住人口），2025年居民日出行率为2.25次/日（常住人口）。并对交通调查的数据进行了详细分析。

凯里城市综合交通发展的总体战略目标为：逐步构建起支持城市和谐发展、面向区域竞合的"高效"、"人本"、"绿色"的城市综合交通服务平台。然后针对"道路交通"、"公共交通"、"物流系统"、"停车"和"交通管理"等专项提出相关专项目标。

在区域交通一体化专项规划中，提出在市域范围内构建"二横、二纵、六联线"的骨架公路网络，并对铁路、航空、场站及客运衔接等内容进行规划。针对高速铁路对于凯里城市发展影响进行了专题研究。

对于总规路网进行流量分配分析，结合凯里中心城区地形阻隔以及支路网密度偏低、过境交通穿越市区与城市片区中心、停车设施不足等现状不足，优先对片区城市层面路网提出调整措施；根据凯里市"一中心、四片区"的规划城市布局，提出片区之间以"三横、一快"为道路骨架、新区片区内部以方格路网为主、中心城区内部以环加对外放射为主的道路布局形式。

在公交规划中，确定近远期公交车辆数为400台和750台。规划公交网络分为三个层次，分别为快速公交通道、干线公交通道、常规公交通道和旅游公交通道。规划三类换乘枢纽为：综合换乘枢纽、组团换乘枢纽和对外交通换乘枢纽。在慢行交通规划中考虑凯里特殊的地形地貌特征，主要针对凯里市的步行交通系统进行规划。结合国内外相关城市的规划经验，对凯里市的物流通道、停车设施、交通管理及近期改善计划等内容进行规划。

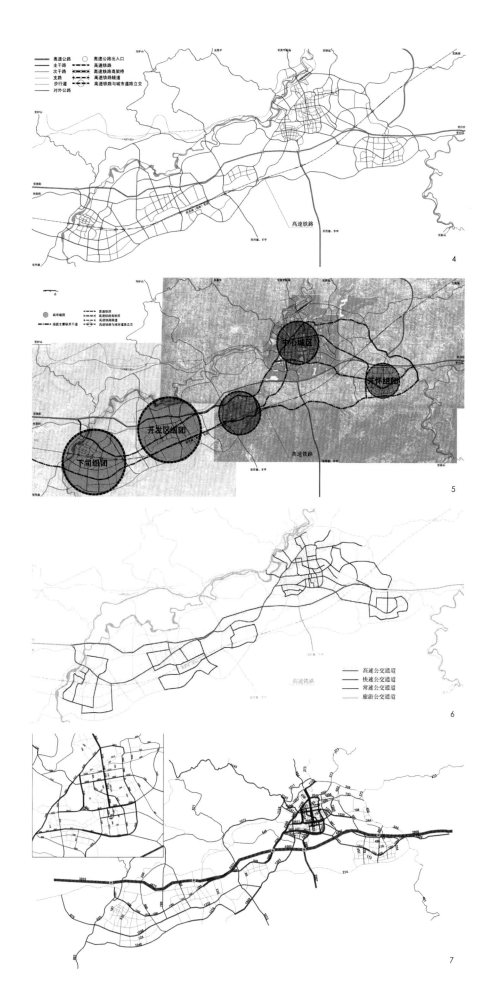

上海同济城市规划设计研究院
SHANGHAI TONGJI URBAN PLANNING & DESIGN INSTITUTE

广东省韶关市排水专项规划

Drainage Planning in Shaoguan City, Guangdong

项目负责人：　　李雄

主要设计人员：　李雄 文超祥 钱欣 刘波 吕泱

规划用地规模：　150km²

完成时间：　　　2009年11月

获奖情况：　　　2010年度上海同济城市规划设计研究院院内三等奖

在详细调查分析韶关市排水现状及水环境状况的基础上，提出存在问题；确定韶关市老城区采用截流式合流制排水体制，新建城区采用雨污分流排水体制；结合现有地形地势及竖向规划，合理规划污水收集系统分区及雨水排水分区，确定污水处理厂的数量、服务范围及位置，计算每一座污水处理厂的污水流量，确定污水处理厂的规模、占地面积、处理工艺、排放等级及受纳水体的水环境要求，计算并优化污水收集管网，规划主次干管管径、埋设深度；规划污水中途提升泵站的数量、位置、规模、占地。计算并优化雨水管网系统，确定雨水收集主次管管径；规划排涝泵站的数量、位置、规模、占地；对排水系统近期建设内容进行投资估算。

1. 雨水系统分区规划图
2. 韶关水专业污水分区规划图
3. 韶关污水工程近期规划图
4. 韶关污水工程远期规划图
5. 污水泵站及服务范围规划图
6. 现状水系分布图
7. 雨水工程近期建设规划图
8. 雨水工程远期规划图

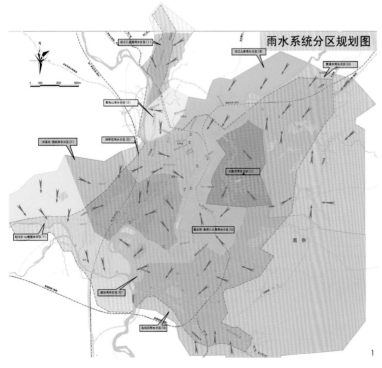

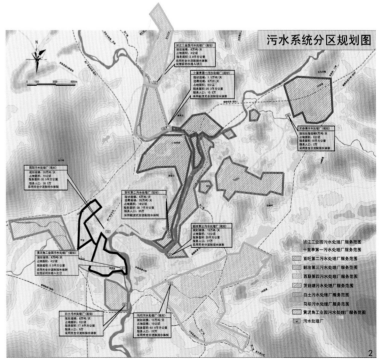

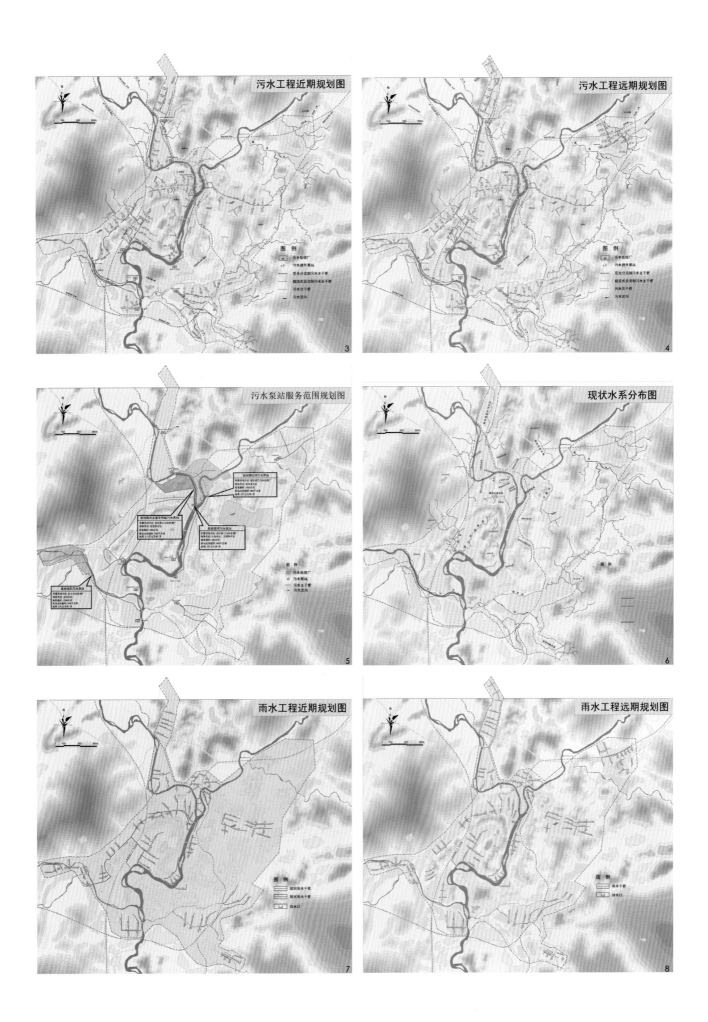

上海同济城市规划设计研究院
SHANGHAI TONGJI URBAN PLANNING & DESIGN INSTITUTE

巴楚县新农村示范点建设规划

New-Round Assistance to Xinjiang, the Construction of a New Countryside in Maralbexi County

项目负责人： 夏南凯 王新哲 刘晓
主管总工： 高崎
主要设计人员： 刘晓 吴晓革 刘俊玲 何百森 钱卓炜 蔡智丹 王伟 陈晶莹 李雄 蒋慧 袁礼
完成时间： 2010年10月
获奖情况： 2010年度上海同济城市规划设计研究院院内一等奖

1-2. "1+1" 模式示意图
3. 唐巴扎村巴扎集中居住区总平面
4. 唐巴扎村巴扎集中居住区鸟瞰图
5. 塔拉硝尔村一小组总平面图
6. 塔拉硝尔村一小组鸟瞰图
7. 塔拉硝尔村二小组总平面图
8. 塔拉硝尔村二小组鸟瞰图
9. 院落组合布局平面图
10. 院落布局鸟瞰图

2010年，新一轮对口支援新疆工作正式展开，上海对口支援突出体现"民生为本、产业为重、规划为先"的原则，为了促进边疆地区农村发展，指导少数民族地区新农村建设，编制巴楚县新农村示范点建设规划。

规划特色与创新：

（1）民生为本，产业为重，综合规划。突出典型性，重视推广性。规划组考察了10乡13个村，最终选取具有代表性的两个村庄作为示范点——塘巴扎村：典型农村巴扎村庄，规划面积116.7hm^2；塔拉硝尔村：濒临水库的典型农牧型村庄，规划面积34.6hm^2。

（2）尊重当地意愿，践行"田野调查"，引导农民参与。按照"村民主导、政府指导、专家参与"的方式，采用问卷调查和入户访谈的形式，切实了解农村现状和农民需求。规划组问卷调查了550户，覆盖率95%，村民访谈近60户，实测住宅房型和院落，了解农村环境，并与农户探讨建设方式、住房结构需求、家庭经济发展等，为规划提供第一手材料。

（3）尊重地域环境，保护地方特色。

①合理选址居民点，按照村庄平均间距最近、农民耕作距离适中、基础设施配置最经济、避开盐碱地的原则，选择村民相对集中的地区作为新农村示范点建设区；

②突出乡村意向，塑造地域特色，追求人与自然的和谐，形成平面布局生动活泼、空间布局错落有致的民族地区自然村庄形态，体现独特的乡土气息。以塔拉硝尔村为例，规划居住区沿路布局，环路围合区域农田改造为果园和特色农牧养殖区、花园等，以此发展农牧庄园等休闲旅游项目。

③维护边疆稳定，形成大分散小集聚、聚散有度的村庄空间格局。塘巴扎村规划形成"一主三片"四个居住区，即打造巴扎商贸与集中居住区，保留外围三个分散的居住片区；塔拉硝尔村一二小组相距较远，规划对其分别进行原址建设。

（4）尊重文化传统，提高生活品质。突出民族风貌，反应地域特色。

①产居一体的庭院布局引导，特色"1+1"生态居住模式和可持续扩展的住宅房型设计。

②全面提升基础设施，完善公共服务设施；推广新材料新能源的应用。

（5）结合援疆政策，突出实施操作性。针对农户居住和经济情况，提供多样化的建设模式，异地新建、原址改造或者原址加建；充分利用和改造原有建筑及其建筑材料。

近期

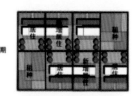

中期

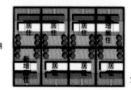

远期

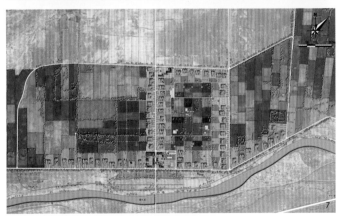

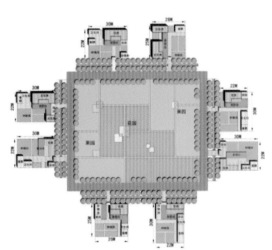

上海市徐家汇地区户外广告设施设置实施方案
Operation Planning of Outside Advertisement in Xujiahui District, shanghai

项目负责人： 张恺

主要设计人员： 陈飞 陈绮萍 于莉 许昌和 王兆聪 陈文彬 李伟 潘勋 张龙飞 文晓峰 刘娜

规划用地规模： 1.65km²

完成时间： 2011年10月

获奖情况： 2010年度上海同济城市规划设计研究院院内二等奖

一、规划背景

2009年9月上海市绿化和市容管理局启动了户外广告设施设置实施方案的编制工作。

本项目为上海市编制的第一份广告规划实施方案，对广告规划的编制方法以及规划与管理的结合，都进行了有益的探索，目前已成为上海市广告规划的重要参考。

二、规划理念

徐家汇地区的广告设施多年来随着其作为商业中心、城市副中心的繁荣而不断发展，区域内有视觉传播价值的空间已经基本上被各类广告设施所占据，数量之多、类型之杂已对城市景观造成了一定的负面影响。

因此，本次规划以梳理为主，精简数量、压缩体量、简化风格、精良制作，使徐家汇地区的户外广告"多而不杂"。既充分发掘城市外部空间的广告经济价值和景观价值，又避免过度和无序开发对城市景观的破坏。

三、创新和特色

（1）本规划从城市空间的视角来确定户外广告的设置位置，对户外广告对城市景观的塑造功能予以充分的发掘利用，强化城市空间的整体性。

（2）方案在把握城市风貌特点的基础上，针对城市不同功能区域，尤其是展示区，提出不同的控制强度，强化户外广告设置的多样化。

（3）方案从景观协调的视角来制定户外广告的整治要求，通过对建筑形式与广告设置的关系的深入研究，针对不同的建筑类型对广告设置的位置、类型、数量提出规定。

（4）方案从实施管理的视角来设置成果的表达形式，实施方案与管理一体化，通过与市容管理环节相衔接的条款设置来落实实施。

四、规划实施情况

结合上海世博会600天的市容环境整治工程，徐家汇区域根据本实施方案进行了相应的整治，规划范围内整治后广告牌共计115块，面积8814m²，数量是现状的30%，面积是现状的49%；同时共拆除各类街道广告设施共计384块，37040m²。使得该区域城市景观得到了极大的改善，广告招牌设施一改多年的杂乱景象，实现丰富而有序的效果，得到专家和公众的一致认可。

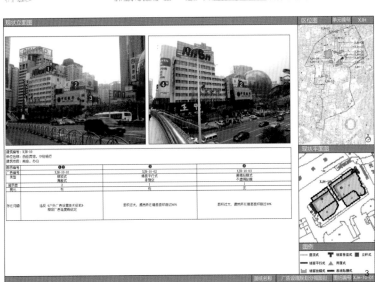

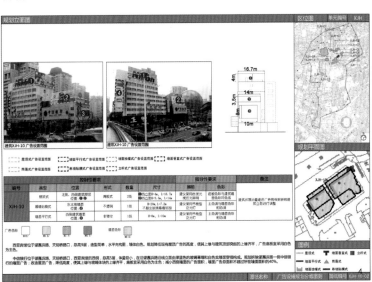

曲靖市中心城区人防和地下空间开发利用规划

The Planning of Civil Air-defense and Underground Space Development and Utilization of Central District in Qujing

项目负责人： 汤宇卿

主要设计人员： 周炳宇 董贞志 陈汗青 褚书顶 吴德敏 王少鹏 左苏华

规划用地规模： 78km²

完成时间： 2010年

获奖情况： 2010年度上海同济城市规划设计研究院院内三等奖

一、规划背景

目前，曲靖市地下空间开发利用的需求已显得相当迫切，在遵循《曲靖市城市总体规划》的基础上，配合曲靖市"一主三副"的空间发展格局，结合曲靖市地下交通隧道工程的建设、架空线入地、绿地和开放空间的营造、旧城改造和再开发的推进、曲靖市城市功能的调整等，全市将科学有序地进行地下空间的开发利用。

二、规划理念

1. "紧凑+协调"的理念

由于城市经济的粗放发展，导致城市空间结构单维高速蔓延，土地资源在数量和结构上

现紧缺。曲靖也面临这一状况，总体规划确定的人均建设用地指标不到100m²，从这个角度讲，地下空间的合理开发，地下空间和地面空间的协调发展，是城市实现紧凑布局的关键，尤其是开发强度高的中心地区更要倡导"紧凑+协调"的规划理念。

2. "人文+特色"的理念

需要研究城市对历史的传承以及现代化创新之间的关系,随着我国城市化的深入推进，人们开始理性反思多年来城市发展模式雷同的问题。立足于滇东的曲靖是具有鲜明地方特色的城市，地下空间开发应与保护和发掘城市的文脉与景观特色，继承地方文化传统相结合,地下空间开发要倡导"人文+特色"的规划理念。

3. "公平+功能"的理念

需要研究市民的平等需求与城市阶层的分化要求。地下空间开发和利用不能停留在"技术自诩"，而要代表社会"公共利益",地下空间开发首先要满足最广大市民对城市功能的需求。从这个角度讲，地下空间开发要倡导"公平+功能"的规划理念。

三、地下空间平面布局规划

按照曲靖市总体规划确定的空间结构，地下空间发展模式应采取中心联结的模式，以城市公共活动中心和主要交通节点为地下空间开发利用的发展源，以大型公共建筑的密集区、商业密集区、城市公共交通枢纽及大型开放空间等为地下空间开发利用的重点。

地下空间规划平面布局可以归结为：两轴四心两点九片。

两轴：根据地下空间开发的现状，以及轴线两侧地下空间开发的需求情况，确定了两条地下空间发展轴:麒麟北路——麒麟南路——子午路；翠峰西路——麒麟西路——麒麟东路。

四心：与总体规划中的一个城市主中心和三个副中心相对应，城市综合服务中心、城市西片区副中心、南片区副中心和职教园区副中心。

两点：分别为南城门城市地下空间节点和火车站城市地下空间节点，南城门地区利用交通改建的契机充分利用地下空间，实现人车分流，营造一个文娱、商业中心地区；火车站则是一个交通枢纽地区，应通过地下空间的利用与周边公共设施联系起来。

九片：根据用地性质、区域职能、用地评价、交通情况分为的重点开发区、适度开发区、选择开发区等三种类型的九大片区。

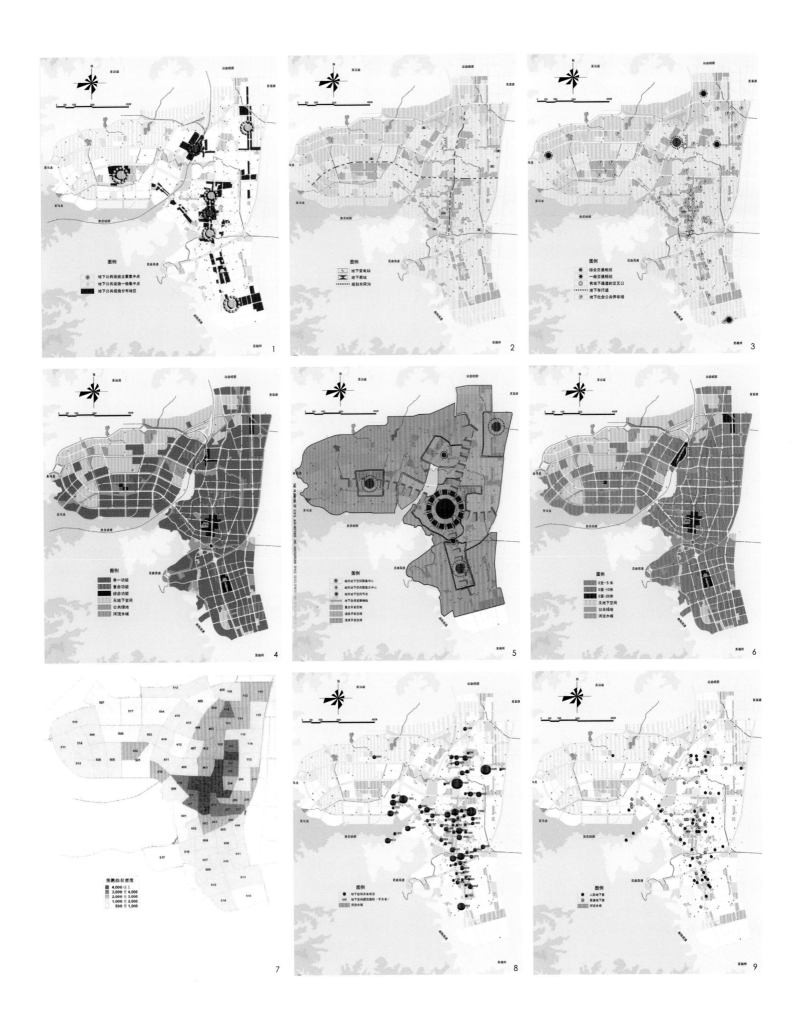

上海同济城市规划设计研究院
SHANGHAI TONGJI URBAN PLANNING & DESIGN INSTITUTE

河北省石家庄植物园区域开发规划设计

Conceptual Development Planning in Botanical Garden District of Shijiazhuang, Hebei

项目负责人： 汤宇卿

主要设计人员： 邢益斌 王新平 刘雯霞 吴永才 董贞志 韩勇 吴德敏 刘娥

规划用地规模： 35.95km²

完成时间： 2010年2月

获奖情况： 全国人居经典建筑规划设计方案竞赛规划金奖，河北省建设厅二等奖

1.启动区总平面图
2.启动区鸟瞰图

一、项目位置和用地规模

本项目位于石家庄西北14km处，由张石高速、北三环路、水源地保护范围所围合而成，总用地面积约35.95km²，规划人口约6万人。

规划区地处石家庄大都市区域"东工—中城—西闲"结构中城区与休闲区的交界处，土地利用规划既要结合现状地形条件，又必须根据石家庄城市总体规划格局进行相应设计，使植物园地区与石家庄中心城区及西部鹿泉组团相对接。

根据石家庄城市总体规划，植物园片区是石家庄城区生态绿环中的一部分，规划有大片的绿化用地，且高速公路防护带已形成城区与规划区天然的生态屏障。

总开发用地：3.51km²（不含大河镇主镇区）；

总建设用地：10.91km²；

村镇建设用地：5.64km²。

二、规划理念

生态之区：建设生态示范住区，努力成为石家庄生态建设的典范。

养生之区：打造成为集体检中心、休闲健身、养生餐饮、娱乐活动、度假休闲为一体的养生核心，成为石家庄休闲度假的首选。

创意之区：依托桥西文化园项目，结合毗卢寺、上京文化创意村等现有资源，打造琴棋书画之艺术创意中心，成为石家庄的文化创意高地。

三、规划结构

"四片、三带、多中心"。

四片——植物园科普教育片区、生态养生休闲片区、文化创意片区及大河镇独立片区；

三带——南部太平河生态隔离带、东部水源地保护生态隔离带及中部农业观光生态隔离带；

多中心——各功能片区中心节点。

四、交通系统规划

道路交通系统主要分为6个层次：高速公路、快速路、城市主干路、城市次干路、城市支路和铁路。

同时规划公共交通系统及慢行交通系统，提倡生态型交通方式，降低区域碳排放总量，保持生态的可持续性。

五、启动区区位

启动区位于整个规划范围的南部，地处石太高速北侧，紧邻石家庄市植物园，东北角则是规划中的创意产业园及毗卢寺公园，交通方便，区位条件优越。

六、启动区规划理念

启动区以打造"健康养生、绿色休闲"为核心理念进行规划设计，为养生开拓市场、为资源搭建平台、让智慧创造财富，成为彰显城市特色的亮丽风景线。

七、启动区功能结构规划

"一轴、四片、六中心"。

一轴：地块中部连接石家庄植物园及创意产业园，串连整个地块基本功能的主要游览轴线；

四片：民俗文化片、旅游服务片、农业观光片及生态养身片；

六中心：民俗文化中心、休闲度假中心、生态养身中心、餐饮美食中心、旅游接待中心及科普娱乐中心。

八、绿地景观系统设计

植物园及旅游接待中心形成东西向主要景观廊道，创意产业园、餐饮美食中心、生态养生中心形成南北向主要景观廊道，两条主要景观廊道汇聚于生态养身绿地之中，形成开阔的景观视野，结合周边次要景观视廊，将绿色景观渗透到每个地块内部。

通过道路及景观水系分割地块，使各个地块相对独立又互相联系，创造良好的生态环境。

南部设置防护带，在铁路、高速与地块之间形成生态隔离带。

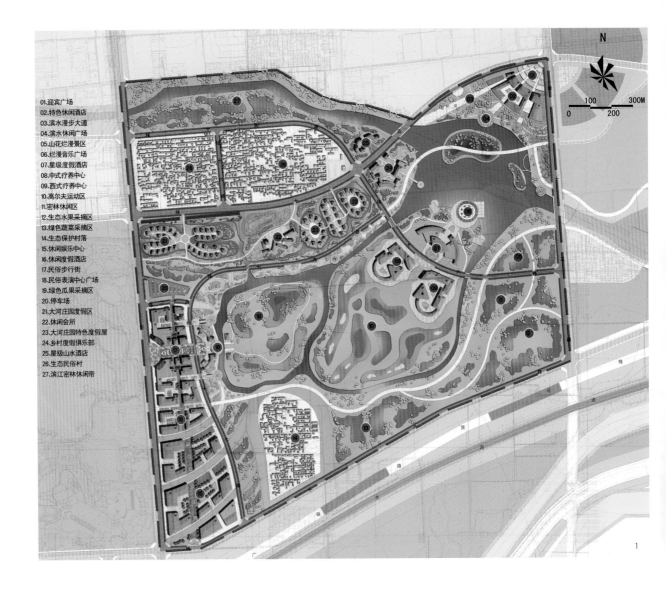

01.迎宾广场
02.特色休闲酒店
03.滨水漫步大道
04.滨水休闲广场
05.山花烂漫景区
06.烂漫音乐广场
07.星级度假酒店
08.中式疗养中心
09.西式疗养中心
10.高尔夫运动区
11.密林休闲区
12.生态水果采摘区
13.绿色蔬菜采摘区
14.生态保护村落
15.休闲娱乐中心
16.休闲度假酒店
17.民俗步行街
18.民俗表演中心广场
19.绿色瓜果采摘区
20.停车场
21.大河庄园度假区
22.休闲会所
23.大河庄园特色度假屋
24.乡村度假俱乐部
25.星级山水酒店
26.生态民俗村
27.滨江密林休闲带

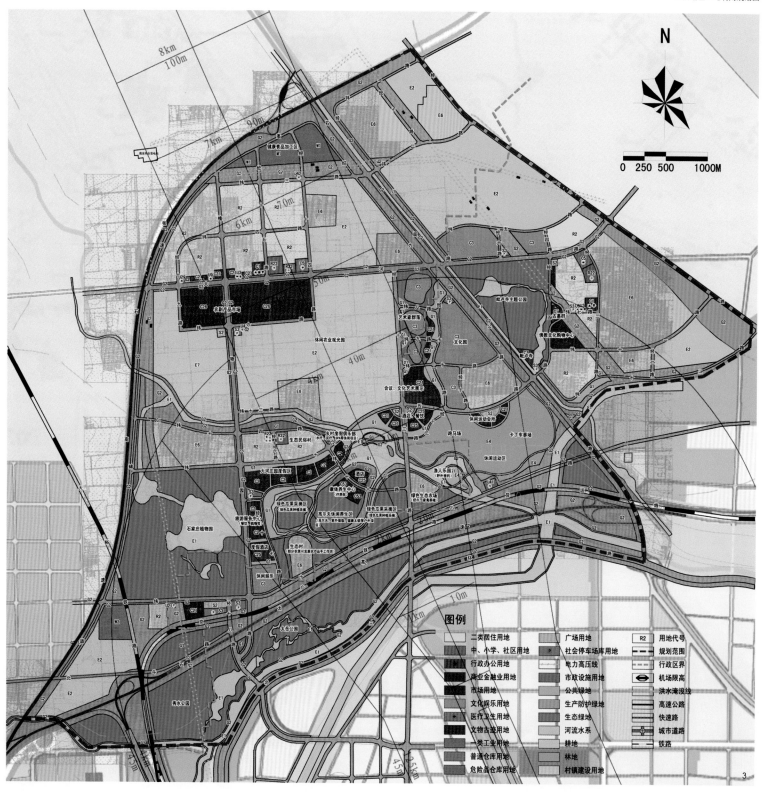

图例

二类居住用地	广场用地	R2 用地代号
中、小学、社区用地	P 社会停车场库用地	规划范围
行政办公用地	电力高压线	行政区界
商业金融业用地	市政设施用地	机场限高
市场用地	公共绿地	洪水淹没线
文化娱乐用地	生产防护绿地	高速公路
医疗卫生用地	生态绿地	快速路
文物古迹用地	河流水系	城市道路
一类工业用地	林地	铁路
普通仓库用地	林地	
危险品仓库用地	村镇建设用地	

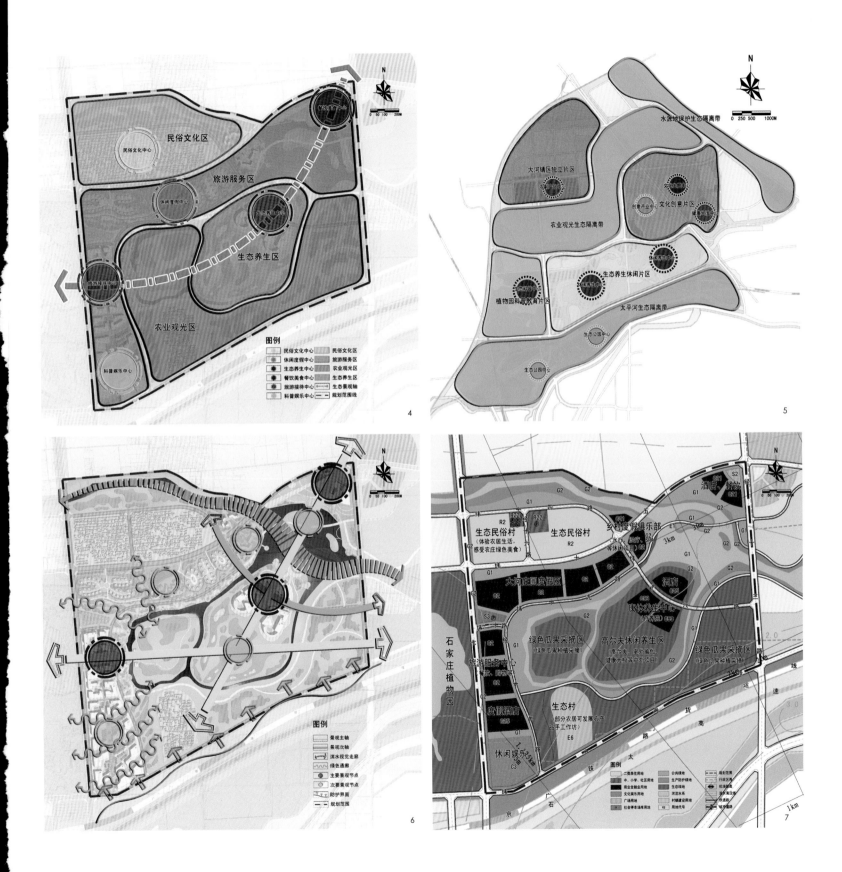

2009、2011年度全国及上海市优秀城乡规划设计奖我院获奖项目名单

2009年度全国优秀城乡规划设计一等奖
1.2010年上海世博会城市最佳实践区修建性详细规划

2009年度全国优秀城乡规划设计三等奖
1.三亚海棠湾A5A8A9片区控制性详细规划
2.京沪高铁廊坊段两侧用地控制性规划
3.漳州城市建设整体风貌特色规划

2009年度上海市优秀城乡规划设计一等奖
1.2010年上海世博会城市最佳实践区修建性详细规划
2.北川国家地震遗址博物馆策划与整体方案设计
3.都江堰"壹街区"综合商住区详细规划

2009年度上海市优秀城乡规划设计二等奖
1.三亚海棠湾A5A8A9片区控制性详细规划
2.都江堰历史城区修建性详细规划及城市设计
3.汶川县映秀镇中心镇区修建性详细规划

2009年度上海市优秀城乡规划设计三等奖
1.汶川县映秀镇中心镇区综合规划设计·景观设计

2011年度上海市优秀城乡规划设计一等奖
1.雷州国家历史文化名城保护规划
2.河南省郑州绿博园修建性详细规划

2011年度上海市优秀城乡规划设计二等奖
1.西安大明宫地区控制性详细规划
2.上海市青浦新城一站大型居住社区控制性详细规划
3.南京农副产品物流配送中心详细规划设计
4.杭州农副产品交易中心方案设计
5.山东省淄博市周村古商城汇龙街片区修建性详细规划
6.上海市嘉定西大街历史街区保护与更新城市设计及重要地段建筑概念方案
7.武汉东湖风景名胜区总体规划[2011-2025]
8.五大连池风景名胜区总体规划修编[2007-2025]
9.济南南部山区(西片区)保护与发展规划
10.上海嘉定城北地区行动规划[2010-2015]

2011年度上海市优秀城乡规划设计三等奖
1.南通历史文化名城保护规划
2.南翔老街保护整治工程设计